THE LAST BEACH
Orrin H. Pilkey and J. Andrew G. Cooper

海岸と人間の歴史

生態系・護岸・感染症

オーリン・H・ピルキー＆J・アンドリュー・G・クーパー＝著　須田有輔＝訳

築地書館

THE LAST BEACH
by
Orrin H. Pilkey and J. Andrew G. Cooper

Japanese translation published by arrangement with Duke University Press
through The English Agency (Japan) Ltd.
Japanese translation by Yusuke Suda
Published in Japan by Tsukiji-Shokan Publishing Co., Ltd., Tokyo

目次

●用語については用語辞典類（地形の辞典、地形学辞典、新版地学事典、地質学用語集、海岸工学用語集、地学英和用語辞典、地下水学用語辞典、海洋大事典、生物学辞典、生態学事典、文部省・学術用語集）の他、専門書、学術資料、デジタルコンテンツを参考にした。適当な和語が見あたらないものはカタカナ表記にしたが、一部については訳者が新たな和語を与えた（嵐に対する海岸減災事業、管理的後退、受動的侵食、能動的侵食、まゆつば工法、闇夜の調達）。
●聞き慣れない専門用語が多いので巻末に用語解説を掲載した。
●度量衡はメートル法による換算値、通貨（ドル、ユーロ、ポンド）は二〇一九年一二月時点のレート（一米ドル＝約一〇九円、一ユーロ＝約一二一円、一英ポンド＝約一四二円）の換算値を併記した。
●訳者による注を加えた。短いものは〔　〕に入れて本文中に、長いものは＊で対応させて欄外に置いた。

序

浜の景色は、人の心を無意識のうちに海岸へと惹きつける。

安らかな静けさと吠えるような強い風、青緑色の水面と白い波頭、軟らかい砂と丸みを帯びた小石、温かさと冷たさ、レクリエーションと瞑想、心の痛みと喜び、これらが私たちを、変わらぬ自然と人の心が一体化する特別な場所、浜へと誘う。

浜は、地球の表面で最も動的で重要な場所である。浜は、常に形を変化させ、嵐の衝撃を吸収し、驚くべき種類の生物の棲み家を提供している。

悲しいことに、浜は今にも消え去りそうな場所になってきた。

ビル、道路、鉄道、空港など、あらゆる種類の乱暴な沿岸開発が、私たちを魅了してきた浜を脅かし、破壊している。

嵐の直撃を受けた西ヨーロッパの海岸、米国北東岸のハリケーン・サンディによる惨状、台風ハイヤンが死をもたらしたフィリピン――これらすべての近年の悲劇は、不適切なインフラと、海辺につくられた町の傷つきやすさの例である。

それでもなお、自然の警告に目をつぶり、自然の呼びかけに耳をふさぎ、回復力の名の下に新たな効果を期待して、まったく同じ場所に建設しようとする。そんなこととは無関係に、海面は上昇し続けているのに。

私たちが自然に介入し続けるかぎり、過剰な開発による悪影響を沿岸域にもたらせ続ける。止むところを知らないダム建設は、山の頂から河川、デルタ、そして最後は浜に至る自然の土砂輸送を妨げ、浜への砂を枯渇させる。海岸では、護岸の建設が砂と波の自然な働きを妨げ、海岸線に沿った砂の堆積プロセスを遮断する。護岸が浜を破壊に導くことは広く理解されているにもかかわらず、短期的には、資産の保護手段の切り札として使われている。

あまり知られてはいないが、きわめて破壊的な砂採掘により、世界中で浜が消滅しつつある。

これらの打撃にさいなまれる浜は、油、プラスチック、化学物質、下水、ごみなど多くの汚染によって、さらに痛手を受けている。

母なる自然に対する尊敬、謙遜、畏敬の念が、自己を過信する厚い霧の中で見失われている。

希望はあるのだろうか？　それとも自然の兆候と呼びかけに、目を背け、耳をふさいでいるのだろうか？

浜にたたずみ、足下に現在を、水平線のかなたに未来を見ながら、私たちは悩むにちがいない。ここが最後の浜になるのだろうかと。後の世代は、二度と自然の浜の楽しさと美しさを味わうことができないのだろうか？

浜の消失はすべての生命に有害な影響をもたらすだろう。今でもそのありさまを目にするが、最も影響を受けるのが私たちの孫やそのさらに先の世代である。最初は、そびえ立つ現在の構造物によって、そしてそれに続く、免れることができない浜の破壊によって。

今からでも遅くはない。私たちの社会にまったく新しい見方を求めなければならない。

本書の中で、オーリン・H・ピルキーとJ・アンドリュー・G・クーパーは、浜に対する新しい見方を提唱している。もしこのアイデアが受け入れられれば、土壇場で成功に転ずるだろう。

サンタ・アギラ財団は本書（『The Last Beach』）の出版を誇りに思う。当財団は、地球規模的な広りで海岸に関する問題や教育を対象に、世界の海岸線の保存に貢献しようとする米国の非営利団体である。私たちの、教育への貢献は、ウェブサイト（coastalcare.org）、オーリン・H・ピルキーらによる三冊の本——『The World's Beaches』『Global Climate Change: A Primer』『The Last Beach』——そして、J・アンドリュー・G・クーパーによる二冊の書籍に表れている。また、サンフランシスコ国際海洋映画祭をはじめ数々の映画祭で受賞したドキュメンタリー映画「Sand Wars（サンド・ウォーズ）」にも支援を行った。

私たちは、読者が浜の未来についてこの本を楽しみ、この地球におけるかけがえのない場所を守ることに誇りをもつことを期待している。

さらに詳しいことについてはwww.coastalcare.orgを訪ねてほしい。

サンタ・アギラ財団*

*——高級ファッションブランド〝エルメス〟の創始者を先祖にもつオーラフ・ゲラン＝エルメスと妻のエヴァが設立した環境慈善団体。

まえがき

私たち二人の著者は、世界の浜を訪ね歩き、多くのことを考え、浜が進化し変化してきた道筋を研究する機会に恵まれた。とりわけ重要なのが、異なる場所の異なるタイプの浜が、それぞれどのように海面上昇に対応してきたのかを学べたことである。その中で、海面上昇が浜にもたらす影響に対して私たちが抱いた直感が、観測を通して証明することができた。海面上昇にともなって、通常、海岸線は予測が難しい不規則な速度で、陸の方向に移動するのである。この事実を理解したうえで、私たちは、世界中の浜で行われている住宅、道路、鉄道やその他の都市構造物の建設を心配しながら眺めてきた。二つの世界が海岸線でぶつかりあっている——一つは、美しく、柔軟で、どこまでも順応性がある自然の浜の世界、そしてもう一つは、硬く、柔軟性がない、都市のビーチフロントの世界である。

はるか昔、古代の文明は海岸とともに生きる術を身につけてきた。フェニキア人、ギリシャ人、ローマ人は、貿易のため、そして帝国を拡大するために港をつくった。つくられた海洋構造物の一部は現在でも存在しており、彼らが海の自然の働きを理解したうえで、建設場所を注意深く選択したことがうかがわれる。しかし昔は、海から離れた安全な場所に、住宅や道路を建設することが普通だった。米国の先住民は、夏の間はバリア島〔陸の沖に砂が堆積してできた細長い島〕を訪れ、そこで狩猟や漁を行ったが、冬の嵐の時期になると撤退した。スペインやポルトガルからの移住者たちの漁村の住宅が陸側を向いており、荒々しい海には背を向けていたように、北米のバリア島に住み着いた初期のヨーロッパ人は、島の裏側の方に住んでいた。もちろん、徐々に後退する海岸では、どんなに考えて建てられた住居でも、いずれは波に呑まれてしまうだろうが。英国ヨークシャー州のホルダーネス海岸の沖合には、二八の村の跡が海の中に残っており、そのうちいくつかは現在の海岸線より五キロメートルも沖にある。それらの村は、ローマ侵略以降の二〇〇〇年の間に、軟らかい崖の後退に合わせて一つずつ放棄されたものである。一方で、侵食された崖は別の浜が生き残るのに必要な砂を提供してきた。

しかし現代の私たちが目にしている、文明が海岸へ押し寄せる様は、過去のそれとはまったく異なる。高層ビルをはじめ多数のビルが浜に沿って立ち並んでいるが、そこに向かって海岸線は後退しているのである。今私たちは、海岸線が後退することや、その速度が海面上昇とともに速くなっていることを知っている。ビーチフロントのビル群はいずれは埋没の危機に至り、やがて崩壊する。誰もが、世界は理性を失っていると考えても不思議ではない。もし、嵐や海面上昇のことをすべて知っている遠い星からの来訪者が、高層ビルが立ち並ぶスペインのベニドルムやマイアミの浜に降り立ったら何と言うだろう？　地球人は正気を失ったのではないかと思うにちがいない。海面上昇が進むなかで、海岸線の後退を止めようとするなら浜を破壊するしかないのである。そもそも、人々はなぜ海岸へ押し寄せ、そこに住まいを定めたのか、それは、浜があったからではなかったのか？　人類は目先の利益に目がくらんで、将来の利益を犠牲にしている。

地質学者として私たちは、このばかげたあきらかに間違った状況に困惑しているが、私たちがすべきことに迷いはない。事実をもとに現在の問題点をあぶり出し、より適切なやり方で前に進むことである

――そうすれば、私たちの浜を今ならまだ破滅から救うことができるだろう。

人々は浜に非常に高い価値を置いている。浜は沿岸のどこにおいても、基本的な景観となっている――地域の歴史の中心として、訪問者、居住者の双方に慈しまれ、詩、歌、文学、映画、そして海景画の中で愛でられてきた。

眠りを誘うキャンプファイアのように、砕ける波、浜に押し寄せる波また波は、どんなに活発な人をも静かにたたずませ、見続けさせずにはおかない。健康医療の専門家は、日常的に行う運動の効能を知っているが、それが美しい景色と結びつけば、精神面での健康の改善にもつながることを理解している。これらの価値が、経済的に浜が重要だとされる理由であり、リオデジャネイロやコート・ダジュールの喧噪に包まれた都市部の浜から、ノースカロライナ州のルックアウト岬の静かな浜やナミビアの隔絶された浜まで、世界各地で浜が主役の観光産業が展開され、沿岸国の非常に多くの人々が浜の観光からの収入に依存している。

経済的な側面とは別に、浜は外海の力に対峙する、優れたしかも無料の自然の防護物である。日々、外海の恐ろしい波の力を吸収し、それを穏やかな遡上波（そじょうは）に変えている（この波エネルギーを発電に利用しようと、多くの試みが行われている）。嵐でさえ、浜を壊すことはない。その代わり、浜は形と位置を変え、波エネルギーを最大限吸収できるように砂を周囲に移動させ、その後数日、数カ月、数年をかけて回復していく。ハリケーンや津波の後の惨状の画像を見てほしい――ビーチフロントの住宅が破壊され、浜はがれきや流れ着いた住宅に覆われているが、浜そのものは変わらずに残っている。

浜がない世界など想像できるだろうか？　そんなことは考えられないが、海面上昇の最中にある今日、私たちは海岸線を痛めつけているので、そうなる可能性は十分にある。浜自体は海面上昇を制御することができない――二万年前の最終氷期の盛期以降、海面は一三〇メートル上昇したが、それでも浜は生き残ってきた。問題なのは、浜のすぐ隣にビルを建設することにとりつかれ、それを守るために浜を現状にとどめようとすることである。長い目で見れば、そのような行為は浜を破壊する。そうなれば、開発にさらされた浜に愛情を注ぐことができなくなり、最後には、浜よりビルの保存を優先しようとする現代社会が自ら、破壊の語り部となるのである。それにはいくつもの理由がある。例えば、浜に関する理解が十分ではない人々が少なくないことや、浜を利用し浜に価値を見出す人の大多数が寡黙なのに対して、少数のビーチフロント資産のオーナーが自分たちの資産を守るために大声をあげることなどである。

なぜ、後退している海岸線をそのままにしておくのかと、多くの人々が疑問に思うかもしれない。しかし、これは間違いである。海岸線を現位置にとどめようとする試みは、浜の見かけだけを保存するものであり、海面上昇に合わせた柔軟な対応をより困難にしてしまう。二一〇〇年までには最低でも一メートル海面が上昇すると予想され、そうなれば、砂質性の海岸線とバリア島のビーチフロントにおける開発のほとんどが停止を余儀なくされるだろう――全域を重厚な護岸で保護しないかぎり。

世界中の多くの浜が、かつてそうであったような美しく自給的な生態系を有する浜ではなくなってしまった。それに代わって、維持のための継続的な事業と予算があって初めて可能となる、幅の狭い長大な工学構造物で縁どられるようになってきた。コロンビアやナイジェリアの熱帯域の遠隔地の浜に見られる数枚の板を立てかけただけのものから、日本や台湾で見られる重厚で高くそびえる一枚岩のようなものまで、醜い護岸が浜をすっかり消失させてしまった。海岸侵食に対して、民間企業も行政もこぞって工学的解決法を推し進めている。合衆国陸軍工兵隊、オランダのデルタレス（旧デルフト水理研究所）、デンマークのデンマーク水理環境研究所（ＤＨＩ）、英国のＨＲウォリングフォードなどが海岸工学の主要な推進役で、彼らの存在理由はビルの防護によって金を儲けることである。養浜事業の強力な推進者である米国海岸環境保存協会（ＡＳＢＰＡ）は、ビーチフロントのビルの防護を推し進める民間のロビー活動団体の一つである。

皮肉なことに、海岸工学がさまざまな形で安全に対する誤った認識を生み出し、短期的には集中的なビーチフロント開発を助長している。護岸で大きく覆われ、大々的に人工化された何百マイルにもわたるフロリダの浜に沿って並ぶ高層ビルや、さらに悪いことに、ペルシャ湾（アラビア湾）に浮かぶ砂の人工島に建設された多数の別荘は、いったいどのように説明できるだろうか？

「ソフトな解決法」と謳われている養浜でさえ一時しのぎにすぎず、巨額の費用を投じ続けなければ成り立たない。養浜は、問題を取りのぞくのではなく、目の前の症状への対症療法にすぎない。最終的に砂や予算は枯渇し、潜在的に侵食を加速させる海面上昇によって、養浜も中止せざるを得なくなるだろう。ビーチフロントの資産保護に対する政治的な圧力は、必然的により多くの護岸建設に結びつき、早晩、浜を破壊する。護岸は海面上昇にともなう浜の陸側への移動を妨げ、それが浜の狭隘化につながるので、浜にとっては最悪の敵である。

それほど表には出ないが、他にいくつもの工学技術が世界中の浜に影響を与えている。河川に建設されるダムが砂を捕捉するので、多くの浜では砂が不足し、海岸線の陸側への後退が加速している。カリフォルニア州やポルトガルではこの状況が深刻で、多くの愚かな工学的手法でその問題を解決しようとしてきたが、むだだった。しかし現在では、ダムが撤去される動きも出始め、自然のシステムが回復するようになった場所もある（少なくとも米国西部では）。デルタは、ダムによる脅威にとくにさらされている。浜をつくる砂と同じく、泥質の土砂の供給がとだえるので、デルタが地盤沈下するのである。それが原因となって、海岸線の後退速度が速くなっている地域もある。例えばエジプトのアスワン・ダムは、ナイル・デルタ縁辺の浜の消失と急速な海岸侵食を引き起こした。同じ状況がニジェール・デルタやミシシッピ・デルタでも見られ、メコン・デルタも、上流の中国やラオスでダム建設が行われているので似たような状況になりつつある。何かダメージが生じれば、海岸に工学技術の介入を招くのが常である。ナイル・デルタの浜には、すでに護岸や突堤が建設された。

これだけの脅威では足りないと言わんばかりに、世界的な産業となった砂採掘により、浜が直接削り取られている。浜から砂を取れば浜が狭くなることは説明を要するまでもないことで、ましてや地質学者の見解などを聞かなくてもわかる。一般的には砂採掘が禁止されている西洋諸国でも、多くの浜でバケツやスコップで採掘が行われている。多くは夜陰に乗じた「闇夜の調達」と呼ばれる違法の採掘である。現在、世界最大規模の砂採掘事業は、モロッコ沿岸とシンガポールの周辺国で行われている。モロッコの砂はコンクリート材料に使われている。東南アジアでは大量の砂が採掘され（通常は違法）、それはシンガポールに輸出され、沿岸域を埋め立て、新しい土地をつくることでシンガポールの国土の拡大を手助けしている。

人間の活動は浜を物理的な崩壊に追いやるだけではなく、多くの浜を立ち入り禁止にしてしまう。あらゆる種類のごみが世界の浜に打ち上げられている。嵐、ハリケーン、そして津波が、短期間で莫大な量のごみを浜に堆積させている。河川からは毎年大量のごみが海岸へ流れ出ている。量的には小規模でも、世界各地で航行する船舶からや、都市部での洪水により、ごみが海に流出している。

水質についてはどうだろう？　毎年、多数の浜が、海水汚染のため遊泳禁止となっている。二〇〇九年には米国の約一万九〇〇〇の浜が一時的に閉鎖されたか、海水浴客への勧告が行われた。嵐による出水は最悪の要因であり、陸上の汚染物質が海岸へ流し出されてしまう。

おそらく、浜が利用できなくなる最大の原因は浜の砂の汚染である。浜の砂、とくに平均的な高潮線（こうちょうせん）より上方のドライビーチ〔浜の高潮線から砂丘基部までの乾燥した砂の部分〕の砂がしばしば最も汚染されているという事実が、ここ一〇年ほどであきらかになってきた。しかし、浜での検査は通常は海水に対してだけ行われ、砂は対象となっていない。素足で歩いたり、砂の上に直接寝転んだり、とくに砂の中に埋まることは、今となっては海岸を訪れる人にとって危険な行為かもしれない。これは浜の安全性に関わる問題なので、すぐにでも改善しなければならない。すべての浜が閉鎖されないように、私たち一人ひとりが浜の汚染問題に強い関心をもつべきである――共著者オーリン・ピルキーの孫は、ワシントン州の人里離れた浜でサーフィンを行っていた際に、深刻なＭＲＳＡ（メチシリン耐性黄色ブドウ球菌）に感染した。

愚かで無知な行為によって、外浜（そとはま）の生態系が失われ、世界中の浜で漁業や採貝が過去のものになりつつある。砂粒の間や漂着する海藻の中に暮らす微小な生物に端を発する、外浜の食物連鎖が失われようとしている。スナホリガニからサバまで、生態系すべてが変調を来している。ウミガメの産卵場所や鳥の営巣地が破壊されてきた。

世界の浜の未来は、工学技術、採掘、汚染などの大きな脅威から、浜での車の走行のように一見害のなさそうな行為まで、さまざまな問題にさらされ、浜は運命の岐路にさしかかっている。フロリダ、スペインのコスタ・デル・ソル、オーストラリアのゴールドコースト、ブラジルのリオデジャネイロなど高度に開発された浜では、すでに弔鐘が鳴り響いている。挑戦すべきなのは、海面上昇を迎えたこの時代において、私たちの行為とこの美しい地形に対する私たちの愛情を調和させながら、浜とともに生きていくための新しい道を探し出すことである。あてがわれた空間の中で、浜は自分自身を守り、私たちに多くの恵みを与えてくれる。そして、私たちの浜が最後の浜にならないようにするにはどうしたらよいか？　その問いに対する答えを出すのが本書の目的である——つまり、現在の私たち人類と浜との関係、そして、変革に取り組まなければ必ず出合う厳しい未来について、根本的で率直な評価を行い、警鐘を鳴らすことである。今からでも遅くはないので、すぐに始めなければならない。私たちは本書の中で新しい見方を提唱する。それは、建築物より浜に価値を置くものである。少数の利益より多数の喜びを優先させれば、未来の世代は私たちと同じように浜を楽しむことができるようになるだろう。

第1章　終わりは近い！

世界中で浜が陸側に移動し続けている。人為的に砂が取りのぞかれていない場所では、浜が後退しているという事実には気づかないだろうし、気にかけることでもない。しかし、海岸線のすぐそばに、住宅、コンドミニアム、道路をはじめとした構造物が建っている場所では、浜の後退は海岸侵食という問題に直結する。これは、多くの人々、とくに自分の資産価値を気にする沿岸居住者にとっては重大な関心事である。海岸線の位置をその場にとどめようとするために、今日の社会は、一方では海岸工学社会と、他方では容赦ない自然の力との間で、高くつくむなしい戦いを強いられている。開発された多くの浜が、細長く薄っぺらな工学構造物に姿を変えた。エンジニアは、嵐が来るまで、あるいは予算がつきるまでは、それらの事業の支配者であり続ける。皮肉なことに、工学的な手が加わった幅の狭い砂の帯を、現在の私たちは浜と呼んでいるが、もともとは人の手が入っていない自然の環境だった。人類のためによかれと思ったものではあるが、間違った考えに導かれた結果、破壊されたのである。

世界の浜に人の手が及んでいることはあきらかである。通常、私たちが浜で行う活動の多くは、水泳、魚釣り、日光浴、散策、あるいは単に海を眺めたり海風や潮の香りを楽しんだりと、穏やかなものである。しかし、一方で、私たちは浜にごみを捨て、排水管を浜まで引いてきた。浜の清掃のために浜の砂

図1-1　イタリアのアルベンガの浜に見られるハードな安定化の行く末
突堤と護岸が浜の魅力を損ね、海水浴客にとっても危険な存在になっている——海岸線を現位置にとどめ、ビルを保護しようとしたことへの代償である。浜とビルのどちらが大事なのか？（写真：アンドリュー・クーパー）

を掻き均したり、浜を車で走行したり、鉱物や砂利を得るために砂を採掘したりしている。背後の住宅を守るためにブルドーザーで砂を押し上げて人工的な「砂丘」をつくり、浜を「改善」するために砂をポンプでくみ上げたり、トラックで運んで浜に撒き、波から浜を守り砂をとどめるために、さまざまなタイプの壁や防波堤を建設している（図1－1）。

自然の浜はどのように働くか

浜はとても素晴らしいものだ。人々と浜の身近な関わりを理解しようと思うなら、浜を歩く多くの人々、あるいは、長い旅の果てに浜に腰を下ろし潮騒に耳を傾ける人々を思い浮かべれば十分だろう。ただぼんやり波を眺めたり、貝殻を探しながら砂の上を歩いたり、あるいは波に立ち向かおうと海に入ったりとさまざまだが、浜に対してそれぞれの愛着がある。それは、生き生きとした自然に対する気持ちであり、陸と海の狭間にいるというスリルであり、開けた空間による開放感だろう（図1－2・図1－3）。

おそらく、浜がもつ動的な自然に私たちは魅せられる。波は崖を崩し、砕けてできた大量の巨石をあたかも小砂利のように浜に打ち上げる力があるのに、なぜ浜は何カ月も、何年も、何世紀も、小さな砂粒で覆われ続けているのか？　浜が時間とともに変化することにはどんなに無頓着な人でも気がつくだろう。急な傾斜がついていた浜が、一週間後にはなだらかになっていることがある。砂がたくさんたまっているときもあれば、非常に少なくなってしまうときもある。子どもの頃の思い出の浜が、今とはまったく違うと感じることもしばしばある。よく観察して研究すべき多くの変化があり、おそらくそれが浜の魅力の一つとなっている――浜は、一日たりとも同じ状態ではない千変万化のキャンバスなのである。私たちがこれから見ていくように、護岸や導流堤など頑丈な構造物でさえ壊されてしまうような過酷な環境下にありながら、浜が生き延びてきたのは、そのように変化する力をもつからなのである。

変化する浜

北アイルランドの岩だらけの北岸に位置するランケリー・ストランドは美しい浜で、とくに夏には愛犬を連れた人たちに人気がある。しかし、強い離岸流が沖に向かって流れているので、果敢にも冷たい海で泳ごうとたとえ周到な準備をしていても、遊泳は危険である。ところが、冬が訪れれば、巨礫（玉

図1-2　英領バージン諸島の貝殻とサンゴの破片で覆われた白砂の浜
（写真：アンドリュー・クーパー）

図1-3　アイルランドのポートサロンの石英砂の浜
（写真：アンドリュー・クーパー）

図1-2、図1-3ともに美しく手つかずの浜の例。海岸のそばにビルが建てられるまでは、これらの浜のように海岸侵食は見られない。海面上昇が続いてもこれらの浜は生き残るが、その代わり陸側に移動する

石（いし））や中礫（小石）*に覆われた浜に出合う。離岸流はなくなり、その代わり、波は新しく沖合にできた砂州の上で力強く砕けるようになる。ウェットスーツのおかげでサーファーたちは、砂州の上で砕ける冬の波を楽しむことができる。

遠方の北海で発生した嵐によってエネルギーを得た冬場の強い波が、このような大きな変化をもたらしたのである。砂は波の力に抗えず、底層の流れが地形をつくり、大礫（丸石。グレープフルーツ大の岩）や巨礫がむき出しとなった浜が現れる。沖に運ばれた砂はそこに堆積し、波によって砂州がつくられる。砂州の上で砕けることにより波がもつエネルギーの多くが失われ、残ったエネルギーが大礫の浜に吸収される。一方、波が小さい夏季には、砂が浜に押し上げられ、浜の上部に堆積して大礫を覆うようになる。波がもつエネルギーの大半は、岸近くで砕けることによって失われ、残りのエネルギーが離岸流に変換される。

似たような冬と夏の変化が、米国のケープ・コッドの外側の浜でも見られる。冬季はより大きな波によって岸から沖へ砂が運ばれ、三列の明瞭な砂州がたびたび形成される。夏が来ると、弱い波によって砂が岸に運ばれるため、砂州は消失する。

他の多くの浜と同様に、ランケリー・ストランドやケープ・コッドの浜では、季節的な波の変化に応じて、このような砂の移動サイクルが見られる。これは、フランシス・シェパードが一九五〇年代に、カリフォルニア州のラ・ホヤのスクリプス海洋研究所の前の浜で初めて見出した現象で、二種類の浜の形状は、夏型断面と冬型断面と呼ばれた。しかしその後、ある浜の季節変化は大きいのに、別の浜ではごくわずかであることがわかってきた。一九八〇年代初頭、バージニア海洋科学研究所のドン・ライトとシドニー大学のアンディー・ショートは、浜の形状が、波がもつエネルギーの吸収や拡散の仕方に関連があることを発見した。大きな波がもつエネルギーを吸収するためには、浜が広くて傾斜が緩やかである必要があり、それによって幅広い水域を波が砕けながら渡るうちに、エネルギーが吸収される。小さな波の場合、エネルギーは、打ちつけた波が遡上する浜の狭い面で吸収される。彼らは、この二つの極端なステージについて、広い浜に対しては逸散的、狭い浜に対しては反射的と呼び表した。

オーストラリアや米国の多くの浜を比較することにより、ライトとショートはかなり普遍的な関係を見出した——波が大きくなればなるほど、影響を受ける砂量が多くなればなるほど、そして砂が細かくなればなるほど、浜はより逸散的な状態になる。これは、浜がどのように振る舞うのかということを簡潔に表すことができた好例だが、人が考えた分類が、浜のような自然の複雑なシステムをいつでも寸分違わず説明できるとは限らない。

二〇〇九年、カルロス・ロウレイロはポルトガル南部の浜で、浜の挙動に関する学位論文に取り組んでいた。その冬、有名なサーフィンスポットであるカバナス・ヴェーニャの浜の砂がすべてなくなっていたことに彼は気がついた。しかし、予想（そしてライトとショートの理論）とは裏腹に、失われた砂が次の夏に戻ってくることはなかった。その理由は、二〇〇九年の冬季は、例外的に嵐が多かったためだと考えられた。度重なる嵐により過剰となった波エネルギーが、長期にわたって活発な離岸流を維持させ続け、砂を通常よりかなり沖まで運んでしまったというのである。深場に運ばれた砂が戻るには長い時間がかかると予想されたが、実際にはけっして戻ってくることはなかった。

浜の形状を変えるのは波だけではない。浜への砂の供給状態の違いによっても変化が生じる。アイル

＊——土砂の粒子の区分については、用語解説を参照のこと。

ランドのドニゴール州ファイブ・フィンガー・ストランドの浜は、過去二〇年の間に劇的な変化をとげた。人里離れたアイルランド北端付近のその美しい砂浜地帯は、一九九五年に、植生に覆われた大きな砂丘と浜が侵食されだした。その砂丘は、高さが三〇メートル、幅が一・六キロメートル以上あった。その後二、三年にわたって侵食が続き、砂丘の海側面は高さ約二〇メートルのむき出しの浜崖となり、浜の砂はすべて失われ、基盤となっていた中礫や巨礫がむき出しになった。地元住民と郡の委員会はこの変化を憂慮し、また、地元のアルスター大学の研究者たちは、何が起こったのかについて見解を発表した。

それはまったく予想しなかったものだった。まず、この変化が始まったのは、浜の一端にあるエスチュアリ〔淡水と海水の混合が起こる、地形的にはある程度、閉鎖的な水域。河口域、内湾、バリア島と本土との間の水域など〕のインレット〔潮流口、河口部の入江〕が、北に向かって曲がった時期に一致した。一般的に、インレットの開口部には、潮汐や波によって潮汐デルタと呼ばれる小規模なデルタが形成される。しかし、北向きに少し方向が変わったことで、もともとのデルタからインレットが離れていった。その結果、潮汐や波の力によって新たなデルタがつくり出された。その新しいデルタをつくった砂は、隣接する浜や砂丘からもたらされたものであり、それが、ファイブ・フィンガー・ストランドにおける深刻な侵食の根本的な原因だった。この間、古いデルタは、それをつくった潮流にさらされなくなったためそのまま残り、引き続き波によって移動し、隣りあう別の浜に乗り上げた。このように、同じ浜のある部分では新しいデルタをつくるために砂が使われた結果、深刻な侵食が生じたが、別の部分では古いデルタからもたらされた砂が堆積した。

古地図と航空写真にもとづく研究の結果、このような変化は過去にも起きており、そのインレットは

図1-4　急速に海岸侵食が進むノースカロライナ州サウス・ナグス・ヘッドの浜
3つの単独処理浄化槽が露出している。家の下に置かれた大型のサンドバッグがかろうじて嵐時の防護物となっている。海面上昇にともないこのような光景が普通となり、浜が汚染され、レクリエーションの価値が破壊される（写真：ジョセフ・T・ケリー）

周期的に二つの位置を移動していることがわかった。しかし、そのような移動現象が起こる時間スケールが二五〜三〇年であったため、大部分の人々にとっては前代未聞の出来事に思えたのである。現実的には、それは予想可能な長期的サイクルの一部にすぎなかった。二五〜三〇年のうちに、ファイブ・フィンガー・ストランドの浜は再びもとに戻るはずである。しかし、将来には不確定さがつきまとう。なぜなら、過去二〇〜三〇年の間に、浜の進化を左右する新たな要因が頭をもたげてきたからだ。海面上昇である（**図1−4**）。

過去一〇〇年間の海面上昇はわずか〇・三メートル程度だったが、非常に平坦な海岸にとっては、その程度でも海岸線後退による現実的な影響が生じる。例えば、米国のノースカロライナ州の海岸平野の下方の平均勾配は、水平距離六〇〇メートルあたり約〇・三メートルである。つまり理屈のうえでは、〇・三メートル海面が上昇すれば、海岸線は約六〇〇メートル陸側へ移動することになる。同じノースカロライナ州のアウター・バンクスなら勾配が一対一万の比なので、三キロメートル近くも海岸線が移動することになる。これだけの海岸線後退が必ず起こると予想されているが、実際にはおそらく数十年程度の時間の遅れをともなうだろう。後退する途上に膨大な砂の堆積、すなわちバリア島が存在するからである。

海洋地質学者のアンディー・グリーンは、二〇〇〇年代初頭に南アフリカ東岸の海底地形のマッピングを行い、特筆すべき特徴を発見した。数十キロメートルにわたって延びていた低い隆起線が、現在の海岸線に沿って走る砂丘のラインと同じ特徴を示していたのである――しかも、水深六〇メートルの海の中である！　この海底の砂の隆起線は、海面が現在より六〇メートルも低く、現在の海岸線より数キロメートルも沖合にあった時代の海岸線を示していたのだ。マルチビーム測深機という新しい技術で海底地形をマッピングすることにより、空前の鮮明さで海底の地形を可視化できるようになったことでこの驚くべき発見が可能となった。

この砂の隆起体はビーチロックとして保存されていた――ビーチロックとは、熱帯・亜熱帯地域の浜の砂がセメント化して、岩のように固まり、海岸線を縁どるようになったものである。浜に隣接する砂丘の砂もセメント化することがあり、現在のバハマの砂丘の砂は一部がセメント化している。南アフリカの海底に残る浜は、わずか三〇〇年の間に海面が一五メートルも一気に上昇した約一万一五〇〇年前に、海中に没したものである。

海中に残された浜は、現在では世界中でごく普通に認められている――オーストラリア、ブラジル、フロリダ沖のものは、現在の海面より一二〇メートル深い場所にある。フロリダのメキシコ湾岸で研究を続ける地質学者アル・ハインは、水深七〇メートルの海底に一連の容易に確認できる地形を発見した。それは過去のバリア島であり、現在ではマルチビーム測深機による地図で詳しく見ることができる。

海底に残された海岸線やバリア島の重要性は、海面上昇の証拠としてだけではなく、それらが海面上昇とともに移動するサーフゾーン〔海岸域に進入した波が砕けながら岸に到達するまでの領域〕の波にさらされながらも、生き残ってきたことを示しているという点だ。サーフゾーンの波は、たとえセメント化され固くなった砂であっても、それらの地形的な特徴を破壊してしまう。つまり、当時の姿がそのまま残っているということは、サーフゾーンの波に破壊されるよりも、その時代における海面上昇が急速であったことを意味している。おそらく二〇年で一メートル程度は上昇したのだろう。このような急激な上昇が起きたのは、氷河の融解あるいは氷河ダムの決壊によって、大量の水が一気に放出されて生じた高潮が原因だろう。

過去の海岸線にあったビーチロックの放射性炭素年代測定の結果は、カリブ海のバルバドス島周囲の急傾斜部にある、サンゴ礁の記録から得られたデータとも合致した。すなわち、地球が最終氷期から、地質学者が間氷期と呼ぶところの温暖期に移った二万年前から現在の間に、海面は一〇〇メートル以上も上昇した。現在、私たちは間氷期に暮らしている。実際、過去二万年にわたって海面は上下を繰り返し、世界の水資源は海洋から氷冠や氷河へ、またその逆へと変化してきた。しかし、海底に残された浜は過去の海岸線を忠実に保存し、古代の浜が現在と非常に似ていたことを私たちに示してくれる。自然の浜はほとんど不滅である。

私たちに過去の海岸線を語ってくれるのは、セメント化された浜だけではない。直接的な証拠以外にも手がかりになるものがある。ヨーロッパの北海や米国のニューイングランド沖のジョージズバンクで漁を行うトロール漁業者は、よく陸上動物の遺物——それらの多くはすでに絶滅したものだが——を網にかけてくる。例えば、マストドン、サーベルタイガー、マンモス、エルクなどである。これは、現在の海底が過去には陸であったことを示している。

約五〇年前の米国東岸沖で、海底の薄い砂層の下が、植物や動物（カキなど）の死骸がまざった泥や泥炭で覆われていたことが発見されたが、私たちはそれを塩性湿地と関連づけた。あきらかにそれらの堆積物は、海面が現在よりかなり低かった時代の、まさに海面と同じ位置にあった沿岸の湿地に形成されていたものである。

メイン州のトロール漁業では、長年にわたって矢じりや槍の穂先が網に入ってきた。考古学者たちは、古代の道具がトロール網によって特定の場所から採取されることに興味をもったが、海洋地質学者のジョセフ・ケリーは、なぜそれらの道具がそこにあるのかという疑問に駆り立てられた。たちまち彼は、メイン州の初期の居住者が住んでいた、水深二〇メートルの海底に残された景観を発見した。そこは当時の人々が石器をつくり、魚を捕り、貝を集めていた浜である。

要約すると、海底におけるこれらすべての調査により、何千年もの間の海面上昇で浜に何が起こったのかを地質学者たちは理解し始めた。ある浜は海岸に置き去りにされそのまま海底に残り、あるものは海底に巻きこまれた後に再び現在の浜に現れ、また、あるものは海底にこすり取られてわずかな砂層を残すだけになっている。海面上昇によってどのような運命が待ち受けようと、浜は生き残るのである。

海面上昇によって浜に何が起こるのかには、多数の要因がからんでくる。それには、海面上昇の速さと規模、浜の物質、河川から浜へ新しい物質が付加されるかどうか、またその速さ、浜がどこに位置しているか（熱帯域から極地方）、浜のタイプ（例えば、バリア島、大陸本土の浜、ポケットビーチ、岩石海岸）などが含まれる。重要なのは、最終氷期以降一〇〇メートル以上海面が上昇しても、浜が生き残ってきたということである。

嵐、洪水、津波——強打者

過去数千年にわたる長い地質学的な記録の中に、沿岸域の変化の証拠を見ることができるが、一方で、非常に短い時間スケールの中でも、海岸が劇的に変化することを私たちは知っている。たった一回、嵐が通過しただけでも大きな変化がもたらされる。沿岸域に住む多くの年配者は、自分の人生の中だけでも大きな浜の変化に出合った経験をもつかもしれない（歳を重ねるとともに変化の記憶は拡大されがちではあるが）。いずれにしても、浜における最も劇的な変化の多くは、巨大な嵐、ハリケーン、津波のときに起こる。

二〇〇四年のボクシング・デー[*]にインド洋で発生した津波は、浜における劇的な変化について多くの生々しい印象を残した。多くの観光客でにぎわっていた浜が、あっという間にがれきだらけの荒れ地に

*——英連邦で見られるキリスト教に由来する休日の一つで、一二月二六日。クリスマスの翌日にあたり、貧しい人のために教会が募ったクリスマスプレゼントの箱（box）を開けることにちなみ、「boxing（ボクシング）」と呼ばれる。

変わり果てた。インドネシアのスマトラ島で最も被害が大きかったバンダアチェでは、一晩で海岸が一〇〇メートルも削られ、浜とそれに隣接する村がすべてなくなってしまった。海岸は完全に破壊されたように見えたが、シンガポールの研究者スー・チン・リューと共同研究者たちは、津波前後の海岸に関する一連の驚くべき衛星画像を発表した。直後の惨状は甚だしく、浜は消え去り、津波によって植生がことごとくはぎ取られたように見えた。ところが、津波の一三カ月後の二〇〇六年に撮られた画像には、新しくできた広い砂浜が写っていた。間違いなく陸側へ一〇〇メートル削られた浜だったが、少なくとも衛星画像で見るかぎりでは、直近の悲劇の痕跡が海岸からは一掃されていたのである。浜の観点からは、浜が破壊的な波に対して、驚くべき回復力をもっていることを示している——浜にあった砂は津波によって一時的に沖合にもっていかれたが、津波が過ぎると急速に浜に戻ってきていた。

一般的にはスーパーストーム・サンディと呼ばれるハリケーン・サンディは、二〇一二年一〇月にニュージャージー州の沿岸を襲った。ハリケーン・カトリーナ以降、資産へのダメージという点では、米国を襲ったハリケーンの中で最も高くついたものになった。ニュージャージー州の海岸とバリア島の全域にわたって、ビーチフロントの家が洪水に見舞われ、浜（そのほとんどが人工的に養浜されたもの）が侵食された。一方、厚さ数フィートの砂が、道路やていねいに手入れされた庭に流れこんで堆積したが、二〜三週間のうちに、それらの砂の大部分はブルドーザーによって浜に戻された。

ニュージャージー州のシーサイド・パークにあるジェットコースターが、根こそぎ削り取られてしまった衝撃的な写真が新聞に載った。波の影響は破壊的であり、人々は、自然の猛威を前に立ちつくして見ているしかなかった。しかし、そこで起こったことは、嵐が来れば、それに対して浜が常にとる普通の反応だった。道路や家にたまった砂のほとんどは、浜から削り取られた砂である——自然の浜であれば、嵐への反応として浜自体が転がりながら移動し、嵐が終わればまた以前のような姿に戻る――ほんの少し陸側に位置を変えるだけである。

ニュージャージー州の大部分の浜はバリア島にあるが、浜の進化はバリア島の進化の重要な部分をなしている。皮肉なことに、背後にたまった砂を人の手によって浜に戻すことは、バリア島の生存に逆行する究極的な行為なのである。バリア島はその生存と進化のために、嵐と海面上昇の両方を必要とするのだ。サンディのような巨大な嵐は、バリア島の砂を背後の内海にも押し流すが、これはバリア島が拡大する過程である。押し流された砂の多くはそのまま島の上にとどまり、島の陸地をかさ上げする。同時に、嵐は海岸線を後方へ移動させる（これは海岸線後退と呼ばれる）。

島の裏側が拡大し、表側が侵食され、海抜が高くなる過程は、バリア島の移動と呼ばれる。島が後方へ移動し、高さが増すことで、海面上昇へ対応しているのである。バリア島の進化にとって必要なこれらすべての過程が、開発の手が加わった島では停止し、島の生存のためだといって実施される高価な工学技術によって、単なる砂場へと変化していく。

二〇〇七年三月、南アフリカのクワズール・ナタール州にある人気の高い浜が、異常な高潮位にともなう高い波に襲われた。ダーバン近辺の観光用の浜には劇的な変化がもたらされ、砂は沖へ流され、うっそうとした樹林に覆われていた砂丘が削り取られてしまった。表面を覆っていた砂が流されてしまったために、五〇〇〇年前の貝塚（古代の海岸居住者が、収穫したカキや二枚貝の殻を捨てた場所）が岩の岬の上に露出した。

浜から砂がなくなったことは大きなニュースとなり、当局は深刻に受け止めた。ダーバンの地質学者アラン・スミスと共同研究者たちは、その冬に来襲した幾度もの嵐で、すでに浜が狭くなっていたこと、異常な高潮による巨大な波が合わさって、前例がない大規模な海岸線の侵食が生じたと結論づけた。そのような稀な出来事が組み合わさるのは、五〇〇年に一度程度だと推定された——その数値は貝塚の記録からも裏づけられた。そして、波によって勢力を増した離岸流が、さらに多くの砂の消失を招いた。離岸流が深場に運び去った砂が再び浜に戻るには何年も何十年もかかり、一部は永久に戻ることがない。その間、浜は陸側に移動し、嵐前の形を少しずつ取り戻していったが、位置自体は陸側に移ったままであった。

一九八九年のハリケーン・ヒューゴの後、サウスカロライナ州のコースタル・カロライナ大学のポール・ゲイズが行った研究や、一九六一年のハリケーン・カーラの後、テキサス大学の大学院生であったマイルス・ヘイズが行った研究では、膨大な量の砂が、おそらく大陸棚の中央部より沖側へ運ばれただろうとされている。そのような遠方まで運ばれてしまえば、その砂が浅海域に再び戻るとは考えられない。

砂はどこから来るのか?

浜がどのように変化するのかを理解するのは大事だが、より根本的な問いは、砂（礫も含む）がどこから来るのかということである。これに関連して、砂が依然として供給され続けているのか、それとも供給がとだえているのか、ということが問われる（図1-5・図1-6・図1-7）。

図 1-5（上）
フランスのマシフ・ド・レストレル（写真：アンドリュー・クーパー）
図 1-6（中）
トルコのトゥルンク（写真：アンドリュー・クーパー）
図 1-7（下）
イタリアのモノーポリのポルタベッキア・ビーチ（写真：ノーマ・ロンゴ）

海水浴客でにぎわうが、護岸によって狭隘化した浜。このような浜は、砂を補給しないかぎりやがて消滅する

浜を形成する材料が何であれ、波が関わりをもち、大部分の浜の砂は複数の供給源からもたらされている。南北アメリカ大陸西岸のような山が迫った急勾配の海岸や河口デルタでは、河川が浜への直接の供給源である。一方、米国東岸、ブラジル、中国、モザンビークのような平坦な海岸平野にある海岸では、河川が運んできた砂は、浜から離れたエスチュアリの頭部（一番奥の部分）で川の流れから解放される。そのような場所に位置する浜の材料の多くは、海面が現在より低かった時代の、エスチュアリ頭部に堆積していたものである。また、多くの浜の砂は、海面上昇にともない、波によって岸側に押し上げられている。

世界中のすべての浜では、一部の砂が沿岸流と呼ばれる波によって発生した海岸線と平行な流れに乗って輸送されている。その砂は、隣接する浜あるいは近傍の崖が削られて運ばれてきたものだ。地質学者のロバート・モートンは、テキサス州のいくつかの浜では砂丘から運ばれてくる砂（とくに嵐の後に）が重要な供給源になっていることを示した。

私たちは、河川に建設されたダムによる砂の捕捉が、海岸侵食のおもな原因であると知っている。このことは、山が迫った海岸、例えば北米西岸やスペイン南岸にとくにあてはまる。それに対して、海岸平野に隣接する浜は、現在の河川からは直接の砂の供給を受けていないので、一般的にはダムの影響を受けない。そのような河川では、河口よりずっと内陸部の、河川の流れが止まるエスチュアリの頭部に砂が堆積する。ダムがもたらす問題が認められるようになり、米国ではいくつかの小規模ダムが撤去されたが、将来は、もっと大規模なダムも撤去されるようになるだろう。ワシントン州のオリンピック国立公園にある、高さ三三メートルのエルワ・ダムは一九一〇年に建設され、その後二〇一一年九月に撤去されるまでに四六〇万立方メートルの砂がたまったため、水力発電所としての機能が制限されていた。

ダムが建設される前は細粒の砂が浜に供給され、エルワ・デルタに居住する先住民エルワ・クララムにとって重要な二枚貝の個体群の優れた生息地となっていた。ダムが建設されてからは細砂が川を下らなくなり、浜には新たな砂が供給されず、砕ける波によって細かな砂が運び去られ、礫だけが残るようになった。その結果、二枚貝はいなくなった。しかし、ダムが撤去された二年後、細砂も二枚貝も戻り始め、浜は広くなりだした。

崖の侵食や非固結の氷河堆積物は、浜砂の別の重要な供給源である。英国南東岸の全域にわたって、浜はフリント〔微細な石英からなる緻密で硬い岩石（チャート）〕からなる中礫で覆われている。フリントは、有名なドーバーの白亜の崖が削られて運ばれてきたものであり（チョークは削られて流され、硬いフリントだけが残る）、浜が生き残るためには、持続的に崖が侵食される必要がある。残念ながら、世界中の海岸線の多くでは、崖の上にある資産を守ろうとして崖を防護する護岸が建設されるため、崖の侵食が遮られている。その結果、浜は堆積物に飢えながら（ちょうどダムが浜を飢えさせるように）、やせていく。同じことがニューイングランドでも見られ、そこの浜は氷河堆積物の侵食に依存していたが、現在ではその堆積物が護岸で保護されたため、侵食が起こらなくなってしまった。崖の侵食と浜の形成とのつながりを理解していたなら、事態は別の方向に進んだかもしれず、侵食された崖からは砂が供給され続け、浜は豊かなままであっただろう。

浜をつくる他の重要な物質は、貝殻や海洋生物の骨格である。体に硬い部分をもつ二枚貝、巻貝、ウニ、カイメン、そして顕微鏡サイズの海洋生物の多くが、浜の形成に一役かっている。熱帯地方では、サンゴ礁に隣接する浜の物質のすべてが、貝殻やサンゴ片で構成されているのはめずらしいことではない。ほとんどすべての浜には、多少なりとも貝殻起源の物質が含まれている。壊れて砂になる貝殻がある一方、新しく生まれる貝殻があるので、浜は砂を自給していると言える。

一風変わった砂の供給源が、カリフォルニア州のフォート・ブラッグ近郊で見られる。そこはグラスビーチとして知られている。二〇世紀初頭から長年にわたり、地元住民は空き瓶やその他のごみを浜に捨ててきた。何十年もの間、波の影響を受けた結果、丸みを帯びた砂サイズのカラフルなガラス破片で覆われる浜になったのである。英国のリバプール近郊のある浜は、見たことのない赤色をしている。それは、第二次世界大戦中の空襲で破壊された建物に使われていたブロックが投棄されたものである。同じく英国のダーラム海岸では、石炭残渣が何十年もの間、浜に投棄されてきた。浜は巨額の費用をかけて修復されたが、いまだに酸性度の高い場所が残り、そこには生物は生息していない。

これらすべてのケースにおいて、砂が浜に堆積する速度、逆に、砂が取り去られる速度は、時間とともに変化することが容易に理解できる。もし付加されるよりも多くの砂が失われるなら、浜は陸の方向に移動するが、ワシントン州のコロンビア川の河口近傍の浜やニュージーランドのオークランド近郊のファティプ・ビーチのように、失われるよりも多くの砂が付加されれば、海の方向に広がるだろう。このような理由で海側へ広がっていく浜もあるが、世界の浜の九〇パーセントは後退しつつあると推定されている。

浜の生命

人間は別として、多くの生物が生息地としての恩恵を浜から受けており、一生の間の重要な時期に浜を訪れる生物も多い。それらの生物は、浜やそれを覆う水と相互に関わりあい、生態系を形づくっている。生態系とは、自己充足し、他からはっきりと区別できるシステムのことであり、浜の生態系はどの点から見ても、よく知られたサンゴ礁生態系や熱帯雨林生態系と同じく複雑である（図1－8・図1－9）。

浜に生息する生物の大部分は、私たちの目にはほとんど入らないものである。砂に開いた穴や表面を這った奇妙な痕跡が、そこに何が棲んでいたかの手がかりになるが、カニや浜辺に棲む鳥の活動をのぞけば、活動の多くは地下で行われる。そのため、浜の居住者は、常に変化する環境の中で生き残る術を身につけていなければならない。砂に開いた多くの巣穴によって、干潮時の乾燥、波による流出、捕食者などから身を守っている。

科学者たちは、生態系を構成する動植物をいろいろな方法で分類しているが、浜に生息する動物の場合、最も一般的なのは体の大きさにもとづいてマクロファウナとメイオファウナに分けることである。[*]

マクロファウナは大きな生物を指す。軟体動物（例えば、二枚貝、巻貝）、甲殻類（例えば、カニ、エビ、等脚類、端脚類）、多毛類。通常、自分より小型の動物をつかまえて食べるか、水中に浮遊する餌料を濾過（ろか）して食べるが、自分自身が海鳥、サーフゾーンの魚類、哺乳類の餌にもなる。多くは、自分自身を保護するため砂にすばやく潜ることができる。

メイオファウナは砂粒の間に生息する小型の生物である。肉眼で観察することは難しいが、莫大な数

*――マクロファウナは〇・五～一ミリメートル目のふるいに残るもの。マクロベントスともいう。メイオファウナは〇・五ミリメートル目のふるいを通り抜けるもの。メイオベントスともいう。

図 1-8　カリフォルニア州のポイント・レイズ国立海岸のドレイクス・ビーチで休むゾウアザラシ

背後の崖はあきらかに浜の砂の供給源となっているので、崖の上のビルを守るためこのような崖を護岸で保護すると、砂の供給がとだえ、侵食が加速する（写真：アンドリュー・クーパー）

が存在する（三〇センチメートル四方あたり最大一〇〇万個体）。メイオファウナは、微生物群集とマクロファウナのつなぎ目となり、浜のデトリタス（生物体起源の分解物や分解途中の有機物などで構成される軟泥状の物質）を分解し、他の生物が利用できるように変えている。彼らの活動は浜の浄化にも役立っている。メイオファウナは環境攪乱に対して非常に敏感なので、浜が汚染されると、線虫（微小なイモ虫状の生物）が優占する生物相に変化してしまう。

すべての中で最も小さいのが、細菌（バクテリア）、線虫、扁形動物、より小型の端脚類やカイアシ類である。それらの生物の一部は水中に、他は砂粒の表面に生息する。一般的に、有機物の分解に寄与し、栄養分を他の生物へ提供する役割を担っている。

浜を生態系とみなすためには、動物、植物（藻類）、そして環境との間に見られる一連の関係を考えなければならない。それらの関係には、ある生物が別の生物を食べるというものや、他には生物どうしが互いに利益を得るというものもある。そのような生物の働きによって、栄養分が水中にもたらされ、それを他の生物が利用できるようになる。生態系としての浜の基本は、餌料という形でのエネルギー（大部分は海から浜に運ばれ、そこに蓄積される）である。浜によっては、微細藻類（海で成長する顕微鏡サイズの植物プランクトン）が食物網の土台となっているが、大部分の浜での基本的な餌料は、海藻・海草や漂着した自然の砕屑物のような、波によって浜に打ち上げられた物質である。それらが浜の生態系すべてを支える基本的な材料であり、浜の乾燥した部分では、鳥、昆虫、カニなどに、水中ではエビや魚類に利用される。摂餌活動は、最も新しい餌が堆積する波打ち際*でも活発に行われる。餌を探す鳥が、遡上波（そじょうは）を避けながらこのラインに沿って走っている姿がよく目撃される。

打ち上げられた海藻のような物質は、風に対する物理的な障壁となり、飛砂を捉えて、砂丘の発達に

図1-9　フォークランド諸島のイーストフォークランド島東岸のボランティア・ポイントに上陸したキングペンギン
この美しい浜には海岸線の後退を妨げるようなビルが建てられておらず、キングペンギンがこの浜で最も普通に見られる生物である（写真：ジョセフ・T・ケリー）

もつながる。海藻は砂丘植物の初期の成長にとって必要な栄養も供給してくれる。植物の成長は、浜を訪れる鳥の排泄物からも恩恵を受けている。

恒久的な居住者は別として、浜には一時的な来遊者が多い。とくに、ウミガメは浜に大きく依存している。彼らは生活の大部分を海で過ごすが、産卵のために浜を訪れなければならない。ウミガメは同じ浜に何度も来遊する。闇の中、彼らは重い体を引きずって浜に上がり、後肢を使って深い穴を掘り、穴がいっぱいになるまで何百もの卵を産み落とし、そして海に戻っていく。孵化した子ガメは浜の生態系の一員となる。孵化する前でさえ、キツネ、アライグマ、鳥、野犬などが穴を掘り返し、卵を食べてしまう。オマーンのラス・アル・ハッドの浜では、アラビアアカギツネの餌の大部分（最大九五パーセント）がウミガメの卵であった。

多くの予期せぬ動物が、浜の生態系に依存している。例えば、ナミビアではライオンが、打ち上げられたクジラの死骸やその他の餌となるものを探し求めて浜にやってくる。ガボンのロアンゴ国立公園では、熱帯雨林が海まで達しているため、カバ、バッファローやゾウが浜を歩き海を渡るという、想像もできない光景を目にすることができる。それらの動物は、生存そのものを浜に依存しているわけではないが、例えば、カバは体表についた寄生虫を流し落とすため、海水に浸かるのではないかといわれている。

多くの有用魚介類が、生活の一部あるいはすべてを浜に依存している。北ヨーロッパでは、何種かのカレイ類（ドーバーソール、プレイス、フラウンダーなど）の稚魚が、砂質の浜の潮間帯で過ごし、甲殻類、多毛類、二枚貝の水管などをあたかも海水からこし取るように、次々と餌として摂取している。ヨーロッパ北西部におけるドーバーソールの年間漁獲量は三万五〇〇〇トンほどで、英国だけでも二〇一〇年には三七〇〇トンの水揚げがあり、金額は二一七〇万ポンド〔三二億円〕にもなった。これよりは少額だがけっして無視できないのが、砂浜に生息する貝の漁獲で、世界中の多くの沿岸に住む人々が、何世紀にもわたってそれで生計をたててきた。

一九八六年、南アフリカにマプタランド海洋保護区が設立されたとき、地元の環境保全学者のロバー

＊――打ち上げられた波の先端部に沿って線状に堆積した漂着物のラインをドリフトラインという。漂着物に含まれる海藻、魚介類の死骸、河川から流れてきた小枝や草などは、浜の生物の栄養源や隠れ家となる。生態学的な観点からは、海浜清掃でドリフトラインの海藻や魚介類の死骸などを取りのぞくのは好ましくない。ラックライン（wrack line）とも呼ばれる。

ト・（スコッティ）・カイルは、生計のためのゴーストクラブ（スナガニの仲間）やモールクラブ（スナホリガニの仲間）の採取が持続可能であるかどうかを調べた。採取者は一晩で平均二〇～三〇個体を採捕し、身近な家族内で消費していた。研究結果によれば、その程度の規模であれば、地域資源を絶滅に導くことはないとされた。

有用種を含む多くの魚種が、浜の生態系に餌料を依存している。人間が浜に干渉するときに考えなければならないのは、浜そのものだけではない。生態系を構成する生物にも気をとめなくてはならない。人間の行為は魚類資源にダメージを与え、ウミガメを絶滅の危機に陥れ、あるいは水を汚染する。浜の車による走行（カニを踏みつぶしたり、子ガメが海へ出られなくなる）、護岸の建設（浜を減らす）、浜の砂の掻き均し（栄養源を取りのぞくことでほとんどすべての生物を殺してしまう）、工学的な浜への改変（砂の量やタイプを変えてしまう）など、潜在的に浜の生態系へ影響を及ぼす人間の行為は数知れない。

浜とともに暮らす

浜は多くの異なる地質学的な状況のもとに存在し、異なる供給源からの砂で保持されているが、いずれのケースでも、浜は可変的であり、状況の変化に応じて形状を変化させることができる——柔軟性こそが浜が生き残ることができる（浜の成功）理由である。

浜を存在させ、その形状を変化させるメカニズムを解き明かすのが海岸地質学者の仕事であり、そうすることで浜のもつ素晴らしい地形をより詳しく知ることができるようになる。この世に二つとして同じ浜がないことはあきらかである。ある程度の一般化ができ、共通の特徴にもとづいてグループ分けもできるが、浜を理解するために使える唯一無二の体系などは存在しない。

浜の唯一の共通の特徴は、状況に合わせて変化できるということだけである。日々、年々、一〇年二〇年と、嵐、堆積物の供給の変異、さらには、数千年に及ぶ海面変動へ応答して形を変えていくことが、浜の成功の秘密である。

嵐、静穏な天気、変動する海面、洪水、波、砂や礫、これらすべてが、浜をつくるレシピにあげられる材料だ。よく、海面の変動が浜に脅威をもたらすとか、嵐が浜を脅かすという言葉を耳にするが、そのような見方は、自然の浜では絶対に真実ではない。浜は、まったく人の手を借りず生き残り、数えきれない嵐や、最終氷期からの一万八〇〇〇年間における、一〇〇メートル以上の海面上昇からさえ恩恵を受けてきた。

人類の活動が浜に及ぼす影響についての問題意識や批判力を高めるというやり方で、一般市民に浜の美しさや浜の生態系の大いなる価値を伝えることは、他のさまざまな環境と同様にかなり難しい。それに代わり最近登場したのが、それぞれの生態系が人類にもたらす価値を評価するという方法である。これは、自然の生態系が人類にもたらす恩恵を特定し、それぞれに経済的な価値を割り当てる、生態系サービスという考え方である。しかし、恩恵を特定することは比較的簡単にできるが、それに経済的な価値を割り当てることはなかなか難しい。次のリストは、浜がもつ主要な生態系サービスの概要である。

・嵐からの保護――砂丘と広い浜は嵐から建造物を保護している。

- 栄養循環――浜の動物は栄養を循環させるので、海陸両方の食物網にとって重要である。
- 生物学的浄化――浜は巨大な生物フィルターである。砂とそこに棲む生物は、生物濾過として知られる過程を通して、浜を浄化し、沿岸水を解毒する。
- 営巣場所と産卵場所――浜は多くの生物（例えば、ウミガメ、鳥類、魚類）にとっての、餌の貯留場所や生育場所として機能している。
- レクリエーションと観光――浜は観光のホットスポットであり、地域の経済にとって重要である。
- 生物採取（漁業と遊漁）――二枚貝やカニなどの動物が、食料や釣りの餌として採取されている。
- 漁業――商業的に重要な多くの魚介類が浜に依存している。
- 保全――ウミガメや鳥類を含む稀少種や絶滅危惧種が、生活環の重要な時期を浜で過ごしている。
- 健康――精神面以外にも、野外レクリエーションをはじめとする浜での楽しみは、人々の健康を増進する。

このように並べてみれば、浜が私たちに数多くの利益をもたらしてくれることは明白で、個々について経済的な価値も思い描けるだろう。はじめは単に砂がたまった軟らかな場所にしか見えなくても、後にはそれ以上に大きなものであるとわかるようになる。

浜の環境は生命に喩えることができる。生命は自分自身の生き残りを図り健康を増進する、ごく当たり前だが道理にかなった方法で円滑に機能し進化するシステムであり、浜も同様である。浜を生命体とみなすなら、浜がこれからも生き続け進化できるようにしながら、つまり次世代に浜を残せるようなやり方で、浜とともに暮らしていくにはどうすればよいのかも理解できるだろう。生と死を浜にあてはめることで、適切な開発行為と不適切な開発行為を区別するための指針が得られるにちがいない。浜の生命過程をいくつかあげると次のようになる。

- 浜は栄養分が必要である――砂は浜にとっての栄養である。
- 浜はエネルギーを使う――波、割合としては少ないが風、潮汐、植物、動物は浜へエネルギーを供給する。
- 浜は太る――豊富な砂の供給あるいは安定した海面レベルはバリア島や浜を広げる。
- 浜はやせる――砂の不足あるいは急激な海面上昇は浜をやせさせる。
- 浜は自分自身を守る――平坦な浜では、波が広い水域を渡るうちに波エネルギーが逸散する。
- 浜は回復する――大きな嵐の後に砂は浜や砂丘に戻り、浜は傾斜が急で狭い状態に戻る。
- 浜は友と敵をもつ――嵐は友である。浜の進化を妨げるエンジニアは敵である。
- 浜は異なった性格をもつ――砂供給、浜の物質、海面レベルの変化、沈降、植生タイプ、浜の向き、海洋学的な状況、波環境などの条件が組み合わさることで、多様な浜の自然が現れる。
- 浜は不滅である――浜は、自然ではなく人によって殺される。

これ以降の章では、世界中で行われている人間による活動が、不幸なことに浜の劣化と広域にわたる消失を招いていることを示していく。人間の行為による浜への影響を評価する際、はっきり目視できるウミガメや鳥類などの例外はあるものの、浜の生態系はほぼまったく考慮されていない。

本書では、浜を脅かす二つのカテゴリーの問題について考えていく。一つ目のカテゴリーは、浜にダメージを与え、浜を劣化させる人間活動に関するものである。車の走行、汚染、油、ごみは、生態系に影響を及ぼすだけでなく、潜在的に浜を減らす可能性があり、浜の魅力、人気や有用性を損ねる。そうなると、海面上昇を迎えた時代において、浜を保存するのに必要な政治的な支援を失い始める。二つ目のカテゴリーは、まさに浜の存在そのものを脅かす問題に関するものである。それらの行為、すなわちハード、ソフト両工学技術に加えて砂採掘は、発展途上国の浜を破壊しつつある。グローバリゼーションの名の下に、これらすべての行為が世界中に輸出されている。私たちはその理由を掘り下げ、不可解な海岸工学の世界をあきらかにしていく。

第2章　身代を食いつぶす——砂採掘

　浜を破壊する確実な方法は、砂を掘り、その砂を取り去ることである。このあきらかな関係がわかっていながら、浜や砂丘から砂を取りのぞく行為が、人類が海岸近くに住みだしてから、ずっと世界中で行われてきた（図2－1）。最初はバケツで運ぶ程度から始まり、そのうち馬で引く荷車へと代わったが、いずれも人力であった。そして、最後は採掘機械を用いたダンプカー輸送へと変貌した。今日、一度に一〇立方メートルも運搬できるダンプカーの長い列が、いくつもの浜で見られる。砂だけではなく、中礫、大礫、さらには巨礫さえも、さまざまな目的のために採掘されている。多くの浜は、わずかな堆積物の消失なら生き残ることができるが、砂の除去が長期間続いたり、あるいはたった一回でも大量の砂が除去されれば、致命的である。

　サーフゾーンの連続的な波の動きは、通常は、粒子のサイズがそろい、泥が含まれない砂を浜に運んでくる。これは、浜がコンクリートや他の建設用途のための、よく整った砂の理想的な供給源とみなされることを意味している。フロントエンドローダー、バックホー、ショベルなどの建設作業車を使えば容易に採掘できるので、浜での採掘は安価である。おそらく最も重要なのは、浜がほとんど私有地になっていないことだ。大部分が公有地なので、砂を入手しようと思う者にとっては無料の骨材供給源となる。北アフリカのような、森林があまりないため、費用をかけて材木を輸入しなければならない地域では、建設材料として材木よりコンクリートが使われる。小さな島では、浜が建設用の砂の手軽な（時には唯一の）供給源となっている。

砂の需要が高まり、より効率的に大量の砂を採掘する技術が考案されるにつれ、浜での砂採掘が重大な環境問題となってきた。皮肉なことに、砂需要の高まりの理由の一部は、ビーチフロント開発に由来するものであり、浜の存続やビーチフロント開発の安全性、それに海岸観光の将来に対して深刻な脅威となっている。その問題は、砂採掘を規制する手段をもたない発展途上国ではとくに深刻である。

砂採掘によるダメージが理解されるにつれて、多くの国が大規模な掘削を禁止した。しかし、浜について教育・啓発するウェブサイトcoastalcare.orgの二〇〇九年のロバート・ヤングとアダム・グリフィスの記事は、いまだに三〇カ国以上の国では、浜が砂の主要な供給源になっていると報じている。沿岸部に都市があるすべての発展途上国では、砂採掘が問題となっている。建設ブームに沸き立つ場所には、同時に採掘ブームが訪れる。合法か違法かは別として、インドの両岸では大規模な浜砂採掘が行われている。一部の地域（とくにムンバイ近郊）では、サンドマフィアによって、反対者、競合者やメディアへの脅し、役人への賄賂が常態化している。インドでは、浜や川砂の代替として、砕いた岩を利用することが広く推奨されているが、今のところ、そのような方法での砂の生産が、より収益性は高いが違法な浜砂の取引をくい止めるには至っていない。同じく凶悪なサンドマフィアが、アルジェリア北東部にも存在する。そこでは、建設業の命運を左右する莫大な量の砂が、一〇キロメートルにわたって広がるジジェル東岸の浜から毎日採掘されている。

砂の中に含まれる鉱物を得るためにも、浜や砂丘から砂が採掘される。次にあげるのは、代表的な鉱

図 2-1　ポルトガルのリーア・デ・アベイロの湾口北側に設置された導流堤に捕捉された砂の採掘現場

（写真：ウィリアム・J・ニール。この写真はウィリアム・J・ニールとオーリン・ピルキーの記事 Beach mining: Economic development/environmental crisis. Sea Wind, vol. 5, 1991 に初めて掲載された）

物名と鉱物業者が求める産物（〈　〉内が産物名）である。チタン鉄鉱・ルチル〈チタン〉、ジルコン〈ジルコニウム〉、磁鉄鉱〈鉄〉、ガーネット〈研磨剤〉、スズ石〈スズ〉、モナズ石〈レアメタル分〉、自然金、クロム鉄鉱、ナミビアではダイヤモンド。場合によっては、必要な鉱物が抽出された後の砂が浜に戻されることもある。鉱物採掘による浜への影響は、どれくらい多くの鉱物が抽出されたかということと、採掘の後に浜や砂丘に施された手当てに依存する。一部の環境保護主義者には反対されているが、南アフリカのクワズール・ナタール州で二〇年にわたって行われてきた砂丘砂の採掘では、砂丘の生態系を回復するため、積極的に砂丘修復と植物の移植が行われてきた。

あきらかな盗掘も行われている。特筆すべき例が、まばゆい白い砂が広がるジャマイカのコーラル・スプリングスの浜から、約四〇〇メートルの範囲にわたって砂が完全になくなってしまった事件である。盗掘は二〇〇八年七月に発覚したが、盗まれた砂はトラック五〇〇台分にも相当する量だった。その砂は、建設費一億八〇〇〇万ドル〔一一八億円〕の新しいリゾートホテル（その後計画は立ち消えた）の基礎に使われる予定だった。この砂盗掘事件はジャマイカで大きな話題となり、ブルース・ゴールディング首相は広範囲にわたる捜査を個人的に監視してきたが、むだに終わった。

ジャマイカの例のように、たいていの砂盗掘は夜陰に乗じて行われる。メキシコのカンクンでは、夜間にグラン・カリベ・リアル・リゾートというリゾートホテルの前に海岸工事用の構造物を違法に建てた罪で、七人の作業員が逮捕された。すでに同じ罪で五人のリゾートホテル従業員が逮捕されていたにもかかわらず、この事件が起こった。これは、くだんのリゾートホテルが、隣接するホテルの前の浜から砂を盗み、自分のホテルの前面に蓄えていると、隣のホテルの所有者が訴えたことから明るみに出たのである。

とくに、小さな島では小規模な砂採掘がどこでも日常的に行われている。カリブ海沿岸一帯では、浜砂の採掘が、多くの島における深刻な浜幅の縮小の原因になっていると考えられている。プエルトリコでは、浜砂の採掘は違法であると記した看板のすぐそばでも砂採掘が行われている。私たちは、米国本土やハワイの多くの場所で、バスタブほどの大きさの窪みが浜や砂丘にあるのをたびたび見てきた。それらは、日没後、小型のピックアップトラックで砂が運び去られた跡であり、おそらく、地元の小さな建設工事に使われているのだろう。ワシントン州やアラスカ州のノームでは、小規模なパニングや流し樋*による砂金採取が認められている。その方法は砂金を取るため砂を攪拌するので浜の生物相に影響はするが、砂を大量に取りのぞくものではない。ブリテン諸島（英国、アイルランド、周辺の島々からなる）では、農業用途のため浜砂を採掘してきた長い歴史がある。ブリテン諸島の北部や西部では、氷河起源のやせた土地を改良するため、海藻や貝殻片を含む浜の砂が土壌に加えられてきた。現在ではほとんどの場所で禁止されているが、いまだに行われている場所もある。スコットランドのアウター・ヘブリディーズでは、多くの農家が浜から砂を取ってきたこと（現在でも）をいずれは認めるだろう。一九六〇年代には政府の支援で浜砂を泥炭地にまぜることで耕作に適した土地を増やす事業さえ行われ、その結果、現在、島のほとんどすべての建物が浜砂の土台の上に立っている。

北アイルランドでは、アントリム渓谷にあるクーシェンダンの美しい浜が、英国の自然保護団体であるナショナル・トラストによって買い上げられた。しかし、農家の間ではその浜から砂を取る長い歴史があった。昔は、砂は人力で掘られ、馬と荷車で運ばれていたが、最近ではトラクターを使って大量に取られてきた。試算によれば、そのまま掘り続けていけば、五〇年ほどで掘りつくされてしまうだろう。その場所ではすでに海岸線の後退が速まっており、近い将来、そこに立つ歴史的建造物が脅かされることになるだろう。農家は、自分たちには砂を取り続ける歴史的な権利があり、浜への影響にかかわらず、その権利を行使すると主張してきた。しかし最終的には、ナショナル・トラストが浜を購入し、浜に隣接する駐車場に置いた氷河砂（氷河の作用で運ばれた砂）を、農家が自由に取ることができるようになったので、浜での砂採掘は終わった。

＊――パニングは、水を張った容器に砂を入れ、かきまぜながら砂金だけを取る方法。流し樋は、いくつか区切りを設けた樋状の箱の最上部から水とともに砂を流し入れ、流下する過程で重い砂金が仕切りの中に残るという仕組み。

クーシェンダンからわずか数キロメートルの場所で、海岸のそばに別荘をもつ、利に敏いが不正をものともしない男が、浜から砂利を取るため、自分の家から道路をくぐって浜まで通じるトンネルを掘った。その男は浜で違法に採掘し、その砂利（家の内壁や外壁の装飾に使われる〔ペブルダッシング（pebble dashing）と呼ばれる、砂利を家の内壁や外壁などにはめこんで装飾とする技法〕）を園芸センターに売っていた。そのことが発覚し採掘が行われなくなるまでに、浜の大部分が消え去っていた。

米国では、わずかではあるが合法的に建設用（コンクリート）の砂の採取が行われている。一つ例外的なのは、カリフォルニア州のモントレー湾に沿った海岸にあるセメックス社の工場では、年間一五万三〇〇〇立方メートルの砂を採取していることだ。その砂は、実際には、浜に隣接する平均高潮線（こうちょうせん）より上方にある池から採取されている。その池は、毎冬、嵐の時に波が押し流した浜の砂で満たされるのである。合衆国陸軍工兵隊は、モントレー・ビーチの他の場所での砂採掘は禁止したが、セメックス社については、高潮線より上にあり管轄外だという理由で規制からはずした。

クワズール・ナタール州の観光産業が依存しているその地域の浜の砂は、多数の、小規模だが急勾配の川が供給源となっている。しかし、川ではいくつもの砂採掘工事が行われており、浜に届く前に大量の砂が取りのぞかれてしまい、浜の存続に関わる脅威となっている。さらに、採掘工事により、河床から有害化学物質が溶出するなど、多くの悪影響が環境に及んでいる。それらの有害物質には、水銀のような重金属や、ＰＣＢ（ポリ塩化ビフェニール）、ＤＤＴ、その他の有機汚染物質が含まれており、そこに生息する動物に摂取されている。工事によって巻き上げられる泥は、濾過（ろか）摂食者を死に追いやったり、近傍の湿地やマングローブ域に堆積したりする。河川での砂採掘によるもう一つのよく知られた長期的な影響は、下流側の蛇行地形や位置を変化させることであり、これも侵食問題を引き起こす。インドのゴアでは別の種類の問題が生じ、河口域で採掘が行われた結果、外洋の高塩分水が、以前よりも川の上流まで侵入するようになった。

同じような問題が沖合での砂採掘によっても生じ、浜をやせさせている。外浜(そとはま)で最大の砂採掘を行っているのは米国で、その砂を使って養浜事業が行われている。一九六五年頃から少なくとも二億八三〇〇万立方メートルの砂がポンプで浜に輸送され、今日までに三七億ドル〔四〇三三億円〕が費やされてきた。砂の大部分は、新しく造成される人工海浜の沖合で採掘されている。時には三二キロメートルも沖合の大陸棚で採掘されることもあるが、通常はもっと陸に近い場所だ。このような事業は浜と大陸棚双方の動植物相を荒廃させ、また、海岸線に打ち寄せる波の性質にも影響を及ぼすので、海岸線の後退を加速させる。採掘によって殺された海洋生物の死骸を漁るカモメの群れが、進行中の養浜工事の現場を示している。

サンフランシスコ湾での砂採掘は一〇〇年以上も続いている。当初は、港湾の水路確保のためだったが、最近では建設材料確保のために行われている。現在では、砂の減少が地元の浜へ影響を与えていることが顕著だ。とくに、オーシャン・ビーチの南部ではひどく、カリフォルニア州で最も急速に侵食が進んだ場所となった。そのため、湾内での砂採掘を中止して、氷河堆積物から採取を行っているカナダのブリティッシュ・コロンビア州からの輸入を増やせという圧力が高まった。高緯度地域では、過去の氷河によって堆積した砂が建設用の砂の主要な供給源なので、浜への影響は弱い。

ある浜に砂を供給するために、別の浜の砂が採掘されることがある。一九八九年のハリケーン・ヒューゴの後、サウスカロライナ州のいくつかのバリア島では、端部は砂がたまって拡大したが、反対に中央部は侵食されたので、端部の砂を採掘して中央部に移した。「借金をして借金を返す」のことわざのようだ。

一九三〇年代に、カリフォルニア州のマンハッタン・ビーチで採掘された砂が、ハワイのワイキキ・ビーチに運びこまれた。最終的には、オーストラリアからの砂が同じようにワイキキに運ばれるようになった。しかし、最近になって、ハワイの他の場所の砂が使われるようになった。世界で最も人気がある浜に投入されたこれらすべての砂は予期せぬ結末を迎えた。嵐によって浜から沖に流され、島を縁どる裾礁（きょしょう）（サンゴ礁のタイプの一つ）に堆積し、サンゴの多くを死滅させたのである。その結果、以前は外洋からの波の防壁となっていたサンゴ礁に隙間ができて高い波が入るようになり、養浜された浜が急速に侵食された。そのためさらに多くの砂が必要になるという悪循環が生まれたのだ。

深刻な浜砂採掘――四つの事例

●シンガポール

情報サイト「アジアンビート」の二〇一三年の記事によれば、シンガポールの国家開発大臣タン・チュアン＝ジンは、次のような発言をした。「マレーシアの浜の砂は使い道がない――一日中浜で寝そべっているだけだ。しかし今や、その砂はシンガポールの輝かしい拡大の一翼を担うようになった。今では、一粒一粒の砂が働きがいを見出し、プライドを取り戻すようになった」。開発大臣の弁によれば、怠け者のマレーシアの砂はシンガポールで働く喜びを見つけた！　しかし、英国のデイリー・テレグラフ紙は別の見解を示した。「島都市国家であるシンガポールは、密輸業者に金を払い、夜陰に乗じて砂を根こそぎ取り去るという悪辣なサンド・ウォー（砂戦争）を、隣国に仕掛けていることで非難されている」

砂は、環境への影響が少ない持続可能な開発を誇るシンガポールの、はかりしれない経済発展の核心部分だ。この旧英国領の経済の成功は、シンガポールを韓国、台湾、香港とともに「アジアの四頭の虎」の一つに押し上げた。シンガポールは高度に都市化された社会（人口五三〇万人）だが、増え続ける人口を支えられるだけの国土がない。都市国家の面積は一九六〇年代から二〇パーセントも増え、五八〇平方キロメートルから七〇五平方キロメートルになった。二〇三〇年までには海側へさらに二〇パーセント増える計画である。埋立と呼ばれる陸地の拡大事業に用いられる砂は、浜、島、河川の他に外浜からも採掘されるが、とくに隣国から運びこまれるものが多い。

シンガポールへ運ばれる砂の多くは、「闇夜の調達」と呼ばれる闇のルートでやってくる。密輸業者は夜間に活動し、インドネシア、カンボジア、マレーシアの浜から砂を取り、小さな台船に積みこみ、シンガポールへ直行する。もちろん何の疑問も許されない。シンガポールに近いインドネシア北部の国境の島々は、砂盗人たちを誘惑し続けているのである。インドネシアのいくつかの小島は、砂採掘の結果、消失してしまった。余談ではあるが、小島が消失したことでインドネシアの領海が減少した。

シンガポールは年間約一五〇〇万トンの砂を輸入している。カンボジアが最も重要な供給国で、ココン州近郊からだけで八〇万トンが運ばれている。それに続くのが、インドネシア、マレーシア、ミャンマー、フィリピンである。

一九九七年にマレーシアは砂の輸出を禁止し、その後、似たような禁止措置がインドネシア（二〇〇七年）、カンボジア（二〇〇九年）、ベトナム（二〇一一年）でもとられた。残念なことに、それらの地域では汚職が横行しており、禁止措置は、実際には砂の流通を抑えるためにはほとんど役立っていない。例えば、毎日白昼七〇〇台ものトラックがマレーシアから橋を渡ってシンガポールへ砂を運んでいる光景が見られる。一度は、マレーシア政府が浜の砂の持ち出し禁止の法を執行しようとし、逮捕を恐れた運転手が何百台ものトラックを乗り捨てて逃げたので、シンガポールへ向かう高速道路が混雑したというわさが広がったことがあった。それらの砂が自国の将来の浜の観光を破壊するとも知らず、浜から直接運ばれている。他の砂は川から運ばれてくる。これも、増水によって川を下り、やがて浜に供給されるはずのものであり、浜を脅かしている。

川から砂を掘削することの行く末は、タタイ川の河口近くにあるカンボジアのエコツーリズムの村、タタイで起こったことが暗示している。二四時間休みなしの大規模な採掘が二〇一二年に始まると、すぐに地元の水産業が壊滅し、観光客が訪れなくなった。その砂がシンガポール向けだということを否定する採掘業者もいたが（ある業者は単に航路維持のための浚渫だと主張している）、捜査によれば、実際にその砂はシンガポールに運ばれていた。

砂採掘の影響によって経済や環境の崩壊を招いた責任で、シンガポールは地域の嫌われ者になってしまった。シンガポールの建築・建設庁によれば、砂の供給源は公開情報になっておらず、また国家開発省は認可された場所から砂を購入していると主張する。シンガポール当局は、砂の置かれている現実をしっかり見つめ、将来的には、環境的にも受け入れ可能な場所から、正当な対価を払って購入するようになるだろう。

図 2-2　モロッコの浜と砂丘で行われている大規模な違法砂採掘
（写真：© サンタ・アギラ財団、coastalcare.org）

◉モロッコ

この北アフリカの砂漠の王国は、人口三二〇〇万人の立憲君主国である。地中海と北大西洋に面しており、非常に広い浜と、世界最大といわれる長大な海岸砂丘をもつ。それらの莫大な量の砂は、海面が低かった時代に、現在の大陸棚に存在した砂漠に由来するものだろう。過去二万年にわたる海面上昇の過程で、波が多量の砂を海岸に打ち上げたのである。

モロッコはまた、建設用の十分な材木資源がない国でもある。低価格の材木の不足を補うために、コンクリート用の砂が浜や砂丘で採掘されている。年間に採掘される砂の量は、おそらくシンガポールに一年間に運ばれる量に等しいだろう。大きな違いは、モロッコでは、採掘された場所と同じ国で砂が消費されているが、シンガポール

図 2-3　モロッコの浜でロバが運搬してきた砂
浜にトラックが進入できない場合はロバで運ばれる。砂はそこからトラックに積みこまれ、それぞれの供給先へ運ばれる（写真：オーリン・ピルキー）

では、別の国で採掘された砂がもちこまれていることである。しかし、砂が国内で供給されようと外から運ばれようと、浜は破壊される（**図2－2**）。

二〇〇七年七月、私たちは首都ラバトの南で、フロントエンドローダーを使って砂丘の砂が掘削され、毎日、何百台ものトラックに積みこまれている様子を目撃した。重機が使えないときは、ショベルを使ってダンプカーに積みこまれていた。トラックが進入できない場合は、背中に荷を積んだロバが数珠つなぎになって、浜の砂を崖の上まで運んでいた（**図2－3**）。浜へのダメージは、とくにモロッコ北部では呆然としてしまうほどである。採掘者が去った後のモロッコの浜と砂丘は月の表面のようだ。

このように景観に劇的な変化を与えるだけではなく、砂採掘は、浜（動植物相、浜辺に棲む鳥やウミガメの営巣への打撃）、砂丘（固有で稀少な植生へのダメージ）、そして沿岸の湿地

（とりわけ水鳥の渡りに対する影響）にも及んでいる。長期的には海面上昇が海岸侵食の脅威を高めていくので、浜やそれに隣接する砂丘から砂を取りのぞくことは、ダメージを受けている海岸線の侵食速度をいっそう速めることになる。海岸線は自己調整機能をもつので、砂採掘が行われていない周囲の海岸線にも侵食の影響が及ぶだろう。それに加えて、広い浜と大きな砂丘があることで機能してきた、嵐、津波や巨大波に対する防護機能も損なわれてしまう。浜での採掘、とくに砂丘での採掘は、砂が存在することで防護されていた沿岸域すべてのインフラや生態系の脆弱性を高めることになる。

モロッコにとっての解決策は？　国にとって貴重な浜にダメージを与えることなく、事業者の飽くなき砂への要求を満足させる方法はあるのだろうか？　その答えは、モロッコの砂漠に隠されている。広大な砂漠がアトラス山脈に沿って広がり、その大部分が砂丘で覆われている。この莫大な砂資源を開発するには、山地から海岸までの鉄道や道路の建設が必要となり、また、砂漠からであっても砂の採掘は環境に変化を生じさせるが、それでも浜から取りのぞくことに比べればましである。なぜなら、浜から砂を取れば、観光や浜の防護機能に影響が出るからだ。

砂漠の砂丘砂は、高強度のコンクリートに用いるのには球形度が高すぎると広く思われている。[*] 砂の球形度とは、粒子がどれだけ真球に近いかを表す指標である。しかし、このことを支持するに足る砂漠

＊――砂漠の砂のように粒子の球形度が高い砂は、高品質のコンクリート材料としては不適だという見解がある（Zhang G et al. 2006. Performance of mortar and concrete made with a fine aggregate of desert sand. Building and Environment 41, 1478-1481; UNEP 2014「Sand, rarer than one thinks」より）。「Beiser V. 2018. The World in a Grain. Riverhead Books, 294 pp」でもこの見解（ＵＮＥＰ）が引用されている。一般的に、骨材用の砂粒子の形状は不規則な方が、接触面が増えて、結着力が高まり、コンクリートの強度が増す。

の砂に関する広範なデータは存在しないうえに、砂漠の砂の供給源はさまざまなので、コンクリート材料として適した砂があるかもしれない。いずれにしても、建設に適した砂漠の砂源を探し出すには、適切な粒子形状を見つける研究が必要となるだろう。私たちは、砂漠の砂が骨材として不適だという十分な根拠がない主張は、都市伝説だと確信している。

◉シエラレオネ

シエラレオネは、アフリカ西岸に位置し、北と西はギニア、南はリベリアと国境を接する小国である。英国植民地だったが自由を勝ち得た、もと奴隷たちの故郷であることを宣言したことが名前の由来となった首都フリータウン近郊の、ヤシの木が立ち並ぶ美しい浜が有名である。一九九一～二〇〇二年、シエラレオネは激しい内戦を経験し、五万人が死亡、人口六〇〇万人のうち二〇〇万人が難民として周辺国に避難した。国のインフラと多くのビルが破壊された。

現在、再建の努力が実りつつある。したがって、再建のため莫大な量の浜砂が消費されていることに特別な驚きは感じない。しかし残念なことに、モロッコに比べてシエラレオネの自然の砂の量は非常に少ないので、浜に依存するいかなる観光産業も、ここ数年で完全に崩壊するかもしれないという現実的な脅威がある。

環境保護庁長官のコレ・バングラによれば、砂の採掘速度は加速しており、採掘地での海岸侵食の速度は六倍になっている。残念なことに、地区の首長や議会が砂採掘に対する最終的な権限をもっており、首長たちはいずれも、砂採掘産業が発展することで豊かになれると言っている。環境保護庁には権限がないのである。

フリータウンから八キロメートル離れたハミルトン・ビーチで二〇一二年に砂採掘が始まり、ショベルを持った作業員を荷台に乗せた四〇台ほどのトラックの列が毎日見られた。一つの浜を掘りつくすとトラックは別の浜に移動する。シエラレオネの若者の失業率は七〇パーセントにものぼるため、砂採掘には労働者が殺到する（図2－4）。内戦後の雇用確保の必要性は、政府が砂採掘を禁止できずにいる大きな理由の一つである。地域の若者に代わりとなる雇用の機会を与えることが、浜の破壊を抑える大きな一歩になるだろう。

今日、ハミルトン・ビーチでの砂採掘は禁止された――そして他の場所でもそうなった。砂の採掘により基盤岩と粗い礫が露出してしまい、内戦前には観光用だった浜がそうではなくなってしまったのである。海岸線後退の速度はいっそう速まり、孤児を支援する国際的な慈善団体オルフ・ファンドによって運営される孤児院をはじめ多くのビルがじきに倒壊するだろう。二〇一三年の予測では、孤児院が海の中に倒れるまで二年だとされた。ハミルトン・ビーチはなくなり、観光客はいなくなり、そして仕事もなくなる（図2－5）。

フリータウンの三二キロメートル南にあるジョン・オベイ・ビーチでは、持続可能エコツーリズム組織であるトライブウォンテッドによる新しいエコツーリズム・プロジェクトが進められている。この組織がコテージを建て、井戸を掘り、トイレを設置し、外国人観光客を魅了するようになってから四年が経つ。しかし、盛んになってきたこのエコツーリズムの場所が、砂の採掘現場として選ばれた。採掘業者は、エコツーリズムが行われる場所の前面では工事を行わないことに同意しているが、近くで採掘を行えば前面の砂の消失にもつながり、芽生えたばかりの観光経済を脅かすことになるだろう。

シエラレオネにおけるあきらかな解決方法は、別の砂供給源を探すことである。しかし、見過ごしは

図 2-4　シエラレオネの浜でトラックに砂が積みこまれている
失業中の若者にとって手掘りの砂採掘は金になるが、砂採掘は観光産業の将来にダメージを与える（写真：トミー・トレンチャード／統合地域情報ネットワーク〈IRIN〉）

図 2-5　シエラレオネの浜での集中的な砂採掘
砂は基盤の岩盤に達するまで掘りつくされ、近年の内戦で破壊された、多数のビルの修繕や移築のためのコンクリートに使われる（写真：トミー・トレンチャード／統合地域情報ネットワーク〈IRIN〉）

あるかもしれないが、今のところ浜砂と同程度の安価な供給源はどこにも見あたらない。代替案には、砂の輸入、海岸線からはるか上流での河川からの採掘、そして、岩石を砕いて砂にすることが考えられる。これらの代替案を実行に移す前に、政治状況と雇用状況を改善し、国家による浜の規制を回復すべきである。しかし、どの国にとっても無理な要求であり、とくにシエラレオネではおそらく不可能だろう。

◉バーブーダ

面積一六一平方キロメートル、人口わずか一六〇〇人の島バーブーダは、カリブ海に浮かぶ小アンティル諸島の島嶼国家、アンティグア・バーブーダの一部である。面積が二八〇平方キロメートルと少し大きいアンティグアは、八万一〇〇人の人口を抱える。一七〇種の鳥類とともに、五〇〇〇羽のグンカンドリが生息する人気スポット、フリゲートバード・サンクチュアリをのぞけば、バーブーダにおける観光産業はアンティグアほど重要ではない。しかし、この並外れた鳥類サンクチュアリを、拡大する観光産業の拠点にすべきだという議論もある。

バーブーダには二つの観光用施設があり、もう一つ計画されているが、今のところ島の最も重要な産業は砂採掘である。バーブーダはカリブ海の島の中で最も海抜が低く、湿地をのぞけば島全体が、波によって浜に輸送された砂が風で内陸に運ばれてできた砂丘で覆われている。採掘は一九八〇年から続いており、地元のジャーナリスト、ロリー・バトラーは、二〇一二年には最後の自然の砂丘が掘りつくされるだろうと報じている。一〇年前にバーブーダを訪れたとき、島全体は戦場のようだった。

砂丘の砂を採掘するということは、この小さな島の核心部分を取りのぞくことである。海面上昇の時代において、将来の開発から島を保護するであろう高所の土地が失われている。美しい樹林に覆われた、波打つ砂丘の地形が失われている。それでも採掘は続けられ、待機する台船に砂が投入されるたびに、島は低くなっていく。

一九八〇〜一九九七年に、三億ドル〔三三〇億円〕相当の美しく白い砂が、アンティグア骨材社によって採掘された。その砂は、カリブ海沿岸の多くの島嶼に販売された。一九八〇〜一九九四年に、採掘事業で二億一八〇〇万ドル〔二三八億円〕の収入があったが、島の政府が得たのは六〇〇万ドル〔六億五〇〇〇万円〕にすぎなかった。一九九六年には一トンあたり一ドル〔一九九六年当時は約一一〇円〕だったものを、現在、バーブーダは四〇ドル〔四四〇〇円〕で取引している（採掘会社によって報告される砂のトン数の数値は疑わしい。なぜなら、実際に採掘した砂の量ではなく、トラックの台数で換算した値だからである）。

一九九七年、環境面で問題があることや、採掘事業が人々の収入につながらないことから、砂の採掘を禁止する判決が下った。しかし、数年のうちに再びもとに戻り、カリブ海の各地に向かう台船に、多くの砂が積みこまれるようになった。大口の顧客は、セント・マーチン島、英領バージン諸島、米領バージン諸島の島々である。英領バージン諸島のバージン・ゴルダ島では、グリーン認定*に汚点を残す新しい開発事業が発表された。それは、分譲価格が二〇〇万〜二五〇〇万ドル〔二億二〇〇〇万〜二七億円〕の宅地を造成するもので、その中に、プロジェクト地の前面に五〇〇〇トンのバーブーダの美しく白い砂を敷くことが含まれていたのである。

バーブーダ議会の議長アーサー・ニブスは、一時は採掘に対する強力な反対者であったが完全に転向し、砂の採掘は島民の救済にとって不可欠だと主張している。今では、私にはどうしようもなく、採掘を止めることはできないと言っている。「環境を守ることで、人々を飢えさせてもいいと言うのか?」

バーブーダでは、何千年もの時間がかかる自然の力以外では更新することができない砂を取り去っている。そして、砂丘の砂量が減少しているので、浜が次の採掘源になることは確実である。すでにいくつかの浜では採掘が行われ、さらに沖でもという声があがっているが、それはサンゴ礁を死滅させる行為だ。バーブーダで採掘することは、島の未来を壊すことである。

カリブ海の別の島であるグレナダは、バーブーダとよく似た状況にある。そこでの問題はたいへん政治的である。グレナダの砂採掘は島の浜に破壊的な影響を与え、観光産業を危機的な状況に陥れた。二〇〇九年、中道左派政党である国民民主会議政権により浜砂の採掘が中止されたが、二〇一三年、保守政党である新国民党政権は、島の建設業を後押しするため、反採掘政策を反故にした。

二〇一二年、グレナダの地元紙ニュートゥデイの編集者ジョージ・ウォームは、バケツ四杯分の浜の砂を盗んだとして逮捕された。地元の浜から何トンもの砂が採掘されていることを考えれば、この逮捕は奇妙である。おそらく、大統領の収賄を追及するこの編集者への嫌がらせだろう。

＊――グリーン認定とは、企業の社会的責任(CSR)の一環として、企業が環境配慮に対して設ける認定基準。この基準(グリーン認定)を達成した企業から優先的に物資の調達を受ける(納入)ことをグリーン調達という。

浜砂採掘と浜の未来

以上の四つの例で、砂採掘は、無節操な事業者が荒稼ぎできる、儲かる仕事だということがわかった。また、浜を破壊する砂採掘事業を停止に導く最初のステップは、すべての事例で政治的だということもわかった。言い換えれば、浜での砂採掘は常に悪政がもたらすものなのである。

いかなる浜からの砂であろうと、採掘は違法にすべきである。また、規制は執行されなければ意味がない。政府はこの脆弱な自然資源を守る方策を立てなければならないのだ。場合によっては、砂の代替の供給源を確保するために、新たなインフラが必要になるかもしれない。

理想の世界の話をすれば、シンガポールの砂輸入業者は、他国からの砂の盗掘の見返りとして行っている、その国の役人への賄賂を止めるべきである。盗掘の被害者である相手国は行政機関をしっかり監視し、贈収賄が発覚したら厳しく罰しなければならない。モロッコでは、王が浜砂採掘の禁止を宣言し、砂漠からの砂供給を開始すべきである。シエラレオネでは、平穏な社会を実現すること自体が大きな課題である。もし国家政府が浜を管轄できれば浜は守られるかもしれないが、地方政府は新たな内戦の始まりだと言うかもしれない。バーブーダでは、砂採掘は島の経済の生命線だと考えられているが、砂採掘が将来の観光産業のいかなる可能性も奪うとしたらどうだろう？　島民は板ばさみにあっている。

おそらく、カリブ海の小さな島国セント・ルシアは最も適当な、あるいは少なくともよい手本となるだろう。セント・ルシアはシンガポールと同程度の広さの火山島であるが、人口はシンガポールの三パ

図2-6　インドネシアの北部スマトラの侵食が進む礫浜での建設骨材用の礫採掘
（写真：マリアンヌ・オコーナー。オーリン・ピルキー他著『The World's Beaches』より）

ーセント程度であり、埋立で国土を広げるような必要性はない。そのため、観光用の浜に養浜しているとはいえ、砂の需要は比較的少ない。セント・ルシアでは、合法な砂の採掘は、大きな岬にはさまれた二カ所のポケットビーチだけに限られている。そこでの砂採掘が、隣接する浜へ影響を及ぼすことはほとんどないと思われる。同時に、建設用の砂を生産するため、火山の脇で岩の破砕も行われている。

大部分の沿岸国では、浜から採掘された砂は、建設材料や養浜材料として安価で高品質の商品になるということ以外、肯定的な、どのような副次効果も生み出さない（**図2−6**）。採掘がもたらす経済利益という殺し文句は、観光産業へダメージを与える。

加えて、浜での砂採掘は、最終的には自然の海岸防護機能を取り去り、外浜の生態系やそれに依存する漁業を破壊する。これにつけ加えて、砂採掘は採掘の規制を行うべき者の間にはびこる、腐敗の根源になっているという現実である。

砂採掘は浜の回復力を弱め、海面上昇が組み合わさるとその影響が増幅される。二〇一三年、新たに顕在化した地球規模の環境問題として国連が取り上げたことで、砂採掘は国際的な関心を集めるようになった。*

*——最近、国連環境計画から次のレポートが発行された。UNEP. 2019. Sand and sustainability: Finding new solutions for environmental governance of global sand resources. GRID-Geveva, United Nations Environmental Programme, Geneva, Switzerland, 35pp. ここでは、ダム建設や灌漑事業などが引き起こす河川から浜への砂供給の著しい減少、サンドマフィアによる違法な砂取引など、世界規模での砂事情を示しながら、鉱物資源や骨材資源として砂が無尽蔵だとされてきたパラダイムからの脱却に向けての提言がなされている。

第3章 防ぎきれない——砂上の硬構造物

自然の浜は、自然の力に対する防護をけっして必要としない。投げかけられるいかなる力に対しても、浜は柔軟かつ完璧に適応している。嵐の後には形や位置が変わることもあるが、人間の影響を受けなければ、浜はいつもそこにあり、ふさわしい形を保つ。しかし、あきらかに、上昇する海面（それに、できるだけ海際近くにビルを建てようとすること）とともに、人間の手が世界の浜に及んでいる。海に近ければ近いほど資産価値が高いとは、いったいどういうことだ！

世界の浜の未来にとって最大の脅威は、海岸工学の専門家によって浜のあり方が論じられていることだ。海岸工学エンジニアがやるべき第一の仕事はビーチフロントのビルを守り、港湾への船の入出港を可能にすることである。それを達成するために、浜の存続には柔軟性が基本であるにもかかわらず、エンジニアは海岸線を現位置にとどめようとする。それはどんな方法であっても至難の業であり、嵐や海面上昇に直面すれば、どんな努力も傷口に絆創膏を貼る程度のことでしかない。

陸方向に後退する海岸線に対して私たちの社会ができることは、基本的に次の三つの対応である。

①ソフトな安定化、すなわち養浜。
②ハードな安定化、すなわち護岸。

図 3-1　トルコのクニドスにある港入り口の防壁
もともとは古代ギリシャの技術者によってつくられたもの。当時は、石を運ぶにも、クレーンやフロントエンドローダーのような工作機械はなかった（写真：アンドリュー・クーパー）

③海岸線から建築物を遠ざけること。

初めの二つは、浜を現位置にとどめようとすることである。三番目は、気候変動に合わせ自然に身をまかせようという方法である。

海岸線の安定化とは、海岸線が現状の位置にとどまれないような場合に、現位置にとどめようとすることを表すのにエンジニアが使う言葉である。どのように行われようと、浜にとっては悪い前兆となる。海岸線の安定化は、浜の価値を建造物よりも低くみるという、一世紀にもわたる社会的な優先順位にもとづいて、世界中で実施されてきた。共通する認識は、ジョン・レニー卿（息子）* が一八四五年に英国土木学会で行った演説以来、ほとんど変わっていない。「我々の仕事以上に高貴なものが他にあるだろうか。荒れ狂う海から守る防壁を築くということに限らず……云々」。現実には、海面上昇が続き、ほとんどの浜が後退するこの時代にあって、このような防壁を築くには、重大な判断が求められる。建物と浜とどちらが大事なのか？　どちらか選ばなくてはならない。両方は不可能なのである。

土木工学の一分野である海岸工学は、おそらく紀元前三五〇〇年以前に、地中海、紅海、ペルシャ湾沿岸で初めて実践され、少し遅れて中国でも行われるようになった。その時代、浜はエンジニアの関心を引くものではなく、港や航路の建設や保護がおもな仕事であった。今日私たちが当たり前だと思っている、巨大な岩や大量の砂を動かす近代的な技術がなかった時代には、安全な港や波からの遮蔽物を建設するには大いなる工夫が求められた（図３－１）。

古代技術の実用的な手法は、フェニキア、ギリシャ、エジプト社会を通してしだいに改良され、ローマ帝国時代に絶頂をきわめた。ローマ人は、水中に沈めたときに強度を増すセメントを使ったり、時には、金属帯で石材どうしを結着させながら、垂直の壁をもつ水中の石材構造物をつくる技術を身につけた。同時に、ローマ人は、浚渫により航路や港を掘り下げる技術も開発した。英国ではローマ帝国占領下に始まり、メドウェイ川流域一帯のような低地を堤防で守った。また、英国の他の場所やオランダでは、土地を埋め立てたり、防潮堤をつくり低地を守った。

西洋諸国で人口が増え繁栄するにともない、浜は、休養、新鮮な空気、外洋の波、気分転換の場所と

＊――John Rennie the Younger（一七九四－一八七四）は、多くの橋、運河、ドックなどを建設したスコットランドの土木エンジニアJohn Rennie the Elder（エジンバラ王立学会フェロー、王立学会フェロー）の次男。鉄道建設で功績があった。ロンドン橋は父親（the Elder）がデザインし、息子（the Younger）が完成させた。

して有望視されるようになってきた。浜がレクリエーションや観光のために使われるようになったのは、一般的には産業革命と関わりをもつといわれているが、実際はそれより何世紀も早く始まっている。コート・ダジュールの近代的な街フレジュスは、紀元前三〇年頃のローマ帝国第八軍団の退役軍人用の海辺のリゾートとしての起源をもち、イタリアのポンペイは、西暦七九年に町を破壊した火山噴火が起こった頃、ローマ人の間で人気の保養地だった。米国では、ニュージャージー州のビーチフロント開発が一九世紀初頭に始まり、初の大規模な観光産業が発展をとげた。エンジニアが港湾建設や土地の埋め立てで身につけた技能が、初期の頃から沿岸観光リゾートで役立ったとしても驚くことではない。

浜に及ぼすエンジニアの影響

今日多くの浜が、高速道路や運河と同じような、帯状の細長い工学技術プロジェクトの対象となっている。建設会社、行政機関、コンサルタントの間で競争が激しいこの分野は、陸に向かって後退する海岸線に隣接した場所に資産をもつ人が増え続けるのに合わせて、さまざまな形の解決策を提案してきた。それらは、ばかげた非現実的なものから、強引で破壊的な、正面きって海に対峙しようとする古典的な防壁まで、あらゆる方法のオンパレードである（**図3－2**）。

エンジニアが浜にもたらす問題は、はるか内陸で始まる。河川にダムが建設されることで砂が捕捉され、まず浜に砂が供給されなくなり、海岸侵食が始まる。このことは、大きなエスチュアリをもたず、川の流れが直接海に注ぐ場所ではとくに深刻だ。そのため、南北両アメリカ大陸の西岸は、ダムによっ

図3-2　複数の種類のハードな安定化が試みられた北海に面した英国のローストフトの浜

養浜によって埋め立てられる前の米国ニュージャージー州の浜のように、ほとんどの構造物が壊れている。さらに、この浜には、第二次世界大戦中の敵の上陸阻止のための構造物の残骸がまだ沖合に残っている。したがって、今日この浜での楽しみは、護岸の上端につくられたプロムナードの散策くらいに限られているのだ（写真：ジーナ・ロンゴ）

て砂が奪われることで海岸侵食が加速している。最近の傾向の一つとして、ワシントン州のオリンピック半島を流れるエルワ川に設置されていた高さ三三メートルのダムが、浜への砂の供給を一部回復するため撤去された（その状況は第1章で紹介）。

ダムが引き起こす複雑な問題は、ミシシッピ川、ナイル川、ニジェール川、長江（揚子江）、ガンジス川、インダス川などの世界のデルタ地帯で顕在化している。エンジニアの影響は、インレットでの航路浚渫や港湾の掘り下げが行われる場所にも及び、砂が不足している浜への砂の供給がさらに妨げられている。そして最後には、浜を抑えつけ、そのままにとどめようとする行為に帰結する。

海岸工学エンジニアは、木材、コン

クリート、鉄鋼などを扱う他の建設エンジニアとは異なっているようだ。橋、貯水タンク、ビル、高速道路などをデザインするエンジニアは、人間に対する安全性をまず考える。彼らは、妥当な正確さで、地震、洪水、風など自然に対する構造物の応答について予測する。もちろん、建造物のデザインは、予期せぬ事態をカバーするだけの実体のある安全要因に加えて、多くの経験にも助けられている。そして、経済的に成り立たなくなる安全設計の限界（例えば、竜巻）があることも理解されている。少なくとも相対的な意味で、建設業界では自然の過程を考えて設計するのは当然のことである。どこか間違えばすべてに波及する。

著名なエンジニアであり、米国大統領でもあったハーバート・フーバーは、一九五一年の回顧録で次のように述べている。「他の職業に比べ、土木エンジニアがもつ大いなる信頼性は、彼らの仕事のすべてが衆目にさらされていることにある。彼らの一挙手一投足が形となって現れる。医者のように失敗を墓場に埋めることはできない。法律家のように判決を無意味に論じたり、非難したりもできない。建築家のように樹木やつるで失敗を覆い隠すこともできない。政治家のように自分の至らなさを相手の責任だと非難したり、そのうち忘れてくれるだろうなどと期待もしない。土木エンジニアは、自分がそれをしたということを否定できないのである。もし自分の行った仕事が役に立たなければ非難される、そういう仕事なのだ」

残念なことに、同じことが海岸工学エンジニアには通常あてはまらず、失敗しても、それは想定外の嵐のせいだとか、不可抗力だとか言い訳を並べるか、あるいはそのまま許されてしまう。海岸工学エンジニアは、ダイナミックな自然のシステムを直接取り扱うのに、いったん状況が悪い方向に向かうと、フーバーのようなエンジニアとはまったく異なる態度をとる。浜に手を加える者は、世界で最も貴重で、最も嵐にさらされる不動産を扱っているのである。彼らは浜におけるほとんどの変化に責任をもたなければならない。次の嵐がいつ来るのか、どこに来るのか、どれだけ長く続くのか、どの方向から来るのか、どれだけ強力なのか、どれくらいの頻度で来るのか、誰が予想できるだろうか。海岸工学エンジニアの努力は、たびたび海岸保存の名の下の聖なるショールに覆い隠されるが、浜を救うことはほとんどない。その代わり彼らは、浜には何らダメージを及ぼさないというあり得ない仮定のもとで、海岸線を現位置にとどめて道路やビルを守ることを託されている。また彼らは事業の後、浜に何が起きるかを一般市民に知らせてくれると思われているが、そんなことは期待できない。

一つだけ、海岸工学エンジニア、他の土木エンジニア、建築家に共通することは、政治である。例えば、中国の四川省では、地元政府が建築基準法にもとづく法の執行を怠ったため、学校建物の手抜き工事が行われた。その結果、二〇〇八年の地震によって何千人もの生徒が死亡した。浜における政治は、政治家自身を満足させ、事業の実施（そして予算の獲得）につなげるためにでっち上げられた、硬構造物による自然環境への影響を極端に抑えて表現したマニフェストとして表れる。

「洗練された最先端」の数理モデルを使って行われた二〇一一年の予測にもとづき、サウスカロライナ州のデビデュー・アイランドの中央部に沿って建設される予定だった一連の四基の突堤（海岸線と直交方向に建設される壁）は、下流側の浜に侵食をもたらさないと判断された。これは、定常的に北から南へ向かって沿岸漂砂が生じているその海岸において、想像もできない素晴らしい結論であった。しかし、このあり得ない結論は、自分たちの家が海に落ちようとしている地区の、何人かの名士たちの意向を付度して、「真実」がつくり上げられたものなのである。さすがに、その技術報告書に不誠実さが感じられたことから、地元の住人たちは突堤建設のための予算を住民投票の結果、否決した。

海岸工学技術の失敗の大部分は嵐によるものだ。もしそうでなくても、どのみち嵐のせいにされる。次のような常套句を聞かされるだろう。護岸や突堤や防波堤が壊れたり、養浜した砂が流されたのは、想定外の方向から入射した、想定外の暴浪によるものだ。しかし、もし水タンク塔や高層ビルを設計した人が、倒壊したのは強い風のせいだと言ったら、一般の人がどう思うか想像してほしい！　度重なる海岸工学エンジニアの予測の不正確さに対して一般市民の意識の根底にあるのは、このような工学技術のツケを払わされるのは、好き好んで海際にビルを建てた挙げ句、問題を引き起こすビーチフロントの資産所有者ではなく、常に地元の住民たちだということを。

もしプロジェクト前後の予測を比較すれば、おそらく成功より失敗の方が多いだろう。もし他の分野の土木エンジニアが同じような失敗をするとしたら、それは暴風の中、水タンク塔の下に立ち、橋の上を車で走行し、高層ビルのそばに立つのは冒険だ、ということになる。このような状況にありながら、なぜ海岸工学エンジニアは少しばかりだろうと信頼されているのだろうか？　なぜ、人々は海を抑えるのに海岸工学エンジニアを信用し頼ろうとするのだろう？　答えは嵐と政治である。

海岸工学エンジニアがすること

海岸工学エンジニアは浜で多くの仕事を行う。一般的には、海岸工学エンジニアは、ビーチフロントのビルを守ってくれる、海岸線の後退を防いでくれる、洪水の頻度を少なくしてくれる、浜を回復してくれる、航路を維持してくれる、と歓迎されている。これらの事業の大多数に対して、エンジニアは環境への影響や経済的な費用便益を評価している。

海岸線の後退をくい止める技術（海岸線安定化）には、ソフトな方法とハードな方法がある。ソフトな安定化には、人工的に海浜をつくること（養浜）、浜の下方の砂を上方に押し上げること（押土）、浜の一端から反対側に砂を移動させること（サンドリサイクル）などがある。ハードな安定化は、護岸、突堤、離岸堤のような、移動させることができない構造物を設置する方法である。

硬構造物による環境への負の影響については、長い間、無視されるか軽視されてきたが、ようやくここ二〇年ほどの間に世界中のエンジニアの間でも認識されるようになってきた。しかし、科学者の間では古くから知られていたことである。ハーバード大学の地質学者ナサニエル・シェーラーは、すでに一八九五年には、護岸が砂の供給源を断ち、浜を破壊することを認識していた。また、私たちが知るかぎり、彼は米国における養浜（礫を使ったものではあるが）について初めて言及した科学者である。


陸域が夏の別荘地として利用されている浜のいくつかでは、多くの場合、侵食から海岸を守るため所有者が堤防や護岸を設置し、その結果、以前はポケットビーチに供給されていた砕屑物の量が減少してしまった。このような人工的な条件下では、浜が削り取られ、それまでは十分に守られていた浜を、海が激しく攻め立てるようになる。このような場合、侵食を効果的に終息させる唯一の方法は、毎年、十分な量の岩石を浜に置くことである。それにより波の力を弱め、侵食を防ぐことができる。それは大きいほどよい。もし小さいとわずかな嵐でもすぐはぎ取られるが、五〇〇キログラムほどあればよほど大きな嵐でなければ大丈夫であろう。

英国の地理学者E・M・ウォードは、一九二二年に出版した本『English Coastal Evolution（英国の海岸進化）』の中で、護岸が引き起こす浜の破壊と、沖側の急傾斜化がもたらす海岸線への高波浪の到達について、次のように述べている。「垂直護岸は、それより下方の浜の侵食を誘発することがわかってきた。そして、トーキー近郊のトール・アビーのようなたくさんの美しい浜が、護岸が建設されたことで失われ、その結果、護岸は猛威を増す波に耐え抜かねばならぬはめになった。また、ロムニー・マーシュのディムチャーチ海岸に建設された不適切な海岸防護施設は、ビクトリア朝時代の初期の頃には、地元の浜の減少と猛烈な波の攻撃につながった」

浜を見下した扱い

硬構造物が浜にもたらす痛ましい出来事のリストには、終わりがない。その根底に横たわるのは、人間がつくった飾り物は、海と陸の狭間に波と風がつくり上げた、美しく絶妙に調律された自然の地形よりも大事だという考えである。

- 隣接する浜の侵食――海岸線を現位置にとどめようとするすべての海岸工学構造物は、事実上、別の浜からの砂の供給を減少させる。
- 前面の浜の侵食――すでに侵食が始まっている浜の上部に設置される護岸、防波堤、突堤群などいかなる構造物も、浜幅をさらに狭くし、最終的には消失させてしまう。
- サーフゾーンにおける波高の増大――侵食を受けている海岸線を現位置にとどめようとすることは、

水深六〜九メートル辺りまでの外浜の傾斜を急にする。それにより、波と海底との摩擦が減り、砕波波高が高まり、最終的には海岸線の侵食速度が速まる。

- 水質の悪化——沖合の構造物は、浜のそばに静水域をつくり出す。海水の循環や交換が滞ることで、汚染物質や漂流物がたまるようになる。
- ウミガメや鳥の営巣への危害——構造物は、高潮線より上方の鳥の営巣地となる場所を消失させたり、産卵に訪れたウミガメの上陸を阻害するなど、浜の動物にさまざまな形で影響を及ぼす。
- 浜の生態系の破壊——波浪条件や堆積物タイプが変化することで、生態系が破壊される。また、護岸前面に漂着海藻（ラック）がたまらなくなると、外浜の生物にとって栄養源が失われることになる。
- 人間活動の阻害——工学構造物は、人が浜に近づくことを妨げ、散歩やジョギングなどの障害物となる。嵐で打ち上げられたがれきは海水浴客にとって危険であり、浜が失われればレクリエーションが完全にできなくなる。後には海風しか残らない。

浜の苦しみ

◉護岸

護岸*は海岸線と平行に、通常は、浜の上部に設置される構造物である。この硬構造物はいろいろな物でつくられるが、一般的には、鉄鋼、礫の乱積み、コンクリート、蛇籠（石を詰めた鋼製のかご）、サ

図3-3　消波ブロックを使った護岸
ドイツのフリースラント諸島の一つ、ジルト島。護岸前面の浜は養浜されたものであり、いずれは消失する。護岸は、最終的に浜を消失させるだけではなく、浜での人々の行き来を妨げる（写真：アンドリュー・クーパー）

ンドバッグ（砂の袋）、材木でつくられることが多い。発展途上国の遠隔地の村や先進国の一部の地域では、古い冷蔵庫、犬ぞり、廃車、空のドラム缶、さらには台所の流しなどの家庭廃棄物を並べて代わりとすることがある。護岸は、暴浪時の侵食やオーバーウォッシュ〔嵐時の大波が後浜（あとはま）や砂丘を乗り越えること〕を低減するようにデザインされている。しかし、大部分の護岸の根本的な存在理由は、ビーチフロントの資産の保護にある。

一般論として、護岸の設置は長期的な侵食への対処には最善の方法であるが、浜へ与える影響について考えるなら最悪である。護岸が設置され、侵食が進行している浜の事実上すべてが消失したか、あるいは消失しつつある。もちろん、侵食が起こっていない浜に建設されることはほとんどない（**図3－3**）。

護岸が引き起こす侵食のタイプには大きく三つある。まず、受動的侵食とは、護岸が直接の原因ではない侵食のことである。つまり、護岸が設置された後も海岸が後退を続け、最後は護岸の位置まで浜が狭まり、浜が消えてしまう。プエルトリコ沿岸の四八カ所の護岸前面の浜幅を調べた地質学者のチェスター・ジャクソンと共同研究者たちによる二〇一二年の研究によれば、自然状態の浜幅は、護岸が設置された浜に比べて二~四倍広かった。一方、護岸前面の浜がまったく存在しなかった場所もあった。

次に、能動的侵食は、護岸と浜との直接的な相互作用により砂が削り取られるタイプである。高潮時には護岸際の沿岸流の勢いが増し、さらに、波が浜の上で反射することで、侵食が起こる。浜が狭くなるにつれ沿岸漂砂量は減るので、隣接する浜への砂供給が滞り、隣接する浜の侵食が加速する原因ともなる。数十年かそれ以上の時間スケールで見ると、護岸が設置されると浜の深所が急勾配となり、それは波が大きなエネルギーを保ったまま浜に到達するようになることを意味する。地質学者のエドワード・アンソニーによれば、フランスのサント・マリー・ド・ラ・メールの護岸前面の浜の勾配は、一八

*——「seawall」に「護岸」の和語をあてた。関連する用語としてseawall、revetment、embankment/levee、dike/dyke、riprapがあるが、本書では次のような使い分けがされている。

seawall（護岸）……陸地を海から守るための構造物の総称。

revetment（石積み式護岸）……前面が石やブロックなどで覆われた護岸。

embankment/levee（堤防）……おもに河川の洪水から陸地を守るための構造物。フランス植民地であった米国南部のルイジアナ州などでは、フランス語に起源をもつ「levee」が使われるという。本書でも同地に言及した箇所（一〇五ページ、ニューオーリンズのミシシッピ川湾排水路）では「levee」が使われている。

dike/dyke（防潮堤）……高潮や津波による洪水から陸地を守るための構造物。

riprap（乱積み）……石やブロックを積むことで堤防や防潮堤としたもの。

九五年の〇・四パーセントから二〇〇五年には一・二パーセントに増加した。結果として、その地区の将来の暴浪時の波高は、二〇パーセント増加すると予想されている。

三つ目の侵食タイプは、一九七〇年代のマイアミ・ビーチに見られたように、護岸が部分的に高潮線より海側に建設された場合に生じる。市がそれを違法とする前は、ホテルはこぞって海側に突出した護岸を得ようと競いあい、それを宣伝に使っていた。しかし、護岸が完成してからは、深刻な浜の消失が生じた。もう一つ別の例は、ビクトリア朝時代のウェールズのアベリストウィスに建設された海岸リゾートが、二〇一三年から二〇一四年にかけての冬季の嵐によって度重なりダメージを受けたことである。その町のプロムナード〔護岸の内側に整備された遊歩道〕は浜の礫で覆われ、道路は波で引き剝がされた。そのダメージは町にとって大打撃だった。だが歴史的な経緯について緊急に行われた調査によれば、プロムナードや道路は浜の頂上部に建設されていたことがわかった。嵐のときに礫が打ち上げられたのも当然と言えよう。いずれにしてもそれが最初ではなかった――記録写真には、過去の嵐のときにも同じダメージが起こっていたことが写し出されていた。

スペインのコスタ・デル・ソルの多くのリゾートは、浜の安定期における広い後浜の上に建設されたものである。しかしその後、高エネルギーの暴浪状況が戻ってきたとき、後浜がすでにコンクリートで覆われていたため、後浜の砂は、浜への砂の供給源とはならなかった。

通常、岩石海岸は侵食されることで、近隣の浜への新しい砂や礫の供給源となるが、護岸で囲まれてしまえば、そこからの砂の供給は絶えてしまう。先のシェーラーは、すでに一八九五年にはこの問題に気づいていた。このような状況が、カリフォルニアやニューイングランドをはじめ、軟らかい崖の侵食により浜の堆積物が供給されている場所では、どこでも深刻さを増している（図3-4）。

図3-4　白亜の崖の上に建つキングスゲート城を保護しているめずらしい護岸
イングランドのサネット島、ブロードステアーズのキングスゲート湾にある。壁面に並ぶ柱は護岸の一部であり、崖の侵食を防ぎ、崖の上部を安定化させている。これらの柱は、護岸の美観にも配慮されている。手前の犬はスケールのために写しこんだ（写真：ジーナ・ロンゴ）

国土の海岸線六七キロメートルのほとんどすべてが護岸で縁どられているベルギー以外で、護岸化が最も進んでいる国は日本だろう。日本の海岸線のおよそ四〇パーセントがコンクリート製の防波堤、護岸、石積み式護岸で縁どられている。日本では浜の保全よりも陸の保全に高い優先順位が与えられており、その結果として硬構造物が設置されたほとんどの日本の海岸線には浜がないか、あるいは退化している。日本は伝統的に重厚な護岸を好み、残念なことに台湾や韓国などアジア諸国の海岸工学エンジニアにも技術指導を通してその伝統が伝えられている。

二〇一三年のＢＢＣのレポートによれば、イングランドとウェールズの海岸の約四四パーセントには何かしら人工的な手が加えられているが、スコットランドではわずか六パーセントにすぎない。しかし、英国の海岸工学構造物は日本に比べれば重厚さの程度がはるかに低く、管理的後退〔硬構造物を撤去することで、自然の地形がもつ海岸防護効果を再生させる方法〕を含むソフトな安定化が活用されている。

二〇一一年三月一一日に日本で発生した地震では、護岸が津波を防げなかったことが、世界中のニュースで話題となった。釜石湾の湾口に建設された世界最大の防波堤は、一五億ドル〔一六〇〇億円〕の工費をかけて二〇〇九年に完成したものである。しかし、長さ一・九キロメートルの構造物（水深六七メートルに達する）を、高さ四・三メートルの津波がわけもなく乗り越えていった。さらに、より甚大な被害を及ぼしたのが福島第一原子力発電所を襲った津波で、発電所の周囲を囲んでいた護岸は津波を防ぐことができず、その結果、今日に至るまで深刻で危険な放射能汚染問題が続いている。

他にも世界には有名な護岸がある。ニュージャージー州のケープ・メイのプロムナードをともなった護岸は、米国初の大規模観光用ビーチにある。護岸が設置される前は自然のままの浜であり、一九一二年にはヘンリー・フォードが、彼の手になるT型フォードを浜で縦横に走らせ、人々に見せつけた。護岸が建設されてからは、数度にわたる養浜が行われたものの、浜を現位置にとどめておくことができず、護岸の上のプロムナードだけが憩いの場として残った。南インドの高さ八・三メートルのポンディシェリの護岸は、一七〇〇年代初期に最初の建設が始まった。この護岸は、二〇〇四年のインド洋津波から集落を守ったことで有名となった。しかし、他のほとんどの護岸はそうではなかった。ポンディシェリ護岸前面の浜は、大昔になくなってしまっていた。テキサス州のガルベストンの高さ五・二メートルの護岸は、六〇〇〇人が死亡した一九〇〇年のハリケーンの後、すぐに設置されたものである。今では、養浜によってかろうじて小さな浜が維持されているにすぎない（**図3－5**）。

英国のワイト島のベントナーにある護岸は重厚で、天端にプロムナードを備えているが、浜はない。

図3-5　テキサス州のガルベストンの護岸
これは少なくとも6000人が死亡した1900年のハリケーンを受け、1910年に完成したものである。護岸の建設とともに、地区の土地は新しい砂を使って5mかさ上げされた。その結果、ビジネスビルの1階は地下になってしまった（写真：アンドリュー・クーパー）

英国のノーフォーク・ブローズの海際にある巨大な階段式護岸は、浜を大きく劣化させたばかりか、護岸の背後に立つ構造物のほとんどどれも保護していない。モルディブの首都マレにある護岸（高さ三・七メートル）は、六〇〇〇万ドル〔六五億円〕の事業費で日本が建設したものである。以前あった浜は大部分が消失したが、一部は養浜によって生き残った。護岸は観光地としての魅力を損ねる一因にもなった。日本の沖縄の砂辺（すなべ）の護岸は大型のコンクリート製の構造物で、前面には浜がない。サンフランシスコのオーシャン・ビーチのオショーネシー護岸は、一九二八年に建設された。これは、ガルベストンの護岸に似た階段式のコンクリート製構造物であるが、浜の消失を招いていない大型護岸の稀な例である。おそらく、大量かつ連続的な自然の砂供給があるからだと考えられる。ウェールズのポーチコールでは、浜の背後に二重の護岸が建設されたが、それは道路を保護しているものの、浜を狭めている。そこで、地元ではそれに対処するために、タールをしみこませたタールマックという舗装材で浜を覆うという決断をした。まるで、「自分の顔を恨んで鼻を切り落とすな」のことわざ通りである。タールマックで覆われた浜で日光浴する自分を想像してみてほしい！ 悲しいことに、異物で浜面を覆った例はこれだけではない。ドイツのフリースラント諸島でも同じことが行われた。ヴァンゲローゲ島では、侵食を防ぐため、浜の一部が緩勾配のコンクリート製の床板で被覆された。

●突堤

コンクリート、木材、石、鉄鋼などを材料とする突堤は、護岸と同様に広く用いられている。海岸線に対して直交するように建てられるこの構造物は、浜に沿って輸送される砂を捕捉し、構造物の上流側の浜を広げる働きをするが、下流側の浜への砂輸送は減少する。突堤はこの他、ダンプカーや自動車（例えば、マーシャル諸島のマジュロ）、大きな礫（例えば、ポルトガルのエスピーニョ）など、さまざまな物を材料にしており、高い突堤や低い突堤、T型突堤、生分解性突堤、漁網突堤、透水性突堤、仮設突堤など、さまざまなタイプがある。

突堤の設置によって起こる侵食のため、隣接する浜に資産をもつオーナーが自分たちの資産を守るための突堤を要求し、その連鎖で最終的には浜に多数の突堤（突堤群）が立ち並ぶことがある。地域によっては突堤は導流堤と呼ばれている（例えば、ニュージャージー州）。突堤群の最も下流側に位置するものを最終突堤というが、インレットに設置された導流堤が、誤って最終突堤と呼ばれることがある。

突堤は、下流側の侵食だけではなく、浜に別の問題も引き起こす。少なくとも、自然の海岸に比べれば、突堤が設置された浜は護岸と同様に見た目が醜い。また、しばしば見過ごされているが、他の海岸工学構造物と同様に、突堤は維持管理を必要とする。維持を怠ると、壊れた突堤の材木、石、コンクリート片などの残骸が散らばってごみとなり、海水浴客にとって危険な存在となる。突堤は浜辺の散策者やジョギングをする人にとっては障壁となり、乗り越えるためにはロッククライミングの技能が必要となる。

英国のノーフォークのヘイズブラの砂浜で行われた過去の土木事業について、地理学者のキース・クレイトンは次のように述べている。「浜は、今では醜い巨大な突堤や石積み式護岸によって分断されてしまった。満潮時、浜の利用者は護岸の背後に押しやられ、海を見ることができない。潮が半分くらい引くと、護岸の上に危なっかしくよじ登れば、分断された浜に行くことができる……引き潮になれば、三方に広がるのは木材でつくられた壁である……崖の下に散らばる崩れた蛇籠や鉄道のレールは石積み式護岸とともに、崖の後退速度を少し抑えるだけだ」

米国における最も深刻な海岸侵食問題は、ニューヨーク州ロング・アイランドのウェスサンプトン・ビーチにおける突堤事業によって引き起こされた。工事半ばで突堤の建設予算が打ち切られ、未完成となった突堤が自然の猛威の中に取り残されてしまったのである。そもそも、突堤群を上流側から順につくったことが大きな誤りで、事業が中止になったとき、下流側には砂の不足する長大な区域が生じてしまった。これは悪政がもたらした土木技術の悪例である。土木エンジニアは未完成の橋に車を通すようなことをするだろうか？　活断層の上にダムをつくるだろうか？　予算不足だからとできそこないのビルを建設するだろうか？　自然の力（この場合は嵐）はさっそく住宅を奪い取り、最後の突堤の下流側に新しいインレットが形成された。地元政治家が引き起こしたこの技術的な失敗のつけは、一億ドル〔一〇九億円〕を超えるだろう。

ポルトガルの西岸には高い波が打ち寄せ、それにより膨大な量の砂がおもに南側に向かって輸送される。そのため、突堤によって砂の移動が遮られれば、たちまち突堤より南側の浜で海岸侵食が生じる。地質学者のヘレナ・グランハによれば、ポルトガル西岸での深刻な海岸侵食の大部分は、海岸工学構造物によって引き起こされたものである。最悪の海岸工学だ。例えば、一九八六年、ペドリーニャスのあるホテルの一・五キロメートルほど南で建設された突堤は、予想に反してホテルの前に浜を形成しなかったばかりか、以前は安定していた下流側の海岸にも、すぐに深刻な海岸侵食を引き起こした。これにより海辺の住宅が脅かされたため、石積み式護岸が海岸線に沿ってつくられた。何年にもわたって、海岸線後退に応じて突堤が繰り返し延伸され、住宅の前から浜が消えて久しい時が経つ——海岸工学エンジニアが来る前は、この海岸では侵食は起こっておらず、あるいは起こっていてもごくわずかだったのだ。

一方で、思わぬ効果もあるもので、突堤により浜が区切られることで、いろいろなタイプの海岸利用者が、浜を分けて使えるようになったりする。例えば、家族連れで楽しむ浜が、サーファーたちの浜、ゲイビーチ、ヌードビーチ、ビーチバレーボールの浜などから隔離される。そのため、バルセロナでは、突堤を撤去して代わりに養浜が行われたとき、市民から反対の声があがったほどだ。

海岸を訪れる人によっては、突堤にはよい面もあるという。例えば、熟練のサーファーは、大きな波に向かって突き出した突堤の脇に生じる、強い沖向きの流れに乗って沖に出ることがある。しかし、未熟者や不注意な海水浴客は沖合に流され、危険にさらされる。また、大きな嵐のときは、突堤に平行の流れが勢いを増し、大量の砂を沖に流し去り、新たな海岸侵食を引き起こす。南アフリカのダーバンでは、いくつかの突堤が沖に向かう流れによって洗掘(せんくつ)されたため代替や補修が検討されたが、一般の人の立ち入りは閉ざされた。

●導流堤

導流堤はインレットや港湾の入り口に、海岸線に対して直交方向に建設される壁である。この構造物の目的は、航路が閉塞するのを防いだり、航路浚渫の経費を減らしたりなど、航行を安全にすることである。世界的に見ると、導流堤が最大規模の海岸侵食の原因となった例がいくつもある。例えば、メリーランド州のオーシャン・ビーチの南端のインレットに建設された導流堤は、それより南にあるアサティーグ島への砂供給を妨げた。その結果、海岸侵食が非常に深刻となり、細長い島の北半分は、その幅の分だけ本土側へ移動した。現在、そのバリア島の外海側は、ハリケーンによってインレットが形成された一九三三年には島の裏側だった位置まで後退している。

一部の短い導流堤は、最近では最終突堤と呼ばれることがあり、砂浜の海岸線の侵食問題を緩和するのに役立つとされている。このような用語法の変化の裏には、「導流堤」という用語には深刻な侵食を引き起こすという印象があるので、それを避けたいという意図がある。最終突堤は下流側の侵食を起こさないとするノースカロライナ州の海岸工学界隈のばかげた主張が、同州が長年とってきた硬構造物による安定化を否定する規制を白紙に戻すきっかけとなり、同州の浜に広範な影響をもたらしている。

◉離岸堤

離岸堤は、海岸線と平行に、海の中に設置される護岸である。離岸堤は暴浪時の波高を低く抑えることができ、それによって離岸堤の背後に砂が堆積する。突堤と同様に、離岸堤の背後の浜はすぐに広くなり、波浪から遮蔽されるようになるが、一方で隣接する浜は砂をもっていかれるため侵食される。離岸堤背後の浜から角のように延びて、離岸堤に届く砂の地形はトンボロと呼ばれる。潮差が五・二メートルと大きいフランスのダンケルクの離岸堤は、背後に泥が堆積する原因となった。フランスの大西洋岸は潮差が大きいので、離岸堤は一般的ではない。日本では離岸堤が普通に見られ、世界の他の地域でも広く使われるようになってきた(例えば、ペンシルベニア州のプレスク・アイル、シチリア)。

エンジニアたちは、現地の波浪条件に応じて離岸堤どうしの間隔を適切にとれば、構造物の背後に砂が継続的に流入すると主張する。言い換えれば、エンジニアたちがデザインした離岸堤は、特定方向からの波に対しては有効だが、別の方向からの波にはそうではないということである。この例が、ケイジャン・リビエラの名で知られるルイジアナ州のホリー・ビーチで見られる。海岸線の後退を防ぐために離岸堤が設置されたが、設計事務所が計算した間隔が間違っていたため失敗した。巨額の費用をかけた古い離岸堤は撤去され、新しいものに置き換えられた。数年後の二〇〇五年にハリケーン・リタが沿岸部を襲い、小さな町が事実上壊滅したが、離岸堤だけは残った!

スペインのカディス大学のジョルジオ・アンフーソは、シチリア南部のラグーザ県の九〇キロメートルにわたる海岸線を、海岸管理の悪例として取り上げた。次のような出来事が連鎖的に起こったのである。「ある浅はかな行為が、別の浅はかな行為に対処するために実施され、それがさらに新たな問題となった。これは、強い政治的な介入と、海岸環境への人間の干渉によってもたらされる影響に対する無知（関心の欠如）、それに、政府は個人の資産を守る義務があるという公共の認識が引き起こしたものである」。最初の離岸堤の下流側に生じた侵食がさらなる離岸堤の建設につながるという、ドミノ効果である。無計画で違法なビーチフロントの別荘を守るために離岸堤が設置され、それがさらに事態を悪化させた。それらの別荘がなければ、公的資金を投入する必要などなかったのである。

米国における最大の離岸堤プロジェクトの一つは、ペンシルベニア州のエリー湖のプレスク・アイルで行われたものである。プレスク・アイルは長さ一一キロメートルにわたって湖に延びる砂嘴（さし）で、州立公園として大いに利用されている。その砂嘴ではすでに侵食が生じており、養浜によって維持されてきたが、汀線を現位置にとどめるため、合衆国陸軍工兵隊が砂嘴に沿って五五基の離岸堤を設置することになった。エンジニアたちは、これらの構造物は、重要で貴重な自然が残されているガル・ポイントと呼ばれる、人工的な手が加わっていない砂嘴の先端部分にも砂を供給するようになると主張した。工兵隊によって実施され、多くの人々が注目し、論議の的になったこの国家プロジェクトは、その後数十年にわたって重くのしかかる問題となった。

工兵隊の沿岸研究部門である、ミシシッピ州のビロクシにある沿岸工学研究センターの科学者やエンジニア（もっと分別をもたなければならない人々）は、設計時の想定では、確実に離岸堤の背後に砂が供給されると主張していた。このあり得ない結論は、数理モデルの使用によって導かれたものである。一九七八年、デザイン段階で、砂が構造物の背後に流入することを確かめるために、工兵隊は三基の離岸堤を試作し実証実験を行った。その結果、砂は予想通りには動かず、あっという間に、離岸堤の下流側に深刻な侵食を引き起こした。しかし工兵隊は、侵食は嵐によるもので、離岸堤によるものではないと主張した。エリー湖で離岸堤建設のための最初の投石が行われる前に、ペンシルベニア州に委託された外部の建設コンサルタント会社は、このプロジェクトは予想通りには機能しないだろうと警告していたのである。

一九九三年、全米規模の技術士団体である全米プロフェッショナルエンジニア協会（ＮＳＰＥ）は、このプロジェクトが顕著な技術功績にあたるとして、合衆国陸軍工兵隊を表彰した。二〇一一年、米国海岸環境保存協会（ＡＳＢＰＡ）は、その浜が輝かしい成功を収めたと宣言し、同協会の二〇一三年のニュースレターでは、プレスク・アイルが米国で最も豊富な生物の生息地のある湖浜公園として取り上げられた。

実際には、一九九二年に設置された石積み式の離岸堤に人が近づくことがないように浜が配置されたので、今日その浜は遊泳には適している。しかし、浜を維持するため、予測できない頻度と量での継続的な養浜が必要になってきた。予想したようには砂が離岸堤の背後に供給されず、トンボロを移動させるために、重機による度重なる砂の移動工事が必要となっている。さらに、最も重要なガル・ポイントの侵食が深刻で、将来的には浜は消失してしまうだろう。湖岸線は二〇〇九年までに一五二メートルも後退し、後退に巻きこまれた樹木や灌木が、浜や外浜に立ち枯れたまま残っている。

このプロジェクトは、多くの外部の人々が予想した通り環境破壊の証明となった一方で、このような大規模プロジェクトによって浜に手を加えたいという誘惑が非常に強いことも露わにした。浜、ガル・ポイント、そして葬り去られる真実。

図3-6　テキサス州のガルベストン島のジオチューブ
2008年のハリケーンではいくつか破壊されたが、オーバーウォッシュや侵食をある程度抑えることができた。ジオチューブ前面の浜は嵐によって狭まった（写真：オーリン・ピルキー）

●ジオチューブ

ジオチューブは砂を詰めた円筒形の巨大なサンドバッグで、多くの海岸防護事業で使われている。典型的な大きさは直径一～二メートル、長さ十数メートルで、袋はジオテクスタイルと呼ばれる透水性の合成繊維製だ。袋に詰められる砂は、通常、現地の砂である。ジオチューブは、石、鉄鋼、木製構造物の代わりとして用いられ、比較的容易に撤去できるという利点がある。しかし、紫外線、人による破壊、嵐、巣づくりのため繊維を抜き取る鳥、日除け用の生地として切り取って持ち去る人などによって、袋はかなり破れやすい。破壊されたジオチューブが撤去されず放置されたままになれば、海水浴客にとってはたいへん危険だ。ジオチューブは、護岸（例えば、テキサス州のガルベストン島、図3－6）、突

図3-7　ノースカロライナ州のノース・トップセイル・ビーチのサンドバッグ式護岸
ハードな安定化が法的に禁止されたことにより、サンドバッグが使われるようになったが、浜への影響は垂直の護岸と何ら変わるところはない。つまり最終的には浜が消失してしまうということである。サンドバッグは柔軟性があるため、嵐のときには壊れてしまうことがある（写真：ダンカン・ヒーロン）

堤（例えば、ノースカロライナ州のボールド・ヘッド島）、離岸堤あるいは人工礁（例えば、オーストラリアのクイーンズランド）、防潮堤（アラバマ州のモビール湾）、潜堤（フランスのマルセイユ）などに用いられている。フロリダやポルトガルにおける最も普通の利用の仕方は、砂丘修復と呼ばれる工法で、浜の最上部に設置したジオチューブの上に砂をかぶせ、やがてその上に植生が広がるようになるという理屈のものである。

浜への影響という点では、ジオチューブはコンクリート、石、鉄鋼構造物と何ら変わらない。砂丘修復のためにジオチューブを利用する工法はとてもばかげたものである。ジオチューブの上にかぶせた砂は風や波でいずれはなくなるし、大きな嵐が来れば一回で露出してしまうからである。破れて放置された袋の切れ端

図3-8　地元のごみ処分場を海から守っている蛇籠を積み上げた護岸
マーシャル諸島のマジュロ海岸。地元産の石やサンゴを入れた鋼製のかごは、海水中では3～6年程度しかもたない。壊れてしまえば護岸の機能が失われ、処分場からの汚染が急速に進む（写真：オーリン・ピルキー）

は、砂に埋もれて撤去するのが困難なので、世界中の浜でごみとなってたまっている。ノースカロライナ州のフィギュア・エイト島には、浜の断面の同じ位置に設置された三世代のジオチューブの残骸が、放置されたままになっている。それらはいずれも嵐で破壊されたものである。

ジオチューブを用いることはけっしてソフトな安定化ではないが、一般的にはそのように喧伝されているジオチューブの第一の利点は撤去が可能だということである。だが、もし撤去されなければ自然の作用によって一～二年で壊れてしまう。そして、目障りな障害物として浜に残り、他の硬構造物と同じ問題を引き起こす（**図3－7**）。

●蛇籠

蛇籠は鋼製のかごに岩を詰めたもので、

積み重ねて用いる。費用はかからず、設置も容易なので、低エネルギーの海岸での浜の保全に適している。とくに、大きな岩の入手が困難な島嶼国をはじめとする地域では、護岸の材料として一般的である。例えば、環礁、アラスカのイヌイットの集落、プエルトリコなどでは蛇籠がよく使われている。しかし、塩水によって腐食するため、蛇籠の寿命は三〜六年程度と短い（図3－8）。壊れ始めると、蛇籠は浜を劣化させるだけでなく、転がり出た石がかごの切れ端とともに、浜の歩行者にとってたいへん危険な存在となる。

●まゆつば工法

海岸工学の世界は、多くのエンジニアによって考案された工法のオンパレードであり、そのどれもが、浜に影響を与えることなく侵食問題が解決できると謳っている。それらの名称も考案品と同様に巧妙だ。例えば、サージ・ブレーカー、シー・スケープ、リーフ・ボール、ウェーブ・エッジ、ペップ・リーフ、バイオロック、ビーチ・セイバー・リーフ、ビーチ・コーン、ビーチ・プリズム、ウェーブ・シールドなど。この他に、ホルムバーグ・アンダーカレント・スタビライザー、パーカー・サンド・ウェブ、ステーブラー・ディスク、メンガー・サブマージド・リーフなど、考案者の名前にちなんだものもある。

これらの、効果があやしいまゆつば工法（図3－9）は、基本的には他の硬構造物と同様の機能——護岸のように波を防ぎ、突堤や離岸堤のように砂を捕捉する——を有するとされるが、一方、従来型の工法とまったく同様に、隣接する浜や前面の浜にダメージを与える。まゆつば工法がどれだけ素晴らしく機能したかとこれまでの成功例を謳い上げているが、たいていは見知らぬ遠隔地での実施例である。例えば、ホルムバーグ・アンダーカレント・スタビライザー（基本的には突堤）は、砂を浜に運び上げ

図3-9　浜に無許可で置かれていた下水タンクの枠組み
ニューヨーク州モントークのロイヤル・アトランティック・ホテルの前面の浜。これらはチェーンで互いがつながれ、一時的な嵐・侵食防護物として使われていたが、完成後、最初のノーイースター〔米国北東部やカナダ大西洋岸を襲う、発達した温帯低気圧による嵐〕ですぐに壊れてしまった（写真：ジョン・H・チンプルズ）

る効果があると宣伝し、サウジアラビアで大成功を収めたとされている。

　これらの工法は、より標準的な工法に比べれば一般的には小規模であり、撤去もより簡単だが、しばしば浜を散らかし、海水浴客にとって危険な存在となる。例えば、パーカー・サンド・ウェブは、短いポールの間に、浜を横ぎる網を張ったものである。当然のことながら、その網に人がからまるという現実的な危険がある。他の工法も、浸透性があるとか、調整可能だとか、さらには生分解性があるなどと謳っている。嵐の直前に設置し、嵐が過ぎれば撤去するというものもある。全部ではないが多くのものが、サーフゾーンにおける引き波の規模や速さを抑えることで、砂を捕捉するという機能を備えている。特許をとっている工法の一つは遡上波（そじょうは）から海水を分離することで引き波を抑えるというもので、他にも流れから海水をポンプで吸い上げることで沿岸漂砂を低減させるというものもある。

効果は常に慎重に評価されるべきである。シー・スケープというまゆつば工法は、プラスチック製の人工海藻を装着したサンドバッグを海底に設置するというものだ。このアイデアは、波の影響を弱めることで、岸の方に砂が運ばれ、浜がつくり上げられるという理屈である。ノースカロライナ州のハッテラス岬灯台の前面の外浜にそのバッグが設置された直後、実際に急速に浜幅が増加し、たしかに効果が表れたと思われた。しかし、海岸線の八〇キロメートルにわたって同時に浜幅が拡大しており、じつはその原因は数日にわたって吹き続けた比較的強い南東風の影響によるものであり、それはアウター・バンクスで見られる一時的な浜幅拡大の普通の原因だった。シー・スケープ推進者の判断は早まったものだったのである。

このような製品の宣伝には常識が及ばないことがある。ブラジルのレシフェでは、シーバッグという製品を採用する契約が結ばれたが、土木資材用織布のジオファブリック製のこのサンドバッグは、浜の再生効果がそもそもあやしいものだった。しかも以前、隣接する海岸で一二〇〇メートルにわたって設置された同製品が、新しい契約が結ばれる直前に崩壊したにもかかわらず、大げさであきらかに事実ではない売りこみがされたのである。

●瀕死の浜

護岸前面の浜が失われることに市民は憤慨する。それをなだめるために、護岸の天端や裏側にわずかな量の砂を投入し、嵐のとき以外は決して海を見ることができない浜を造成するという例がよく見られ

図 3-10（上）
インドのポンディシェリ
図 3-11（中）
ブラジルのレシフェ
図 3-12（下）
バリのヌサ・ドゥア

自然の浜を壊した護岸の上に設けられた人工の浜。本物の浜とは似ても似つかないまがいものである。これらは、護岸で縁どられた観光地の浜の未来の姿だろうか
（写真：アンドリュー・クーパー。図 3-11 はオーリン・ピルキー他著『The World's Beaches』より）

る（図3－10・図3－11・図3－12）。ブラジルのレシフェのボア・ヴィアージェンの浜は人の手で破壊されてきたので、護岸の裏に幅三～五メートルの砂が投入された。しかし、このような狭い範囲に閉じこめられてしまったために、ビーチバレーボールの際は、プレーヤーが護岸から落ちないように、落下防止用のネットが張られる始末である。まがいものの浜は、サウスカロライナ州のシーブルック、インドのポンディシェリ、バリのヌサ・ドゥアなどでも見られる。このような人工の浜は海に隣接はしているが、海水をかぶることがないので、たちまち犬猫のトイレと化し、汚染されてしまう。

◉養浜
養浜は、他所から運んできた砂を浜に投入する工法である。経費がかかり（米国では一マイル〔一・六キロメートル〕あたり最低一〇〇万ドル〔一億一〇〇〇万円〕）、一時的な工法にすぎないが（場所にもよるが多くは二～七年間）、浜を改善する方法だと考えられている。養浜については次章で詳しく扱う。

破綻するための仕事？

これまで、海岸工学が浜にダメージを与え破壊した例のごく一部を見てきた。多くの場合、海岸工学エンジニアが、彼らの顧客のために、崇高な使命感をもって建造物、道路、その他のインフラを守ろうとしてきたことは事実である。しかし、その仕事にはけっしてほめられたものではない部分がある。それは、発想から最終的に失敗するまでに至る一連の過程の中にそもそも存在する、いくつもの問題に由来する。結局、以下の理由により、そのシステムは最初から破綻しているのである。

- 主張するような正確さで浜の挙動を予測することはできない

海岸工学エンジニアは、数理モデルを使って、将来の浜の姿を予測できると主張する。あり得ない能力である。彼らは自然や構造物の影響範囲、そして養浜された浜の継続期間などについて、楽観的な見通しを立てる。数理モデルは現実世界を総合的に要約したものにすぎず、浜の挙動を正確に予測できるものではない。第1章で見たように、浜はその時々、多様な過程（例えば、個々の波、潮汐周期、嵐、気候の季節変化、海面変動）の総合によって影響を受け、それらの過程がカオス的に相互作用を及ぼすことでその浜の正味の変化が生じる。どの過程（相互作用を抜きにした）も数式で表せるものではないにもかかわらず、海岸工学エンジニアは、モデルシミュレーションは常に正確で、最新の予測を行っていると主張する。

- 海岸線の挙動の予測がプロジェクトの必要性に合わせて操作される

浜の挙動を正確に予測できないのであれば、望まれる成果に合わせてモデルによる予測を操作すればよい。ノースカロライナ州のナグス・ヘッドの浜を養浜する計画では、下流方向に砂が流され、近傍のオレゴン・インレットに堆積するかもしれないという問題に直面した。そこで、計画段階の数理モデルによる分析では、当初想定した波向を小さくした。その結果、沿岸漂砂速度が緩やかになり、問題は解決された——少なくとも、プロジェクトが先に進むことを確かにしたという点では。しかし当然のことながら、一〇年後にはインレットは砂で埋まり、浚渫が頻繁に行われるようになった。これを無責任、不正直、あるいは無能と考えるかどうかに関係なく、理論的に筋道が立たず破壊をもたらすプロジェクトを支持するために事実を歪曲しようとする姿勢が、海岸工学の仕事にしみこんでいるように思える。これは、競争が激しいコンサルティング業界で、優位に立とうとする業者にも言えることである。

- エンジニアはどんな問題に対しても技術的な解決を試みようとする

海岸侵食問題に関する報告を求められると、通常、エンジニアは一つ以上の解決策を提示する。当然のことながら、ビジネスのことを考え、技術会社の関心を引く提案となる。想定される予算が不明の場合は、値段に幅をもたせたいくつかの選択肢が提示される。予算がわかっている場合は、予算内で最大の利益が得られるようなデザインとなる。

- 技術的な介入は予算の希望に左右される

地元当局に金はあるが常識がない場合、過剰に工学技術の手が入った浜を多く見かける。予算規模に合わせて、プロジェクトを拡大しようとしているのではないかと思われている。

- 失敗を不可抗力だったと言う

浜の挙動が予測できないことを思い知らされるのは、常にプロジェクトが失敗したときだけである。そのようなときの言い訳の常套句が「想定外の嵐」である。これは、とくに養浜事業において、当初予想されたよりも短命に終わったときによく使われる。

- 失敗はさらなるビジネスに

他の仕事とは異なり、海岸工学における失敗は、さらなるビジネスにつながることが多い。それは、想定外の出来事だったと主張できる風土があることや、顧客が安価な選択肢を選んだ結果だと思わされる雰囲気があるからだ。過去の失敗を帳消しにするため（例えば、失敗した構造物の修復、度重なる養浜）、あるいは構造物をさらに連続的に展開するために（例えば、最初の構造物がもたらした海岸侵食に対処するため、下流側に防護構造物を広げる）、多くのビジネスが生み出されている。

• 過去を振り返らない

海岸工学プロジェクトにモニタリングを行おうという姿勢が欠けていることが、二つの深刻な問題を引き起こしている。一つは過去の失敗に学ぼうとしないこと。二つ目は、失敗に対して誰も責任をとろうとしないことである。これらすべては、事業費を負担するすべての人々（つまり納税者）や浜そのものに対して、はかりしれないダメージを与えている。

海岸工学エンジニアが、浜、市民、海岸管理責任者と関わりをもつと、必ず深刻な失敗が生じる。まったく同じ方法をとる国はなく、また細かな点では異なるものの、米国における失敗事例は、他のどの国における海岸工学にとっても失敗の徴候となる。米国の海岸工学における根本的な問題は、すべての海岸工学プロジェクトを認可し、通常、それらを実施する主体である、連邦機関の合衆国陸軍工兵隊にある。工兵隊は常に議論の的となる機関であり、開発側からは愛されるが、環境保護側からは不審の目で見られている。

工兵隊はプロジェクトごとに予算を受け取り、自前のプロジェクトも下部組織ももたない。この点に関しては民間の海岸工学技術会社と何ら変わりはないが、他の大部分の政府機関とはまったく異なる。このような体制が不幸のもととなり、極端に言えば、工兵隊を技術に対する誠実さと適性さを欠いた、プロジェクトに飢えた機関にしている。

二〇〇五年のハリケーン・カトリーナによるニューオーリンズの堤防の失敗は、この機関の不適格さを示す一つの例だ。その堤防は場所によって高さが異なっていたのである。堤防の五三地点で亀裂が見られ、いったん亀裂が入った堤防は堅固さを失い、滝のように流れる水によって削られてしまった。皮肉なことに、ニューオーリンズでの洪水の大部分は、ミシシッピ川湾排水路(ＭＲＧＯ)の水位の上昇(高潮)が原因だった。その水路自体、工兵隊が船舶の航路用としてつくったものだが、ほとんど使われず、金をかけてつくった無用の長物となっていた。水路が市街地の堤防まで続いていたため、メキシコ湾で発生した高潮が凄まじい勢いで堤防を乗り越えてしまったのである。

永久的にプロジェクトを確保する必要性に駆られるため、工兵隊は基本的に偏りのない見方ができない。その代わり米国議会の片腕となってきた。工兵隊は、財政上の権限をもつ人々を喜ばせようと腐心する機関だとみなされており、環境への影響をうまく取り繕い、プロジェクトの経費調整を進んで行おうとしている。一部の人々ははっきりと、工兵隊の不適格さの責任は、地元に利益誘導しようとする議員が負っていると主張する。

もちろん、評判があやしい仕事は、海岸工学エンジニアによるものだけではない。現代社会では、暗に受け入れられているどころか期待さえされている多くのレベルの不誠実さが存在する。あやしげな中古車販売業者や土地販売業者とともに、まず政治家や法律家が頭に浮かぶ。

少なくとも、政治家の発言には政治的な偏向が含まれていると誰もが考える。法学生は法廷で嘘をついてはならないと教わるが、それが常に実践されるわけではないことも学んでいく。法廷に関わることで偏向した見解を示すのは違法ではなく、偏向と嘘の境はまったく不明確である。

法廷での操作と政治的なまやかしは別物だが、海岸工学エンジニア独特の不誠実さを生み出しているのは、世界中の海岸で彼らがやってきたように、どんなに能力が高く正直なエンジニアや科学者でも出せないような答えを出してきたことである。つまり、人類が浜の将来の挙動について論じることができるような、絶対的な真実などないのに、エンジニアは未知の要因を確かなものだと主張し、その結果が巨額（通常、納税者からみて）の浪費と、浜を破壊する構造物の設置につながっている。浜に手を加えるエンジニアが、常に記憶にとどめておかなくてはならないことがある。

神は常に赦してくれる
人は時に赦してくれる
自然は決して赦してくれない
（聖オーガスティン）

第4章　一時しのぎ──養浜

養浜とは、侵食によって砂が失われた浜に、砂を投入して浜を修復する工法である。当初、護岸と侵食との関係は必ずしもあきらかではなかったが、養浜は護岸前面から浜が消失したことから始められた。米国では、一九六二年の「灰の水曜日」*の嵐によってニュージャージー州の海岸が侵食されたことを受け、国家的な規模の養浜プロジェクトが始まった。ニュージャージー州では一九六五年までこの養浜事業が続けられ、じきにその工法が、アラスカからプエルトリコまで、ニューヨークからハワイまで展開されるようになった。

ニュージャージー州のシー・ブライトでは、護岸と突堤によって、一〇〇年以上にもわたって海岸線が現位置にとどめられてきた。しかし、年を経るごとに構造物は規模を増し、波による損害を受けるたびに新しい構造物に置き換えられてきた。たちまち無用となった浜は、壊れた護岸や突堤の残骸のたまり場と化した。二〇〇二年、サンディー・フックから南へ、シー・ブライトを越えアズベリ・パークに及ぶ長さ三四キロメートルの浜が、一・六キロメートル（一マイル）あたり一三〇〇万ドル〔一四億円〕の工費をかけて養浜された。ごみ捨て場と化した狭い浜が、養浜によって覆われた。

養浜は高くつく──地球規模での長期的な解決策としてはあまりにも高価である。ウエスタン・カロライナ大学の開発された海岸線研究プログラム**のアンディー・コバーンによれば、ニュージャージー州の一九三キロメートルの海岸における養浜にかかる初期投資は四億ドル〔四四〇億円〕にもなる。同州の浜を今後五〇年間、一・六キロメートル（一マイル）あたり年間八六万六〇〇〇ドル〔九四〇〇万円〕で維持するとなると、五二億ドル〔五七〇〇億円〕かかることになる。これを、全米の四八三〇キロメートルのバリア島の海岸線に拡大すれば、その額ははかりしれない。

現在では、護岸による浜へのダメージが確認されれば、侵食されたその浜にすぐに養浜が行われ、それ以降も繰り返し養浜が続けられるという流れができあがってしまっている。コバーンによれば、一九六五年以降、ノースカロライナ州のライツヴィル・ビーチでは一九の、カロライナ・ビーチでは二八もの養浜事業が行われた。米国やヨーロッパの多くでは、養浜は海岸線安定化のための工法の選択肢の一つとなっている。北海に面したドイツのバリア島であるジルト島では、硬構造物による安定化が失敗してから何年も経った一九七二年に養浜が採用された。一九七二〜二〇〇〇年に、一八の養浜事業によって四〇キロメートルの海岸線の安定化が図られた。総計でおよそ三〇〇〇万立方メートルの砂と、一五八〇億ドル〔一七兆円〕、つまり、一メートルあたり三八五万ドル〔四億二〇〇〇万円〕という驚異的な工費がかかった。

*――灰の水曜日は、キリスト教行事の一つである四旬節の最初の水曜日。一九六二年の嵐がこの日〔一九六二年三月六〜八日〕に重なったのでこう呼ばれるようになった。四旬節とは、キリストが荒野で四〇日間断食して過ごし、サタンの誘惑を退けたことを思い起こし、信徒が懺悔と断食をする四〇日間のこと。

**――全米の養浜事業に関するデータベースがある。"Beach Nourishment Database," Western Carolina University, Program of the Study of Developed Shorelines

海岸線保持のためのコストが、海面上昇、供給できる砂の不足、優先順位の変更による財源の欠乏などの理由によって支えきれなくなるまでは養浜事業が続くだろう。海面上昇によって主要都市が脅かされるようになれば、観光用の浜を保全するより、都市を保護することが優先順位として高くなるにちがいない。そうなれば、その時点で、観光用の浜にあるビルを保護するために、護岸が建設されるだろう――そして、その浜の価値が失われる。浜に砂を投入することが、究極的には浜の消失につながるというのは奇妙に思えるかもしれないが、養浜が行われたほぼすべての浜が、いつかは護岸に取って代わられるだろうと私たちは考えている。

最初に採用されて以来、養浜は過去の失敗を御破算にする方法とみなされ、浜の問題のすべてを解決する万能薬だと考えられてきた。養浜は自然とともに機能する方法だと主張する支持者さえいる――悲しいことにそうではないのだが。大方の考え方はこうである。もし、浜を台無しにしたら、新しい砂を投入すればいつでももと通りにできる。

それほど単純であればいいのだが！　実際は、養浜は高価なうえ、持続的でないばかりか、ビーチフロントのさらなる開発を誘発する。財源があるならば、養浜を継続しようとする政府の後押しは強力である。ビーチフロントの資産所有者の多くが裕福で、養浜に関わる公的資金の使い道の決定に影響力をもつ人たちであるということが、事態を悪化させている。最終的に、いったん養浜が始まれば、その地域は出口のない悪循環に閉じこめられてしまう。海面が上昇し、養浜の繰り返しによって海を押しとどめようとするコストがあまりにも高価になれば（あるいは技術的な可能性の範囲を超えれば）、養浜事業は廃止され、資産を守るための最終手段として護岸が採用されるだろう。私たちが見てきたように、いったん後退し始めた海岸では、護岸は浜を破壊するだけなのにである。

養浜とは何か?

養浜とは、侵食した浜の浜幅を広げたりもと通りにするため、後退しつつある浜に外部の供給源からもってきた砂や礫を投入することである。それによって海岸侵食に関わる問題の一つ、すなわち堆積物の不足に対処しようとする。米国における最初の大規模な養浜は、一九二二年に、ニューヨーク州のコニー・アイランドで実施された。現在では、ブラジル、ナイジェリア、韓国、日本、ガーナ、南アフリカ、シンガポール、マレーシア、西ヨーロッパ、カリブ海沿岸諸国など、世界中で行われている。

先のコバーンによれば、一九七〇年以降、米国では四六九回の養浜が行われ、二億八三〇〇万立方メートルの砂と、今日の価値に換算して三七億ドル〔四〇〇〇億円〕の費用が投入された。米国での〇・八立方メートル（一立方ヤード）あたりの砂の単価は（浜ごとに異なるが）、一九七〇年の一・七ドル〔一八五円〕から現在の一四・三八ドル〔一五七〇円〕に上昇している。養浜事業の工費は、良質な砂の量、採掘経費、供給源から浜までの距離、採掘現場の波浪条件により大きく異なってくる。外浜（そとはま）での採掘の場合、一般的に、採掘現場の波高が一・五メートルあれば作業が中止される。作業が中止されれば工期が延びるため、工費は高くなる。養浜の需要が高まり、適当な砂をより沖合から採取しなければならなくなるにつれ、工費は上昇し続けるだろう。

ヨーロッパにおける養浜事業について調べた二〇〇二年の研究によれば、一九五〇年代に最初に行われて以降、およそ三億五〇〇〇万立方メートルの砂が西ヨーロッパ（デンマークからイタリアまで）の

図 4-1　ビーチに撒かれる砂と海水の混合液（スラリー）
ノースカロライナ州のアトランティック・ビーチに、近傍の大陸棚からポンプでくみ上げた砂と海水の混合液（スラリー）が撒かれている。撒かれた砂はブルドーザーを使って押し広げられる（写真：グレゴリー・ルドルフ）

浜に投入された。その三分の二は、オランダとスペインにほぼ同量ずつ投入された。オランダでは国土保全のため、海岸線を一九九一年時点の位置にとどめる事業が開始された。スペインではほとんどの養浜が、観光客の収容量を増やすため、レクリエーション用の浜で行われている。

養浜には、浜の埋立、浚渫と埋立、人工海浜など多くの名称がある。二〇一三年時点では「嵐に対する海岸減災事業」という新しい用語も見られる。最後にあげた用語の公式の目的は、より内陸の住民からも養浜に対する資金調達ができるようにするためである――既存の「養浜」という言葉では、裕福な人々が浜辺で暮らすのを助けるためという印象を与えるが、「嵐に対する減災」なら、それらの人々を気の毒な災害弱者に仕立て上げることができる。

養浜のための砂は、通常、砂と海水の混

図4-2　ドバイでのダンプカーによる砂輸送の様子
砂はペルシャ湾の海底から採掘されたもので、いったんとめ置かれた後、ダンプカーでそれぞれの浜へ運ばれる（写真：アンドリュー・クーパー）

合液（スラリー）としてパイプを通して浜に供給される（**図4－1**）。砂の供給源には、トラック輸送に依存する内陸部の他に、隣接する沖合の海底、インレット、潮汐デルタ、ラグーンなどが含まれる。一〇年ほど前、バージニア州のバージニア・ビーチでは、観光の閑散期に、隣接する浜からダンプカーで砂をもってくるという養浜事業が行われた。一年間で、一〇万台以上の砂が運ばれたが（七六万五〇〇〇立方メートル以上）、市内の道路がダンプカーの通行で傷んだため、その方法による輸送は一部取りやめとなった。同じようなことが、サウスカロライナ州のマートル・ビーチの養浜工事の際にも起こり、市はダンプカーでの輸送を断念した。

　トルコ西部のチェシュメの観光用のビーチのように、ダンプカーによる砂輸送は今なお多くの場所で行われているが（**図4－**

2)、ポンプを使って砂をある浜から別の浜に輸送するという、洗練された技術が導入されている場所もある。南アフリカのダーバンやオーストラリアのゴールドコーストの観光用の浜では、フロリダの数カ所のインレットで実施されているのと同様に、インレットの一方の側からポンプで砂をくみ上げ、別の側へ輸送するシステムが取り入れられている。インレット・バイパスというこの工法は、導流堤による侵食問題を緩和する試みである。

養浜事業の表向きの正当性は、海岸防護の質を高めるためだとされている。しかし実際には、ビーチフロントに保有する住宅、コンドミニアム、アパート、ホテル、リゾート施設などが侵食によって脅かされている資産オーナーのような、影響力をもつ人々への政治的配慮がなされていない養浜事業はきわめて稀である。ビルは海岸侵食の原因とはならないが、ビルが脅かされたときには海岸侵食「問題」の原因となる。そういうわけで、彼らがそこに住んだことで引き起こされた問題であるにもかかわらず、裕福なビーチフロントオーナーを救うために、しばしば公的資金が使われることになる。

すべてのものごとと同じく、養浜にも、よい面(表面的にはそう見えるだけだが)、悪い面、醜い面がある。

よい面

●侵食を遅らせる

新しくつくられた浜は一時的に侵食を抑え、普通程度の嵐であれば、浜の上部で嵐の波の影響が吸収

図4-3　住宅を守るためにブルドーザーで押し上げられた砂
ノースカロライナ州トップセイル島。このように積み上げても1回嵐が来れば流されてしまう。ブルドーザーの作業によって浜の生態系も破壊される（写真：ダンカン・ヒーロン）

されるため、ビーチフロントの資産を守ることにつながる。しかし、「一時的」がキーワードであり、砂を運んできても侵食問題自体が解決されるわけではなく、資産を守るためには養浜を続けなければならない（図4－3）。

●高潮の影響を軽減する

比較的小型の嵐であれば、人工海浜は高潮や洪水を防ぐ効果がある。しかし、大型になると、嵐によって生じる海面上昇がもたらす洪水を防ぐ効果は限られる。例えば、ミシシッピ州のウェーブランドにある人工海浜では、二〇〇五年のハリケーン・カトリーナの通過により高さ九メートルの高潮が寄せ、地区の海側六ブロックのビル（すべてが個人宅）のほとんどすべてが洗い流されたが、浜自体の外見上の変化はわずかであり、人工海浜は無傷だった。

図4-4　ミシシッピ州のビーチフロントで70万ドルで売りに出ていた不動産
もともとそこにあった住宅は2005年のハリケーン・カトリーナで破壊され、撤去されていた。この土地にはその前にも住宅が建てられていたが、1969年のハリケーン・カミルで破壊された。このような土地を購入する愚か者がいるのだろうか？（写真：オーリン・ピルキー）

追記――カトリーナから一年も経たないうちに、ウェーブランドのビーチフロントの小さな土地（残ったコンクリートの床板がそこに家があったことを示していた）が、七〇万ドル〔七六〇〇万円〕ほどで売りに出された。一部の土地では、一九六九年のハリケーン・カミルと二〇〇五年のハリケーン・カトリーナの通過によって建屋が失われた。現在、それらの土地のいくつかには、次の嵐が来るのも知らず、高価な新しい家が誇らしげに立っている（**図4－4**）。

ニュージャージー州では、二〇一二年のハリケーン・サンディの際に、広い浜ととくに高く盛られた人工砂丘が、高潮による資産へのダメージを部分的ではあるが軽減した。今では、ニュージャージー州全体で、高さのある人工砂丘は将来の嵐に対する解決策であると喧伝されている。しかし、大きな問題が一つある。人工砂丘を造成する前に、資産オーナーすべてが砂丘の造成に同意しなければならないことだ。多くの住宅オーナーが、海側の視界が遮られるという理由で、人工砂丘に反対している。ハーベイ・シダーズでは、八二世帯のうち一八世帯が、住宅前面での砂丘建設を承諾する書類への署名を拒否している。しかしプロジェクトは進められ、ハービーとフィリス・カラン夫妻は、自宅の二階と三階からは海が見えるものの眺望が阻害されると市を訴えた。驚いたことに、下級裁判所の判決により、海の眺望が悪くなることによる資産価値の低下を補償するため、夫妻に三七万五〇〇〇ドル〔四一〇〇万円〕の賠償金が支払われることになった。しかし市は控訴し、判決はくつがえされた。ある海岸工学エンジニア（名前はあきらかにされていない）は、控訴裁判所の陪審員の前では証言は認められなかったが、人工砂丘は少なくとも今後二〇〇年間は資産を保護すると証言していたということである。人工砂丘の持続性について、これ以上ばかげた陳述は想像もできない。砂丘が造成された翌日に嵐が襲えば、砂丘はたちまち消えてしまうかもしれないのである。

◉レクリエーションの機会を提供する

新しく誕生する浜は、狭いままの浜ではできなかったレクリエーションの機会を提供してくれる（もっとも砂の質がよければの話だが）。浜の一区画を業者（カフェ、デッキチェアー貸し出し業、他）に賃貸しているヨーロッパの多くの国では、浜が大きければ大きいほど、自治体にとってはありがたい。同様に、コート・ダジュール、イタリアン・リビエラ、ニュージャージー州のように、浜への入場料を徴収している場合も、浜に人がたくさん詰めこめるほど多くの儲けを生み出す。しかし限界もあり、例えばスペインの養浜された浜のいくつかは広すぎたため、後浜（あとはま）は熱せられ、くつろぐには暑すぎる場所

図4-5　貝殻だらけの粗悪な砂で養浜された浜
ノースカロライナ州のボーグ・バンクスの浜。事業に先立つ検討不足と養浜砂の品質に関する要求基準の低さが、このような事態を招いた（写真：オーリン・ピルキー）

となった。そのため、後浜は使われず、結局、海水浴客は水辺の狭い範囲に固まるようになった。

サーファーの目から見ると、養浜された浜からはサーフブレイク（サーフィンに適した波立ち）が失われてしまう。これに関する多くの事例がニュージャージー州で報告されている。また、オーストラリアのキラでは、大量の砂が浜にポンプで供給された一時期、砕波が起こらなくなり、世界的にも有名なサーフブレイクが消えてしまった。

●護岸よりはましである

養浜には、浜を劣化させ破壊する護岸、突堤、その他の硬構造物に勝る大きな利点がある。その代わり、養浜は浜の形状を変えることで浜の存続を可能とする。場合によっては、人工海浜の砂が側方に流れ、隣接する浜に移動することがある。その顕著な例が、北海に面したドイツのバリア島であるジルト島で見られ、数十年にわたって養浜された砂が北方へ流れ続け、隣接するデンマークの浜を広げる結果となった。

養浜によって浜が回復されるかどうかは、新しい砂の粒径がもとの砂にどれだけ近いかに左右される。似たような粒径に保つことは、養浜後の生態系がもとの状態に戻れるかどうかにとっても重要である。スペインやマイアミ・ビーチの一部のように、養浜用の砂に微細な石灰泥が含まれていたため、新しい浜がセメント化したり、あるいはもとの細かな砂の浜が泥や貝殻片を多く含む浜になってしまえば（ノースカロライナ州のボーグ・バンクス）、とても回復とは呼べない（図4－5）。

悪い面

●応急措置にすぎない

養浜された浜は消えてしまうものだ——多くの場合、自然状態の浜より早く消えてしまう。根本的に、たとえ大規模なものであったにしても、養浜される部分は浜全体に比べればほんのわずかであり、いずれ沖合の深所に流れ出てしまう。養浜された浜は、自然の浜に比べて少なくとも二倍以上の速さで消失することが研究によってあきらかにされている。そこで、いったん養浜が始まれば、海面上昇によって経済的に成り立たなくなるか砂の供給源が枯渇するまで、限りなく養浜が続くと考えるべきである。膝小僧の傷は、数時間ごとに絆創膏を貼り替えればすむが、浜の絆創膏は数年ごとに貼り替えなければならない。

ごく一般的に、浜の寿命は波の平均的なエネルギーと波高で決まってくる。そのため、フロリダ東岸の浜（平均で七〜九年）は、ニュージャージー州やノースカロライナ州のアウター・バンクス（同三〜四年）よりも寿命が長い。波高に加えて、砂の粒径も重要な要因である。砂が粗いほど寿命は長くなる。大きい浜は小さい浜より寿命が長い。他の条件が同じなら、礫で養浜された浜は砂で養浜された浜より長持ちする。もちろん、大きな嵐が強度を保ったまま一定方向から長時間影響し続ければ、すべてがご破算となり、養浜されたどんな浜も一夜で消え去ってしまう。

米国の中で最も長持ちした人工海浜はおそらくマイアミ・ビーチで、二〇年以上もっている。侵食ホットスポットとしての活動が比較的弱かったことが、その場所での再養浜の必要性を低くしており、一九八〇年代初頭に最初の養浜が行われて以降、レクリエーションや観光用の浜としての魅力を保ち続けてきた。一方、短命に終わったのは、一九七〇年代にポンプによる投入が行われた、ノースカロライナ州のハッテラス岬だろう。嵐のため工事が終わる前に浜が消えてしまった。

ハリケーン・アイリーンの後、陸軍工兵隊は、ニュージャージー州のアトランティックシティの〇・八キロメートルにわたる浜に、二一万四〇〇〇立方メートルの砂をポンプで供給した。しかし、五カ月以内に大部分の砂が消え、私たちが知るかぎりこれまでで最高の、高さ五・五メートルの浜崖が現れた。浜崖は自然の浜より養浜された浜でよく見られるので、それは、人工海浜が自然の浜より著しく速く侵食されるという事実を反映している（図4－6）。ニュージャージー州のその浜では、浜崖をなくすために四〇〇〇万ドル〔四億四〇〇〇万円〕の予算をかけて、さらに多くの砂をポンプで供給する案が計画された。

浜の生き残りを養浜に頼るのは、立地選定を誤ったビーチフロント開発だけではない。オランダでは、

図4-6　すべて貝殻片とサンゴ片からなる養浜砂でつくられた、モルディブの人工海浜に見られる浜崖
浜崖は養浜された浜でよく見られる。それは、養浜された浜は自然の浜より速く侵食されることを意味している（写真：アンドリュー・クーパー）

養浜が海岸防護の現実的な対策になっている。オランダの国土は、どの国もそこには存在したくないと思うような場所にある。何世紀にもわたって、オランダは広大な干潟を干拓し農地に変えてきた。今日、オランダの国土の大部分は海面下にあり、国土の生き残りを複雑なシステムの防潮堤と人工砂丘に依存している。防護戦略の一つは、養浜によってほぼ一九九一年当時の位置に浜を保つことである。これは伝統的に、浜の砂量をモニタリングし、狭くなりすぎた区画を養浜するという実用本位の方法によって実施されてきた。一九九〇年代の年間の平均養浜量は六〇〇万立方メートルだったが、二〇〇〇年以降は一二〇〇万立方メートルに増えた。最近の研究によれば、年間の消失量が二〇〇〇万立方メートルにのぼるようになったため、海岸線を維持するためには供給量をさらに増やさなければならなくなっている。二一〇〇年までに一三センチメートルの海面上昇という最も控えめな推定値をもとに、オランダのエンジニアは、最も理想的な状態に海岸を維持するためには、二〇五〇年まで年間養浜量が八五〇〇万立方メートル必要だと見積もっている。

二〇一一年の三月から一〇月の間に、ロッテルダム港の北側に、海底から浚渫した砂を盛った巨大な砂場がつくられた。それは、「サンドエンジン（サンドモーターとも呼ばれる）」として知られ、常に工夫の才に富んだオランダのエンジニアの手による、国土の海岸線を防護するための発明品である。オランダは「自然との終わりのない戦い」を続けているにもかかわらず、意固地なエンジニアリングの世界にあって、このプロジェクトは「自然とともにつくり上げる」ことをキャッチフレーズにしている。単独で二一五〇万立方メートルの砂と、九六〇〇万ドル（七〇〇〇万ユーロ）（一〇五億円）の事業費をかけた養浜事業である。そのアイデアは、海側に二キロメートル突き出たかぎ状に置かれた砂場から、自然の力が、巨大なブラシを使って砂を掃き取り海岸線に沿って伸ばしていくように、五年をかけて砂を海岸線に沿って広げていくというものである。これにより、小規模な養浜を何回も行う費用を削減でき、養浜用の砂に対する高まる需要も軽減できる。

終わりがない養浜事業の重大さは、毎回高額の費用が発生するというだけではすまない。それは、どんなにダメージが発生しようと（例えば、浜の生物を殺してしまう）、どんなに問題が発生しようと（例えば、集中的なビーチフロント開発の促進）、養浜が限りなく続けられていくことである。

●いたって楽観的で無能な技術が当たり前

養浜された浜をもつ地域がしばしば直面する問題は、養浜の寿命に対する非現実的な予測である。北米の養浜されたほぼすべての浜の寿命は、過大評価されているといって差し支えない。一九九〇年代初頭までは、養浜されたすべての浜の寿命は一〇年はあると陸軍工兵隊は予想していたが、それが達成された場所はほとんどない。

重要な例外が、前述したマイアミ・ビーチである。なぜマイアミ・ビーチがそれほど長続きしたのかは不明だが、海洋生物起源の石灰質の不規則な形状の砂が、互いに密接に組み合わさったことで、砂の強度が増したのかもしれない。加えて、浜の上部では部分的にセメント化が起こり、砂がその場にとどまり続けることを助けたのかもしれない。マイアミ・ビーチの南端部のサウス・ビーチでは、セメント化により、ポロ競技ができるほどになっている!

しかし、マイアミの事例には別の面もある。過去に行われた砂の浚渫によって多くのサンゴが死滅したため、市は、再び沖合から砂を浚渫することを今では禁止している。その浜の物質は、多様な貝殻やサンゴ片に由来する純粋な炭酸カルシウムである。このような石灰質の砂は軟らかいので、サーフゾーン内で容易にすりつぶされ、海中に浮遊した微細な粒子が濾過(ろか)摂食性の動物を殺したり、駆逐したりする。

通常、養浜が必要となるような侵食問題は、航行用の水路の浚渫、浜への砂の供給を絶つダム建設、浜への護岸や突堤の設置など、人為的な原因によって発生する。フロリダ全域における侵食と砂の消失問題の大部分が、導流堤建設と航路浚渫に起因している。

甚だしい技術的無能ぶりを示す事態が二〇〇四年に起こった。陸軍工兵隊が、ノースカロライナ州のオーシャン・アイル・ビーチを養浜するため、隣接するシャロッテ・インレットの下げ潮デルタの砂をすべて取り去ってしまったのである。下げ潮デルタはバリア島システムの根本的な部分を担っており、砂は、潮汐デルタを経由して一方の島と他方の島の間をインレットを横ぎって行き来している。当然予想されたように、デルタの消失により、たちまち下流側のオーシャン・アイル・ビーチの侵食が大きく加速した。侵食があまりにも速かったため、それを補うだけの砂を供給することができず、その代わりただちにサンドバッグが設置された。

アラスカ州のバローでは、地元の住民たちが新しい滑走路の建設のために砂を採掘した。数年後の一九九九年、その採掘事業が原因となった海岸侵食のため、養浜を行わざるを得なくなった。砂の価格は、温暖緯度地方に比べて大まかに見て五〜一〇倍高い、〇・八立方メートル（一立方ヤード）あたり七五ドル〔八二〇〇円〕にのぼった。

養浜用であろうと他の目的のためであろうと、採掘に起因する侵食は、長い間、常に私たちとともにあった問題である。一九一七年一月二六日、英国のホールサンズの海辺の小さな村は、大潮時の大きな高潮に襲われ、一夜にして破壊されてしまった。それは、前章で大きく扱った海岸工学工事の厄介さを示す初期の例だ。原因は、沿岸流の上流側で一八九七年に始まった、外浜の海底からの礫の採掘だった。その結果、村の浜への礫の供給が絶たれ、最終的には村の前面の浜が、波に対する自然の防護機能が弱められた非常に幅の狭い礫浜になってしまったのである。村が海に落ちるはるか前に、消えゆく浜に何が起こっているのかを感じ取った地元の漁業者が採掘を止めさせようと行動したが、遅すぎた。

養浜の効果を示すために海岸コンサルタントがよく使う手は、養浜した浜とそうでない浜の、嵐に対する反応を比べることである。部分的に養浜されたサウスカロライナ州のマートル・ビーチを嵐が襲った後、海岸コンサルタントは、大きく破壊された隣接するチェリー・グローブ・ビーチやノース・マートル・ビーチと比べて、マートル・ビーチにはわずかな変化しか生じなかったと結論づけた。コンサルタントは、マートル・ビーチが標高の高い本土の海岸であったのに対して、チェリー・グローブ・ビーチやノース・マートル・ビーチが、防護物となる砂丘が存在しない幅が狭く標高が低いバリア島にあったという、比較の条件に違いがあったことに注意を払わなかったのである。あるいは、意識してふれなかったのかもしれない。いつものことながら、一事が万事、コンサルタントの主張には注意が必要だ。

●過去の振り返りが欠如している

過去五〇年間に、米国その他の浜で多数の養浜事業が行われてきたが、浜の寿命を含む養浜事業の歴史に関する体系的な研究が行われたことはなく、また、養浜後の浜の挙動を予測するのに使われる、数理モデルのパラメータの妥当性に関する慎重な分析も行われていない。

養浜された浜の寿命や護岸による環境への影響などを予測するのに使われる数理モデルは、将来訪れる嵐のスケジュールが既知の場合に限って妥当なものとなる。養浜された浜や自然の浜で見られる大部分の変化は嵐の結果生じるものであり、モデル設計者に超自然的なパワーでも賦与されないかぎり、次の嵐がいつどこに来るのか、どれだけ大きいのか、どの方向から来るのか、どれだけ長く続くのかなど、浜の挙動を数学的に正確に予測することなど不可能である。

意図してかどうかは別として、過去を顧みないことは、海岸工学界隈に、浜の寿命や環境への影響に対していたって楽観的な考え方をもち続けさせた。さらに、漫然と数理モデルを使うことも野放しにされ、何の根拠もない技巧的な雰囲気で浜の寿命が予測されている。浜が予測した通りに生き残れなければ、想定外の嵐によって浜は消えたのだという、いつもながらの言い訳がなされる。どんな嵐も浜に影響を与えるものだと想像できなかったのか？

陸軍工兵隊は、終了後の再考の欠如に対して大きな責任をもつが、米国海洋大気庁（NOAA）のような沿岸域管理に関わる他の機関も、このいやな仕事には及び腰である。高度に政治的である米国の海岸管理では、工学的な対処法に対する疑問を投げかけるような研究は歓迎されないのである。

●生態系を破壊する

浜は生命に満ちており（第1章参照）、砂丘からはるか先の大陸棚まで広がる連続的な生態系の一部をなしている。浜の生態系は、嵐のときの過酷で素早い変化にもうまく調整できる類稀な生態系である。浜の動物のあるものは、差し迫った嵐の危険性を素早く察知し、嵐でも生き残ることができるように、巣穴の中に深く潜る。しかし、養浜によって何トンもの砂で一気に埋められることに対して、事前に彼らは何の準備もできない。

養浜によって埋められてしまえば、生態系はほぼ全滅してしまう。餌を探す鳥やカニも、小型のカニの餌になるメイオファウナも、貝も、魚が食べる餌も、さらに、食物連鎖でつながる、沖合にいるサバやヒラメも、不運な魚を探しまわるサメもいなくなる。養浜が行われた浜は、毒を発する謎の雲によって住民が一人残らず死ぬという映画のためにつくられた廃墟になった街のセットのようになってしまう。「毒を発する謎の雲」のたとえはけっして荒唐無稽ではなく、泥分が多い材料を養浜に使えば海水が懸濁し、二枚貝、カイメン、魚類など濾過摂食性の動物に致死的な影響が及ぶ。ベルギーの生態学者イェルーン・スパイブルックと一二名の共同研究者は二〇〇六年に、養浜による生態系への影響に関する世界的な総説を行い、浜の生態系の一部の構成要員にはかなりの影響がもたらされることを示した――とくに、微小植物ベントス（藻類など）、維管束植物（匍匐草類など）、陸生節足動物（スナガニなど）、海産動物ベントス〔二枚貝など〕、鳥類に。

養浜によってもたらされる地形変化も大きな影響を及ぼす。浜の勾配が急になれば、生息面積の減少につながり、さらに、単位面積あたりに受ける波エネルギー（波あたりの強さ）も大きくなる。人工海浜でよく見られる問題である砂の圧密〔堆積物粒子間の空間が狭まること〕は、透水性、含水量、栄養、メイオファウナの生息空間などを減少させる。

回復にはどれくらいの時間がかかるのだろうか？　この問題に関するいくつかの研究があるが、最も有名な（悪名高い）のが、ニュージャージー州の浜における動物相の回復を扱った、陸軍工兵隊が一二〇〇万ドル〔一三億円〕をかけて行った分析である。巨額の費用をかけたにもかかわらず、生態系への影響に関する疑問には答えておらず、目先の問題にわずかばかりふれただけの、いつもながらの工兵隊の研究成果であった。工兵隊は「間違った」答えを見つけ出す「頼りになる」コンサルタントを使っていると皮肉屋が言うのもうなずける。加えてその研究は比較のために過去に養浜された浜を手がつけられていない自然の浜として扱うなど、研究手法上の問題もある。大部分の予測がここ二〜三年以内に生態系があきらかに回復するだろうとしていたが、多くの人工海浜が繰り返し養浜された浜であったため、回復過程の開始点がうやむやで適切な評価などできない。

●沖合の生態系へのダメージのもととなる

浜に砂を覆いかぶせることで生じる生物学的な影響はかなりはっきりしているが、沖合での砂採掘の生物相への影響は別の話だ。そこは海中にあり、目には見えず、考えも及ばず、さらに有効な調査が困難な場所である。採掘場所で行われたいくつかの研究によれば、採掘跡に残された窪みには、海産環形動物が優占する新しい動物相が見られるようになったという。その窪みは、浅い海底に見られる他の原因による窪みと同様に、波からのシェルターとなり、細かな堆積物がたまる原因となる。一般的に、泥やシルトは、大陸棚を横ぎって徐々に深海へ移動する。嵐のときには、海底をかきまぜるのに十分な波が起こるため、たまっていた泥が海中に巻き上げられ、濁った泥水が濾過摂食性の生物に害を与える。窪みには泥が多くたまるので、嵐が長く続くほど泥水が増える。

この問題に関する興味ある例は、一九六〇年代にニューヨーク州ロング・アイランドのサウスショアで掘られた、下水管を沖合に延ばすための溝である。結局その溝は使われなかったが、掘削工事後、泥が急速に溝の中に堆積した。少なくとも一年間、嵐が来るたびに溝の中の泥が巻き上げられ、非常に濁った泥水が広がった。

沖合から砂を採掘するとき、浚渫機械のドレッジヘッド（採掘装置の先端部）が移動した跡にいた生物は殺されてしまう。その証拠の一つが、海底から砂といっしょに吸い揚げられ、突如浜に現れた生物をカモメが漁る姿である。どれくらいの影響があるのかは、沖合の砂供給源の状態次第だ。二〇一一年のノースカロライナ州のナグス・ヘッドで行われた養浜では、沖合の厚みのある沿岸砂州から砂が取られたが、比較的限られた面積だけの浚渫であった。それに対して、サウスカロライナ州のマートル・ビーチで行われた二〇〇九年の養浜事業では、表層〇・三メートルの砂が広範囲の海底からポンプで吸引された。その結果、マートル・ビーチの砂採掘は、広範囲にわたって動植物を剝ぎ取っただけでなく、海底面の不規則な生息地の特性を変えたことによって、ナグス・ヘッドの事業よりも海底生物相に対して大きな影響を与えた。また、ナンタケットでの養浜事業に対して漁業者たちは、生活の糧にダメージが出るという理由から中止するよう求めた。私たちが知るかぎり、これは、米国において、漁業者が大規模な養浜事業を中止に追いこんだ唯一の例である。

浚渫は、サンゴの小群落やサンゴ礁にもさまざまなダメージを与える。マイアミ沖で起こったように、微小な堆積物が巻き上げられるというのはよく見られる。同じようなことが、ハワイのマウイ島のシュガー・コーブ沖合にあるサンゴの小群落でも起こった。砂があまりにも細かかったため、波の作用でシルトが形成され、それがサンゴを覆ってしまったのである。フロリダのボカラトン沖では、浚渫用の錨が沖合のサンゴ礁をひっかき、大きな被害を与えた。

フロリダの大西洋岸南部のもともとの砂は、サーフゾーンに浮遊しないような硬い鉱物の石英で占められていた。しかし、フロリダ沖からもちこまれた養浜用の砂はより軟らかい石灰質の物質（貝殻、サンゴ片）で、サーフゾーン内でしだいにすりつぶされていった。その結果、浮遊する土砂で濁った水が岸に沿って帯状に広がった。数十キロメートルにわたって牛乳のような濁り水が広がり、それは、マイアミ空港に着陸する航空機からも見えるほどであった。

このシルト－粘土まじりの海水は、サンゴの小群落を死滅させ、濾過摂食性の動物の生存を困難にし、さらに、地質学者のハロルド・ワンレスによれば、地球規模的な気候変動による暖水の影響が加わることで、サンゴ幼生の北方への移動が妨げられた。雲状に広がる濁水は、回遊性生物にとっては巨大な壁のような障害となっただろう。

安価な砂の供給源を探すことだけを考えるエンジニアには言ってもむだかもしれないが、ロッテルダム近郊の新しい埠頭の建設と「サンドエンジン」養浜事業における浚渫からは、エンジニアの思考態度に関する興味ある洞察が得られる。事業には莫大な量の砂が必要とされ、海底はあきらかにその供給源となるが、生態学的な影響は？　エンジニアは生態学者から、一般論として海底の窪みは海底の高いところよりも生態学的には豊かであると聞かされていた。そこでエンジニアは次のような理由づけを考えた。海底の窪みが生態系にとってよいなら、多くの浚渫跡が生態系の改善に寄与するだろうと。

●ウミガメに害を与える

暖海(だんかい)に生息し、生活環の一時期に浜を必要とする最大の動物はウミガメである。七種が、北米東岸沖、メキシコと中米の両岸、南米北岸に分布する。これらのうち、アカウミガメ、ケンプヒメウミガメ、アオウミガメ、タイマイ、オサガメは絶滅に瀕していると考えられており、いくつかの国際機関がこれらのウミガメはきわめて絶滅の危険が高いとしている。

ウミガメに及ぼす人為的な害は、浚渫、トロール漁業や延縄(はえなわ)漁業、海ごみ、汚染などさまざまである。浚渫の場合、パイプに吸いこまれて死ぬことが多い。合衆国魚類野生生物局は殺害限界を六個体とし、それに達したら以降の操業は完全に中止されることになっている。ボーグ・バンクスでは、養浜のための浚渫工事によって五個体のウミガメが殺され、六個体目の殺害が起こらないように考えられるあらゆる策が講じられた。浚渫業者は、エビトロール漁船を使って浚渫現場の周囲の海底をかきまわし、ウミガメを追い払おうとさえした。しかし、とうとう六個体目がパイプに捕らえられた。傷だらけになりながらも奇跡的に生きたまま浜までパイプを通って運ばれた。ただちにそのウミガメは、トップセイル島にあるウミガメ病院に担ぎこまれ、点滴静脈注射を受け、一命を取りとめた。「我々すべてが小さな命を応援していた」と、地元の市長が発言したが、当然彼はそう言うだろう。もし、養浜が中止されたら、何軒かの家がたちまち崩壊の危険にさらされるからである。いずれにせよ、ウミガメは助かり、数カ月後に放流された。やや疲れてはいたが。

養浜された浜でよく見かける、侵食によってできた浜崖もウミガメに害を及ぼす。浜崖（侵食速度が速いことを示している）の高さは、ニューヨーク州のウェスサンプトン・ビーチやノースカロライナ州のライツヴィル・ビーチのように、高さ数センチメートルから三メートル程度のものから、ニュージャージー州のアトランティックシティの浜のように五・五メートルという記録的なものまである。上陸して浜を這い上がるウミガメは、浜崖も乗り越えて行こうとするが、通常、ウミガメが乗り越えられる浜崖の限界は〇・三メートルである。

養浜に使われる砂の質もウミガメにとっては重要だ。なかには砂質が悪く、少なくとも養浜後一〜二年間は営巣が不可能になる浜もある。テキサス州のサウス・パドレ島のアイラ・ブランカ・パークやノースカロライナ州のパイン・ノール・ショアーズで養浜に用いた砂には多くの泥分が含まれていた。また、ノースカロライナ州のエメラルド・アイルの養浜された二つの浜では貝殻片が多かった——砂や泥がわずかでほとんどすべてがカキ殻片だったのだ。

ノースカロライナ州オーク島の浜では養浜材に石灰岩の中礫や大礫がまじり、ウミガメの上陸と産卵のための穴掘りを困難かつ危険にした。ニュージャージー州のサーフシティの浜にトラック輸送された養浜材には、第二次世界大戦中の不発弾が含まれていた。デラウェア州のルイス近郊では、浚渫によって昔沈んだ船から植民地時代の工芸品が掘り起こされた。

砂の温度条件はウミガメの卵の孵化（ふか）にとって非常に重要である。したがって、浜の温度に影響を与える砂の色が問題になる。砂が黒いほど砂温は高くなるのでメスが生まれる割合が高くなる（積算砂温がある臨界値より高いとメスに偏る）。もともとの砂より養浜砂の方が黒いのが、米国東岸での養浜された浜の特徴である。

ウミガメに及ぼす養浜の影響に関する一九九五年の総説によれば、産卵するメスに対して養浜は次のような影響を及ぼす。

①砂の圧密により、卵室の形状や隠蔽性が変化させられ、営巣の成功率が低くなる。

②浜の傾斜が急になり、産卵場所への到達が妨げられる。

卵や子ガメについて言えば、砂の圧密、巣内のガス交換や酸素濃度、水環境、汚染レベル、栄養分の入手しやすさ、温度環境などの浜の特性が変化することで、生存や発生に影響が及ぶとされる。孵化中の卵が埋まっている場所で養浜すれば、卵を深く埋めてしまう。

醜い面

皮肉なことに、将来、養浜は単独では浜の最大の消失原因となるかもしれない。養浜はけっして終わりのない浜の補修サイクルに組みこまれ、ビルの大きさと高さの増大を許してしまう。浜辺の小さな店は高層マンションに代わり、地元の町の経済的価値と政治的影響力の双方が高まる。浜を保存するためにビルを背後に移動したり、撤去するなどというアイデアは見向きもされなくなる。

●高密度の開発を助長する

一九八二年の養浜のほぼ直後から、ノースカロライナ州のカロライナ・ビーチの開発は、一世帯規模の住宅から多数世帯の高層建築へと変化した。この変化は、地元メディアと陸軍工兵隊の地元事務所の双方によって、養浜プロジェクトの成果だと喧伝された。より大きな規模では、同じ年に行われたマイアミ・ビーチの大規模な養浜がその地域での積極的な開発を促進させたことで、工兵隊による功績が認められた。しかし、これら二つの地域で行われた養浜事業が開発の集中化をもたらし、その結果、将来の海面上昇への対応がきわめて困難になったことは疑いもない。

そこで、積極的な開発が助長されたことが養浜事業の負の面だとされたので、工兵隊は方針をがらりと変え、養浜事業は開発を助長しなかったという趣旨のレポート（表紙の色から「パープル・レポート」と呼ばれている）を一九九四年に発表した。これは茶番だった。例えば一九八二年のカロライナ・ビーチの養浜事業の直後から開発の波が押し寄せてきたのだが、事業以前はその地域は頻繁に洪水に見舞われ、護岸の前には浜は残っていなかった。まともな開発業者なら、そんなにトラブルに満ちた土地に投資を行うはずもないが、養浜によって新しい浜ができるや何のためらいもなくなったのだ。

サウスカロライナ州のヒルトン・ヘッドでは、養浜事業の後、セットバックの境界線が海側に移された。それは、養浜された浜は、自然の浜より通常は早く消失してしまうという事実を知らなかったがために判断されたものであり、浜を破壊する護岸の建設を必要とする日を早めただけである。

フロリダは、養浜によって高密度の開発が進められた土地の究極的な姿である。延々と高層ビルが立ち並ぶ浜は、養浜が行われなければ存在できなくなっている。海水浴客で混雑する広い浜は、とくにフロリダ南東部ではほとんどが養浜されたものである。浜を行きかう観光客や別荘産業に拍車をかけるために、海に近いほどいいと言わんばかりに高層ビルが海岸線に沿って立ち並んでいる。それがなぜいけないのか？　浜は広く、ポンプで浜に砂を供給する予算を出すこと以外に政府は口出しをせず、誰もがそれをやっているじゃないか！

しかし、フロリダの浜に供給できる安価な砂はもうない。ニューヨーク・タイムズ紙によれば、州の南東部を縁どるマイアミ・デイド郡、ブロワード郡、パームビーチ郡では、隣接する大陸棚にほとんど砂がなくなってしまっているという。ブロワード郡では古い考え方も頭をもたげている。リサイクルボトルをつぶして砂をつくるのだ。

海面が上昇するにともない、養浜された砂は驚くほどの速さで消えていく——連邦政府が人工海浜のための資金確保から手を引いた時点ですべてが消える。護岸がフロリダの海岸線の隅々まで建設されており、連邦政府は護岸建設の速さとウミガメの産卵への懸念を示している。数十年後にはフロリダのほとんどから浜がなくなり、護岸は高さと頑丈さをいっそう増し、観光客が過ごせる場所は護岸の上に設けられたプロムナードだけになることは想像に難くないだろう——これらはすべて、養浜がもたらす間違った安心感のせいである。

●海岸利用者に危険をもたらす

浜はそれぞれ趣がある。家族で楽しめる浜もあれば、釣り人、ヌーディスト、サーファー、ゲイ、酒飲みが集う浜もあり、さまざまである。世界中どこの浜でも、利用のされ方は浜の自然の状態、とくに浜の勾配に左右される。人工海浜も含め潮間帯の勾配は、一義的に、浜を構成する物質の粒径に規定される。砂が粗いほど勾配はきつくなる。

急傾斜の浜は大きく立ち上がる波を生み出すので、サーファーに好まれる。小さな子ども連れの家族は、当然のことだが平坦で波が小さな浜を好む。数年前、テキサス州のコーパスクリスティ近郊にある細かい砂の家族用ビーチが、粗い砂で養浜されたことがあった。その結果、浜は急勾配となり、子ども

図4-7　養浜された浜に現れた高さ3mの浜崖

ニュージャージー州のシーサイド・ハイツの浜。このような浜崖はあきらかに浜の利用者にとって危険であり、浜へ下りることを困難にしている。第52代ニュージャージー州知事のジム・マッグリービーは、このような浜崖から滑り落ちて足を骨折した（写真：アンドリュー・クーパー）

が溺れたので、浜をもと通りに戻せという激しい非難の声があがった。

　ニュージャージー州のケープ・メイでは、二〇〇九年に三二件の脊椎・頸椎損傷事故が起こり、二〇一〇年にも一一件発生したが、いずれも養浜された浜にできた浜崖が原因だった（**図4-7**）。なかでもボードを使わず体で波に乗るボディーサーファーが最もけがをしやすかった。波に乗った勢いのまま、時に垂直の砂の壁となる浜崖にぶつかり、首をけがするのである。事故発生件数があきらかとなった理由は、それらの数値がより多くの砂を供給するための連邦予算を獲得する根拠として使われたからである！　そのアイデアは、養浜によって浜崖を埋めるというものだった――たしかに一時的な解決法ではある。しかし、よりよい方法はブルドーザーを使って浜崖を均(なら)して整地することで、これなら一日ででき、しかも安価である。

養浜された浜にできた浜崖が原因となった最も有名な事故は、二〇〇二年、ニュージャージー州知事のジム・マッグリービーが夜間に散歩していたところ、ケープ・メイの浜崖から転げ落ち、足を骨折したことだろう。余談だが、マッグリービーは任期中に足を骨折した三人の知事の一人となった。ちなみに、ジョン・コーザインは二〇〇七年に交通事故で、クリスティーン・トッド・ウィットマンは一九九九年にスキーで転んで骨折した。あるウェブサイトでは「ニュージャージー州知事になると足を折りやすくなるのだろうか？」と述べていた。

養浜の未来

硬構造物と同じく（第3章参照）、養浜のデザインと環境への影響のほとんどは数理モデルにもとづいている。多くの裁判で、モデルの失敗とモデルの背後にある不確実さは、証拠として無効であると指摘されてきた。裁判官たちは、事業を弁護する行政機関やコンサルタントにより、モデルは最新鋭の洗練されたものだと証言され、それをくつがえす判決が困難だったのである。

二〇〇八年、フロリダ州のパーム・ビーチで計画されていた養浜事業が、サーフライダーファウンデーション〔カリフォルニア州のサーファーが始めた国際環境ＮＧＯ〕によって法廷で争われた。行政法判事ロバート・ミールに提出された争点は、砂や泥の移動が沖合のサンゴ礁にダメージを与えたかどうかであった。その結果、ウエスタン・カロライナ大学の開発された海岸線研究プログラムの責任者で地質学者のロバート・ヤングが証言したように、数理モデルには不確実さがあるという理由で、その事業は却下された。数理モデルに対する反証にもとづいて事業が却下された例は、私たちが知るかぎり北米ではじめてであり、他の判決にもつながるものとして期待している。

養浜による生物学的な影響を緩和し、重要な浜の生態系を保全するための方法はいろいろある。なかでも、砂の粒径をもとの状態と同じにすることは、回復後ももとの生態系を維持するために最も基本的な点である。フロリダ州のネイプルズ・ビーチでとられた方法の一つは、大量の貝殻片を取りのぞくために砂をふるいにかけることだった。砂浜生態学者のオマール・デフィオと共同研究者たちは、少量あるいは薄層の砂を、浜の短区間ごとに供給するのが効果的だとした。効果がありそうな別の方法は、浜の中に養浜する区域としない区域を織りまぜることである。おそらくこの方法なら、浜の動植物が生き残ることができるような十分にゆっくりとした速度で、沿岸流が海岸線を均していくだろう。これはサーファーの間で評判がよく、彼らは湾曲した海岸線に潜在的な巨大波を見ている。

養浜を行うタイミングも浜の生態系にとっては重要である。米国では、そのルールは時々破られるものの、ウミガメの産卵時期には養浜が禁止されている。世界中のあらゆる浜には、養浜の実施時期の制限を設けることで、恩恵にあずかれる多様な生物が生息している。

米国海岸環境保存協会（ＡＳＢＰＡ）は、養浜を推進する最も活動的で力がある非営利団体である。ＡＳＢＰＡはまたビーチフロント開発の促進も業務としている。この団体が確認した養浜には負の影響など存在せず、彼らは容赦なく不誠実な海岸工学技術を推進し続けている。

二〇一三年一月のＡＳＢＰＡのニュースレター「コースタル・ボイス」の中で、米国南東部における最優秀養浜賞が、サウスカロライナ州のアイル・オブ・パーム・ビーチに与えられた。しかしその浜は、歩くのが困難で生態系にも悪影響を与える貝殻片まじりの砂で養浜されており、実際には質が低い浜なのだ。同じ号の中で、ペンシルベニア州のプレスク・アイルが、米国民にとっての最もよい公園あるいは居住に適した浜としてあげられた。第3章で述べたように、プレスク・アイルで行われた浜の回復のための離岸堤と養浜事業は、設計者が保存すると約束したはずの自然の生息地を破壊したにもかかわらずである。

さらに、同号で、ＡＳＢＰＡは、「連邦政府は、養浜に投じる一ドルごとに三二〇ドル〔三万五〇〇〇円〕の税収が得られる」とも記している。これを文字通り受け取れば、もし予測が本当なら、国家財政の不足が養浜で補えることになる。例えば、一・六キロメートル（一マイル）あたり一三〇〇万ドル〔一四億円〕かかったニュージャージー州北部の三四キロメートルにわたる養浜で、八七〇億ドル〔九兆五〇〇〇億円〕が連邦政府の金庫に納められたはずである！

浜の終焉

今や世界中で海岸侵食対策として養浜が採用されている。ビルを移転したり、撤去したり、崩壊するままにしておくよりは、浜に砂を供給することを地元は好む。養浜は護岸よりよいと言われるが、長い目で見れば、養浜もいずれは護岸に取って代わられる。フロリダ半島では、動かすことが不可能な高層ビルが立ち並ぶため、ビルを後方に移動させるという選択肢は実際には存在しない。次の世代には、フロリダでは浜がない浜が当たり前の光景となるだろう。これは高度に開発が進んだ世界の他の浜も同じである。養浜は答えとはならないのである——せいぜい一時しのぎの絆創膏にすぎない。

養浜が最善策ではないことを示すいくつもの理由がある。養浜はとても高価で持続性がなく、生態学的にも有害であり、急速に海面上昇が続く今日、財政的にも技術的にも不可能な方法になりつつある。解決策からはほど遠く、養浜は単にやむを得ない予防策にすぎず、海岸侵食の危険にさらされるさらに多くの開発を生み出すだけである。養浜推進者（資産オーナーや土木会社）のセールストークであるにしても、なんとも絶望的で恥ずべき話ではないか。将来訪れる嵐や海面上昇に対処できるような空間を自然の浜にもたせておく余裕などはないので、養浜を実施すれば、海面上昇に対する費用を次世代に負わせずにすむ、というのだ。

第5章　プラスチック圏——浜のごみ

二〇一〇年六月、大勢の観衆の歓呼に応えて、ローマに新しいホテルがオープンした。それは、三つの部屋と二つのバスルームしかないとても変わったホテルで、大勢の地元民が無料で一晩過ごした。デンマークのモデル、ヘレナ・クリステンセンが来賓として開会式に招かれた。喝采する観衆もまた普通ではなく、ホテルのオープニングセレモニーには似つかわしくない人々だった。すべてが、世界の浜の未来を案ずる、活動的な環境保護者たちだったのだ。ホテルは五日間だけオープンし、その後は解体されては再び組み立てられ、ヨーロッパの首都をまわった。ザ・コロナ・セーブ・ザ・ビーチ・ホテルと名づけられたそのホテルは、ヨーロッパ全土の浜から集められた一二トンのごみを使って建設されたものである（**図5－1**）。

そのホテルのスポンサーとなった団体セーブザビーチは、やや自画自賛気味だが警告的なメッセージを発表した。「私たちは世界で初めてごみでできたホテルをつくった。もし私たちが自分たちの浜を守ろうとしなければ、このホテルは未来の休暇の姿になるだろう」。そのホテルはコロナビールの生産者たちが資金を調達し、ドイツ人のごみ芸術家H・A・シュルトがデザインしたものである。彼は言う。「このホテルの哲学は、海と海岸に対して、人間が与えているダメージを露わにすることである」

図5-1　12トンのごみを使って建てられたザ・コロナ・セーブ・ザ・ビーチ・ホテル
客室が3つ、バスルームが2つだけの、このホテルはH・A・シュルトのデザインによるもので、ヨーロッパ各地の浜から集められた12トンのごみを使って建てられた。この写真はヨーロッパの首都を巡回中、マドリッドで設置されたホテル（写真：ジャンルーカ・バティスタ。H・A・シュルトとエル・セニョール・ゴールドウィン・イベンツ・アンド・ニュースメーカーズ社）

危険な標着ごみ

海や川に投棄されるほとんどすべての物が、最終的には浜に流れ着く可能性がある。それらの一部は自然物であるが、大多数は人間の活動によるものだ。しかし、浜に実際に流れ着く醜く危険なごみは、氷山の一角にすぎない。自然保護団体のオーシャン・コンサーバンシーによれば、海洋や浜のごみによって、毎年一〇万匹の哺乳類やウミガメの他に、一〇〇万羽以上の海鳥が殺されているという。

海洋や浜のごみはさまざまな方法で生物に影響を及ぼす。最も深刻なのが、ごみとからまったり誤飲したりすることである。投棄された漁網はからまりを起こす最も危険なものであり、ウミガメや時

これらの数値は日本からの津波漂着物が到着する以前のものである。

アイルランドのユニバーシティ・カレッジ・ダブリンの科学者マーク・ブラウンと共同研究者たちは、極域から赤道域まで、世界中のすべての海にマイクロプラスチック（大きさ一ミリメートル以下）〔日本では五ミリメートル以下とすることが多い〕が存在することを発表した。彼らは、海洋生物が飲みこみやすいこれら微粒子の主要発生源が、衣類の洗濯の際に発生するポリエステルやアクリル繊維がまざった下水であると結論づけた。二〇一二年、香港の浜は雪のようなもので一面が覆われたが、それはナードル（プラスチック工業で使われる微小なプラスチック粒）で、付近の港に停泊していた船から流されたコンテナに含まれていたものだった。ナードルは世界中の海洋や浜から見つかっている。ある研究によれば、ハワイの遠隔地のいくつかの浜は、浜の七〇パーセント以上がナードルだった。ナードルは魚卵と間違われ、捕食者に摂取されることがある。その他にも、ナードルは汚染物質であるＤＤＥ（ジクロロジフェニルジクロロエチレン）やＰＣＢなどの化学物質を吸着する。

二〇一三年の研究論文の中で、ウッズホール海洋研究所、海洋教育協会のエリック・ザトラーと共著者らは、海洋中に浮遊する微小なプラスチック片の集合体に付着した微生物群を「微生物礁」と名づけた。彼らは、そこから藻類や一〇〇〇タイプ以上の細菌などきわめて多様性に富んだ微生物を発見したが、その他にも、ピン先よりも小さいそれらのプラスチック片を食べる捕食者も含まれている。それらの微生物は周囲の海水中のものとは異なっていたため、研究者たちはその生態系を「プラスチック圏」と呼んだ。発見された一部の微生物は有害なものであり、プラスチック圏が、病原となる微生物の輸送手段になっているのではないかとの疑いが浮かび上がった。

大きさで言えば対極にある丸太が、しばしば浜に打ち上げられる。樹木が浜に倒れ落ちたり、川を流れ下って来る場所では日常的に見られるが、木材切り出し業者によるものもある。例えば、西アフリカのガボンでは、木材切り出し業が浜と野生生物の両方に害を与えている。切り出された丸太は川を下り、川沿いの製材所に運ばれるか船に積みこまれるが、一部はそのまま海に流れ出し、浜に流れ着くのである。それは浜を荒らすだけではなく、ウミガメの上陸や産卵を妨げる。そのためウミガメは、産卵するためにできるだけ近くの別の浜を探さなければならなくなる。

ワシントン州のピュージェット湾と外海に面した海岸の多くの浜は、海に流れ出た丸太に覆われることがある。それらにはチェーンソーで切断した跡が残っているため、自然の丸太とは容易に区別がつく。打ち上げられた丸太は海岸侵食の速度を遅らせる場合があり、丸太を取りのぞいたところ侵食が急に早まったので、取りのぞいたことを後悔したビーチフロントの居住者もいる。

湾や内海沿岸の開発された土地の前面に打ち上げられた丸太、やぶ、樹木の除去は、世界的な問題である。しかし、それらを除去した後には、海岸侵食が加速するのはめずらしくない。丸太を除去して浜をきれいにするために法外な費用が支払われるうえに、たいていはその後引き続いて護岸の建設へとつながっていく。外海に面した浜では、漂着した丸太が波によって予期せぬ移動をすることがある。丸太によじ登ろうとした人がはさまれ、死亡した事故もある。共著者のアンドリュー・クーパーが不運にも最初に発見したように、カナダのブリティッシュ・コロンビア州では、水上スキーヤーは常に漂流丸太に注意しなければならない。

海浜ごみはどこからくるか?

オーシャン・コンサーバンシーは、世界規模で行われる海浜清掃活動を毎年支援し、さまざまな種類の海浜ごみの発生源と量を特定するため、詳細な記録をとってきた。創立二五周年の二〇一一年に「ごみを追い続けて――二五年間の軌跡」と題した海浜清掃に関する要約を発表した。

二五年にわたってボランティアたちは、本来浜にあるべきではない一億六六一四万四四二〇個のごみを集めた。八六〇〇万個という最大のカテゴリーは、飲み物のボトルや缶、食品の包装、容器など、ピクニックに関わる物品だった(食品容器が一四七〇万個と最も多かった)。二番目に多かったのは、五三〇〇万個の吸い殻を含む喫煙関係のものであった(五九四〇万個)。釣り糸、太いロープ、トレーやとろ箱、エビかご、浮子(ふし)、防水シートなど、水産・海洋関係の活動に由来するものに加え、船舶からの投棄ごみが三番目で、一三〇〇万個に達した。捨てられた古タイヤ、自動車部品、電気製品、ドラム缶は四五〇万個。残りの二五〇万個は、医療系廃棄物や、八六万三〇〇〇個のおむつを含む個人用の衛生用品であった。

オーシャン・コンサーバンシーによる浜のごみの世界的な分類からは、その国の人々の生活の一面が読み取れる――そしてまたボランティアに取り組む人たちの徹底さも。喫煙関連のごみが最も多く見つかったのは米国全土の海岸だったが(一三〇万個)、他のいくつかの国でも多かった。それらの国は、メキシコ(五万七〇〇〇個)、プエルトリコ(四万二〇〇〇個)、ドミニカ共和国(一万六五〇〇個)、エクアドル(二万五〇〇〇個)、マレーシア(一万九五〇〇個)、ケニア(一万九〇〇〇個)、バングラデシュ(一万六〇〇〇個)、韓国(一万五〇〇〇個)だった。それ以外の国では二〇〇〇個以下だった。ピクニック関連のものは、米国、ケニア、プエルトリコがとくに多く、それぞれ一〇万個以上だった。

浜へごみが流れ着く背景にはいろいろな事情がある。二〇一一年六月、ニュージャージー州のロング・ビーチに五〇本以上の注射器が打ち上げられた。流れ着いたのは大雨の後であり、おそらく路上でドラッグを使っていた人が捨てたものが、大雨時の増水で流されてきたのだと考えられている。ジョージア州のティビー・アイランドでは、オレンジ・クラッシュとして知られる、毎年四月に行われる若者の祭りの際、ごみが大量に浜へ捨てられていく。その島の南部の浜は、キャップ、ボトル、イベント後に脱ぎ捨てられた衣服などでいっぱいになる。ノースカロライナ州の無人島のメイソンボロ島で行われたある独立記念日イベントの後には、何トンものごみが浜に捨てられていた。世界中の浜で繰り広げられる、このような悲しい振る舞いの裏には、誰かがごみを拾ってくれるだろうという思いこみがある(図5―2)。

訪れてみたい場所の一つとして旅行ガイドブックのロンリープラネットがあげたインドネシアのバリのクタ・ビーチは、しばしばごみだらけになることがあるが、それは海浜清掃スケジュールの不備を反映している(それに海浜管理計画のまずさも)。クタ・ビーチのごみはその島の住民が捨てたものではなく隣接する島に由来するのだが、観光シーズンの冬にちょうど風向きや潮がうまく合うことで、島沿いにごみが流れ着く。タイのナイハーン・ビーチや中国のサンヤ・ビーチも同じ問題に悩まされ、海浜清掃がたまにしか行われないことに加え、浜辺で楽しい一日を過ごした後はごみを浜に捨てていくという社会習慣があることが状況をよりいっそう悪くしている。

図 5-2　海岸を訪れた人が捨てたごみを漁る羊
アドリア海に面したアルバニアのドゥラスの混雑する浜では、利用客が捨てていったごみを羊が漁っている。後浜（あとはま）に見られるごみの山は、ごみ箱が十分ではない発展途上国ではめずらしい光景ではない（写真：ゲント・シクラーク／ゲッティ・イメージズ）

二〇〇九年六月、アイルランドのブリタス湾の浜では、五歳の女の子が浜に捨てられたバーベキューの燃えかすを踏んで足に大やけどを負った。無神経な人が砂の中にそのまま埋めたものだった。似たような事故が他の浜でも起こっている。ティナ・アルダッツ・ノリスは子どもの頃、カリフォルニア州オレンジ郡の浜で、砂に埋められていた燃えかすでやけどを負った。何カ月にもわたって耐えがたい痛みが続き、何十年も経った今でも、彼女の足は過敏で火ぶくれができやすい。自分自身の経験に突き動かされ、彼女はより歩きやすい靴の中敷きを製作する会社を設立した。

メキシコのマアウアル・ビーチ——ベリーズ国境から北に六四キロメートルのカリブ海の浜に面した町は、ごみに関して特別深刻な問題を抱えている。あきらかに、海流と風がこの地点にごみを集積させており、それらのごみはカリブ海諸国と中央アメリカに由来する物だと特定されている。ごみの発生起源とされた国は、キューバ、ベネズエラ、ホンジュラス、ブラジル、ハイチ、ジャマイカなどで、すべてがマアウアル・ビーチに集まってくる。

コロンビア太平洋岸のブエナベントゥラに近い浜のごみの発生源は、その町そのものだった。人口三〇万人のその町は、ごみの一部をブエナベントゥラ湾の奥部に投棄していた。周期的に風と潮のタイミングが合うと、ごみは湾口から一六キロメートル以上離れた場所まで流れ出て、近くのバリア島の浜に、缶、ボトルやプラスチックなどのごみの絨毯を敷いてしまう。クタ・ビーチやマアウアルと同じように、ブエナベントゥラ近郊のリゾートやコミュニティはごみの排出源ではなかった。他の場所から流れてきたごみなのである。

浜のごみは今後も地球規模で増加し続けるだろう。英国では、一九九四年以降、一二一パーセント増加したとされている。幸いなことに、地球規模のごみ排出源はある程度減少してきた。船舶はこれまで海洋をごみ捨て場として利用してきたが、固形物か液体かを問わず、海洋への投棄ができなくなった。MARPOL条約(一九七三年の船舶による汚染の防止のための国際条約に関する一九七八年の議定書)により、船舶からのごみ投棄の防止が国際的に合意されたのである。船舶のごみは水に浮かないように固く束ねられ、港湾の施設で処理するようになった。一部は船上で焼却される。しかし、浜辺に打ち上げられたごみのラベルを見れば、条約違反が行われていることはあきらかである。それでもMARPOL条約によって海洋投棄の問題は確実に減少した。

巨大なごみだまり

二〇一一年の日本の大津波災害では、五万トンものがれきが海に流れ出た。多くは海中に沈んだが、気まぐれな海流と風に乗り、一五〇万トンが太平洋を渡った。これは、海に流れ出た一回のがれきの塊としては過去最大である。すでに米国西岸の一部に流れ着いており、いずれは、アラスカやアリューシャンからバハ・カリフォルニアまで北米西岸一帯に流れ着くであろう。もちろん、海流に乗って漂流途中でハワイ諸島に流れ着く物もあるだろう（図5－3）。残りの漂流がれきは、太平洋の巨大なごみだまり、すなわち太平洋ごみベルト（北太平洋循環の海流などの影響により、ごみが多くたまる北太平洋の中央部の海域）に取りこまれていく。最近日本で行われた数理モデル解析によれば、アラスカには、当初予測されていたよりも多くのごみが漂着するとされた。

米国の海岸に流れ着いたごみには、地元の漁業を脅かしかねないフジツボが付着しているのが発見された。津波の二年後にオレゴンの海岸に漂着したＦＲＰ（繊維強化プラスチック）製の小舟の中からは、日本近海の生きた小魚の他に、ホタテ貝、イガイ、カニ、多毛類、藻類などが見つかり、ワシントン州のロング・ビーチに流れ着いた一六五トンの浮ドックには一二〇種の外来種が付着しており、バイオセキュリティに関する深刻な問題が持ち上がった。

台船や壊れた住宅など大きな物体も多数漂流し、岸に流れ着く際にサンゴ礁に損傷を与えるかもしれない。日本の漁業者が使っていた大量のポリスチレン製の浮子や発泡スチロール製の多くの漁具は、ゆ

図5-3　海洋ごみが集積するホットスポット
米国海洋大気庁（NOAA）によれば、ハワイ州のカホオラウェ島のカナポウ湾は海洋ごみが集積するホットスポットである。遠隔地にあるのでごみの回収が困難で、ごみが堆積している（写真：NOAA海洋ごみプログラム）

っくり分解して微小な破片となり、魚や鳥が餌と間違って食べるかもしれない。浜に打ち上がったそれらのごみは、鳥、アザラシなどの哺乳類の休息、摂餌、営巣などの活動のほとんどに深刻な影響を与えるだろう。

米国公共ラジオ局は、エクソン・バルデス号事故で有名になったプリンス・ウィリアム湾のモンタギュー島に関する特集を組んだ。そこには、今日に至るまでに少なくとも四〇トンの津波による日本のごみが流れ着いた。アラスカ湾で活動する環境保護団体「アラスカ湾の番人ＧｏＡＫ」は、冬季に作業を中断する他は、毎年、海浜清掃を主導してきた。同ＮＰＯの日本支局では募金を募っている。モンタギュー島での活動は、アラスカの長大な傷つきやすい海岸で行われた、個人的な意思にもとづく初めての大規模な清掃活動だった。しかし、間違いなく将来的には政府の支援を必要とする活動である。アラスカ州の政治家は連邦政府に対して、四五〇〇万ドル〔四九億円〕の海浜清掃予算を要求したが、それだけの予算がつくかどうか、またそれで足りるかどうか不明である。作業のためには、多くの浜をボートが着けられるようにしなければならず、その費用も追加する必要がある。

アラスカの海岸の生態系は、流出した油に残る毒性残留物、発泡スチロール粒、外来種、巨大な塊のがれきによる災害を被っている。ダウ・ケミカル社が一九四四年に特許を取得したスタイロフォーム（発泡スチロール）は、青色または白色の発泡ポリスチレンで、思いつくかぎりあらゆる場所で使われている。誰でも、スタイロフォーム製のコーヒーカップ、二つ折りのクラムシェル型容器、いったん袋を破ったら扱いに難儀する梱包用の発泡素材の緩衝材を、ごく普通に見かけるだろう。

終わりのみえないごみ問題

汚染と同様、浜のごみの量は増加しており、終わりがみえない（図5－4）。海浜清掃は年間行事として広がりをみせているが、発生源における減量についてはほとんど進展がみられない。そして、すべての津波や大嵐がこの問題をさらに深刻にしている。多くの自発的な取り組みが、それぞれのやり方で浜のごみ問題に取り組んでいる。地元当局は、さまざまなタイプのごみ箱を設置したり、海浜清掃を行ったり、海岸利用者たちによるごみ捨て防止の啓発活動などに取り組んでいる。一方で、ごみ箱の設置はごみを誘発するだけなので、最上の方法ではないという人々もいる。

図 5-4　サウジアラビア沿岸の岩石海岸が負わされている二重苦
ペルシャ湾で流出した油とさまざまな種類のごみが打ち上げられている（写真：マイルス・ヘイズとジャクリーン・ミシェル）

ごみを発生源近くで絶つことは大きなチャレンジである。多くの国が、プラスチックごみを発生源近くで絶つために、課税したり、プラスチック袋の使用を禁止したり、あるいは、リサイクルを推進している。海が最終的なごみ捨て場になっていることに焦点を当てた、ごみ捨て防止のための数えきれないほどの啓発活動も行われている。前ニューヨーク市長のマイケル・ブルームバーグは、スタイロフォームの商業的な利用を禁止した。スタートアップ企業〔新しいビジネスモデルで、短期間で急激なイノベーションをやりとげ、社会に貢献しようとする企業〕の一つであるエコベイティブ・デザイン社は、おもに農業廃棄物を利用した、スタイロフォームに代わる生分解性の代替材を開発したと発表したが、商業的な生産にはまだ遠い。それまでは、スタイロフォームがニューヨークやニュージャージーの海岸を、新雪が降り積もるように覆い続けるのだろう。スタイロフォームが海に流れ出て与え続けるダメージは目に見えない——死んだ動物が浜に打ち上げられるまでは。

ＭＡＲＰＯＬ条約は船舶からのごみの減少には効果をあげたが、不誠実な船員による投棄の防止はできない。すべての海洋の中心に集まった莫大な量のプラスチックごみを回収したり、海洋投棄の規制を強化したり、次のごみ危機にすぐ対応できる熟練の清掃作業者（油回収に詳しい作業者）を育てるには、世界中で努力が必要である。

それまでは、私たちが知っている愛してやまない浜にとって、ごみは命とりになる。ますます増え続けるごみは、浜の生態系へ影響を及ぼしながら、さらなる海浜清掃の必要性につながっている。ごみの増加は浜の魅力を損ねてしまう――誰がごみための中で、泳いだり日光浴をしたりしようと思うだろうか？

第6章 タールボールとマジックパイプ

エマニュエル・ファルナシオは、乗船した船が二〇〇〇年九月にワシントン州のバンクーバー港を出港した際、あるメモを残した。ファルナシオはノルウェー船籍の商船ホーグ・ミネルバ号の乗組員だった。そのメモにはたどたどしい英語で、この船には油水分離装置を通さないで排水する「マジックパイプ」が装備されていると記されていた。マジックパイプとは、油分がまじった船内のたまり水（ビルジ）をくみ上げ、直接海に排水する装備である。メモにはマジックパイプの配置を示した図面とともに、「頼むから秘密にしておいてくれ。このことで誰かに殺されるかもしれないから」とも記されていた。

二〇〇一年五月、ファルナシオのメモをもとに警戒態勢が敷かれ、船がタコマ港に入港後、ワシントン州環境保護局の捜査官がその船に乗りこんだ。そして告発通りにパイプが見つかった。マジックパイプという用語は、そのパイプがあれば廃油が魔法のように消えてしまうことにちなんでいる。

一九五四年のＯＩＬＰＯＬ条約（一九五四年の油による海水の汚濁の防止に関する国際条約）、一九七三／七八年のＭＡＲＰＯＬ条約として知られる国際合意によれば、油を海に排出することは違法である。油流出に関する啓発団体であるマリン・ディフェンダーズは、全船舶の八五～九〇パーセントは国際法に真摯に応じているが、推定五〇〇〇～七〇〇〇隻の大型船が違法に年間七〇〇〇万～二億ガロン

築地書館ニュース

自然科学と環境

TSUKIJI-SHOKAN News Letter

〒 104-0045　東京都中央区築地 7-4-4-201　TEL 03-3542-3731　FAX 03-3541-5799
ホームページ http://www.tsukiji-shokan.co.jp/
◎ご注文は、お近くの書店または直接上記宛先まで

古紙 100 %再生紙、大豆インキ使用

《動物と人間社会の本》

先生、大蛇が図書館をうろついています!

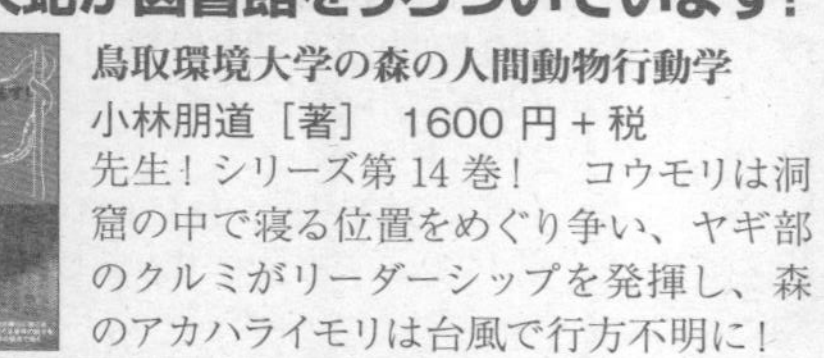
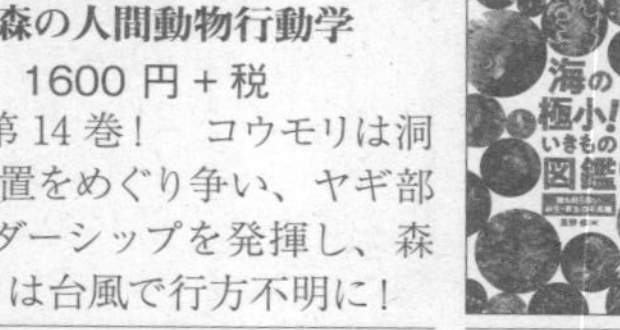

鳥取環境大学の森の人間動物行動学
小林朋道［著］　1600 円 + 税
先生！シリーズ第 14 巻！　コウモリは洞窟の中で寝る位置をめぐり争い、ヤギ部のクルミがリーダーシップを発揮し、森のアカハライモリは台風で行方不明に！

海の極小！いきもの図鑑

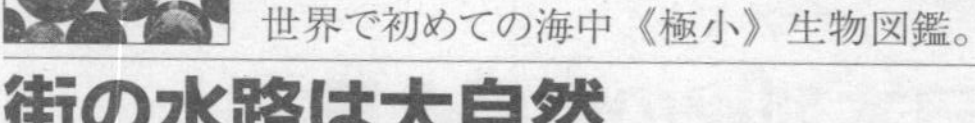

誰も知らない共生・寄生の不思議
星野修［著］　2000 円 + 税
捕食、子育て、共生・寄生など、海の中で暮らす小さな生き物たちの知られざる生き様を、オールカラーの生態写真で紹介。世界で初めての海中《極小》生物図鑑。

魚の自然誌　光で交信する魚、狩りと体色変化、フグ毒とゾンビ伝説

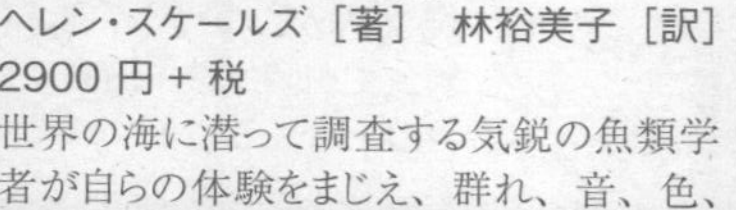

ヘレン・スケールズ［著］　林裕美子［訳］
2900 円 + 税
世界の海に潜って調査する気鋭の魚類学者が自らの体験をまじえ、群れ、音、色、

街の水路は大自然

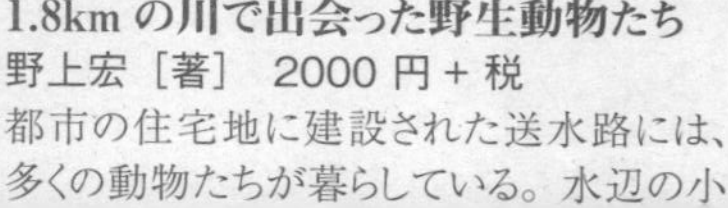

1.8km の川で出会った野生動物たち
野上宏［著］　2000 円 + 税
都市の住宅地に建設された送水路には、多くの動物たちが暮らしている。水辺の小

《宇宙と地球科学の本》

月の科学と人間の歴史

ラスコー洞窟、知的生命体の発見騒動から火星行きの基地化まで

D・ホワイトハウス［著］　西田美緒子［訳］

3400 円 + 税

先史時代から現代、神話から科学研究まで、人間と月との関係を描いた異色の月大全。

第6の大絶滅は起こるのか

生物大絶滅の科学と人類の未来

P・ブラネン［著］西田美緒子［訳］

3200 円 + 税

地質学・古生物学・宇宙学・地球物理学などの科学者に直接会い、現地調査に加わり、大量絶滅時の地球環境の変化を描く。

《人間と自然を考える本》

人の暮らしを変えた 植物の化学戦略

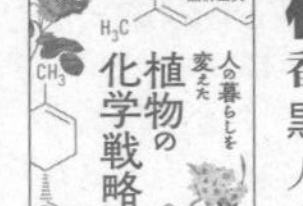

香り・味・色・薬効

黒柳正典［著］　2400 円 + 税

人間が有史以前から利用してきた植物由来の化学物質。香り、味、色、薬効など植物の恵みを、化学の視点で解き明かす。

英国貴族、領地を野生に戻す

野生動物の復活と自然の大遷移

イザベラ・トゥリー［著］　三木直子［訳］

2700 円 + 税

中世から名が残る美しい南イングランドの農地 1400ha を再野生化する様子を、驚きとともに農場主の妻が描いたノンフィクション。

日本列島の自然と日本人

西野順也［著］　1800 円 + 税

万葉集に登場する草花、戦や築城による森林破壊、江戸時代の園芸ブーム、信仰と自然のつながりが息づく年中行事……。

草地と日本人 ［増補版］

縄文人からつづく草地利用と生態系

須賀丈＋岡本透＋丑丸敦史［著］

2400 円 + 税

半自然草地は生態系にとって、なぜ重要

D・W＝テーブズ［著］片岡夏実［訳］
2700円＋税
人類が安全な食料供給を確保するための重要な手段である昆虫食。環境への影響、昆虫生産の現状や持続可能性を紹介する。

生態系への影響を科学する
P・マラ＋C・サンテラ［著］
岡奈理子ほか［訳］　2400円＋税
ネコは他の生物群にどんな影響をもたらすか。ネコと環境との関わりを科学的に検証する。

狼の群れはなぜ真剣に遊ぶのか

E・H・ラディンガー［著］シドラ房子［訳］
2500円＋税
人類が狩猟採集の社会スキルを学んだ、高度な社会性を誇る野生オオカミは、どうやって群れのあり方を学び、世代をつなぐのか。

先生、アオダイショウがモモンガ家族に迫っています！

鳥取環境大学の森の人間動物行動学
小林朋道［著］　1600円＋税
先生！シリーズ第13巻！　腹を出して爆睡するカワネズミ、ヤギのアニマルセラピー。

《樹木の本》

樹に聴く

樹に聴く
香る落葉・操る菌類・変幻自在な樹形
清和研二

香る落葉・操る菌類・変幻自在な樹形
清和研二［著］　2400円＋税
森をつくる樹は、さまざまな樹々に囲まれてどのように暮らし、次世代を育てているのか。日本の森を代表する12種の樹それぞれの生き方を、緻密なイラストとともに紹介。

木々は歌う

植物・微生物・人の関係性で解く森の生態学

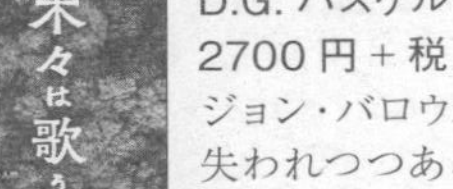

D.G. ハスケル［著］屋代通子［訳］
2700円＋税
ジョン・バロウズ賞受賞作、待望の翻訳。失われつつある自然界の複雑で創造的な生命のネットワークを、時空を超えて、緻密で科学的な観察で描き出す。

〔二六万五〇〇〇～七五万七〇〇〇立方メートル〕の油を恒常的に海に排出しているとみている。これは海における人為起源の油流出としては最大の発生源であり、世界中の浜に少量ずつ打ち上がるタールボール（油塊）の発生源としても重大である。

話を戻せば、ホーグ・ミネルバ号は数百ガロンもの廃油を、ピュージェット湾とコロンビア川の河口沖に排出しており、三八隻を保有するホーグ・フリート・サービス社は三五〇万ドル〔三億八〇〇〇万円〕の罰金を払わされた。法を犯したその船の二等機関士ビンセント・ジェノバーナは、マジックパイプを隠そうとした疑いで三〇日間拘束され、内部告発した乗組員のファルナシオには三〇万ドル〔三三〇〇万円〕の報奨金が支払われた。

たどたどしい英語の手書きの告発メモはめずらしいことではない。タンカー、ケム・ファロス号が、二〇一〇年三月、ノースカロライナ州のモアヘッド・シティに入港したとき、ある操機手が沿岸警備隊の査察官に、「おはようございます。この船はマジックパイプを使って油を違法に排出しています。作業室にあるゴム製の五メートルの長さのパイプです」と記したメモを手渡した。同船は査察官が乗船する一一日前に、洋上で一万三二〇〇ガロン〔五〇立方メートル〕の油濁水を排出していた。

内部告発した船員に、その船に科せられる罰金の半額に相当する報奨金を支払うことは、疑いをもたれた船を網にかける方法として効果を発揮している。ギリシャ船籍の商船イオラナ号の四名の乗組員には罪を暴露した報奨金として、それぞれに一二万五〇〇〇ドル〔一四〇〇万円〕が支払われた。この事件では、「海の環境と海洋生物を守りたいので、関係当局へ助けを求めています」と記されていた。

昔は、海を行くほとんどの船から油が普通に排出されていた。今日、ＭＡＲＰＯＬ条約に従うと、船の規模に応じて一隻あたり年間三万ドル〔三三〇万円〕から一五万ドル〔一六〇〇万円〕の経費がかかると推定されている。密かに油を捨てることで経費を切り詰められるなら、航行する船舶の利益は自然に増えるだろう。違法排出の別の動機として、一部の港では廃水受け入れ施設の使用が困難だったり、探すのが難しいことがあげられる。ホーグ・フリート・サービス社が、廃油を適切に処理するための費用を削ろうとした唯一の会社ではない。巨大海運会社のエバーグリーン・インターナショナル社は、大西洋と太平洋に油を排出したことで、二〇〇五年に二五〇〇万ドル〔二七億円〕もの巨額の罰金を支払った。少なくとも七隻のエバーグリーン船にマジックパイプが装着されていた。

一九六四年に行われた、米国南東部のジョージア州沿岸沖合の大陸棚縁辺部での調査に参加したオーリン・ピルキーは、メキシコ湾流の陸側境界から二〇〇メートルの地点に巨大なタンカーが停泊しているのを目撃した。若き海洋学者は、ジョージア大学の一七メートルの小型調査船の脇に止まるタンカーの大きさに圧倒されていた。沖に移動しようと調査船がタンカーのまわりで舵を切ったときピルキーは、タンカーの船尾から北の方に青い海の中を茶色の液体が長い尾を引いているのを目にした。ＯＩＬＰＯＬ条約の締結から一〇年経っていたが、その船は新たな油を積む前に、油槽とビルジを洗浄していたのだ。このような振る舞いの前提にあるのが「拡散こそが解決策」であり、海の莫大な水が汚染物質を拡散し、害がないようにしてくれるという考えである。これは「視野外の排出」とも呼ばれる。今日、タンカーではなく貨物船が排出者となりがちである。

油汚染の源

以下では、油の量をおもにガロン単位で表すことにする。石油業界ではバレルで表すことが普通である。一バレルは四二ガロンである。

最終的に浜に漂着する油は、船舶の座礁（例えば、アモコ・カディス号）、海底油田からの噴出（例えば、メキシコのイストクI油田）、嵐や高潮による流出（例えば、ハリケーン・カトリーナ）、自然の滲出（例えば、カリフォルニア州のサンタ・バーバラ沖）などが原因だが、なかでも特異なのは、軍事における意図的な流出（例えば、湾岸戦争）である。

長大な海岸がたった一回の油流出によって覆われてしまう（**図6-1**）。一九八九年、アラスカで起こったエクソン・バルデス号の座礁事故では二一〇〇キロメートルの海岸が汚染された。二〇一〇年、メキシコ湾のディープウォーター・ホライズン〔原油掘削施設〕事故では一八〇〇キロメートル、一九九一年の湾岸戦争ではペルシャ湾が八〇八キロメートルにわたって汚染された。湾岸戦争は規模としては史上最大で、クウェートへの米国海兵隊の上陸を阻止するため、イラク軍が少なくとも四億ガロン〔一五一万立方メートル〕の油を意図的に流出させたのである。

●船舶からの流出

ゴアやその周辺のビーチリゾートを含むインド西岸には、とくにモンスーン時期にたびたびタールボ

図 6-1　大型タンカーの油流出事故で大量の油が漂着した礫浜
1976年5月、大型タンカー、ウルキオラ号が油流出事故を起こし、2100万ガロン（8万m^3）という大量の油がスペインのラ・コルーニャの礫浜に漂着した。約215kmの海岸線が油で覆われた。

この油流出事故は、油流出およびその後の洗浄作業に対する海岸の脆弱性をランクづけする環境脆弱性指標（ESI）が開発されるきっかけとなった。

浜の上部には油が厚く堆積している。浜の中ほどの筋状になっている油は、潮が低下する際のスウォッシュマークに残されたものである。

スウォッシュマークとは、遡上波（swash）が最高到達点で動きを止めたとき、遡上波の前縁に乗っていた物質（砂、貝殻、ごみなど）が浜面に取り残されたものをいう。遡上波の履歴となる（写真：マイルス・ヘイズとジャクリーン・ミシェル）

ールが漂着する。二〇一〇年のとくにひどかったシーズンには、浜が一〇センチメートル前後の厚さのタールボールで覆われた。産地について化学分析したところ、東南アジア産の原油を輸送しているタンカーから流出したものであることがわかった。それらのタンカーがアラビア海で油槽を洗浄し、それがタールボールとして浜に打ち上げられたのだとされている。

入出港が多い港湾や石油ターミナルの入り口に近い浜では、小規模な油流出が頻繁に起こる。そのような浜では静穏なときに、薄い油の層の上に砂が薄く堆積した場所が所々見られる。表面的には油があることがわからず、運の悪い歩行者がそこを踏みつけ、足にべとついた油がつくことで初めて油の存在があきらかとなる。米国沿岸のチェサピーク湾やガルベストン島などのような浜では、嵐によって油が沖合に流し出され、それがタールボールとなって戻ってくる。

浜を破壊するオイルタンカー事故の裏には、しばしば興味深い人間模様が見られる。六九〇〇万ガロン〔二六万一〇〇〇立方メートル〕の油がフランスのブルターニュの浜を黒く染めた、一九七八年のアモコ・カディス号の油流出事故では、巨大な船が漂流しているにもかかわらず、当のタンカーの船長が、救助に来たタグボートの船長と救助費用について長談判しているうちに座礁してしまった。嵐でアモコ・カディス号の舵が壊れてしまい、岩にぶつかるまで延々と三時間以上も費用の交渉が続けられていたのである。ワシントン州とブリティッシュ・コロンビア州の間にあるファンデフカ海峡をポートエンジェルス港に向けて航行中のアルコ・アンカレッジ号は岩にぶつかり、一二三万九〇〇〇ガロン〔九〇五立方メートル〕の原油が流れ出した。一九八五年に起きたその事故は、公式にはタンカーの指揮をとっていた水先人が、岩があることを知っていたタンカーの船長の反対を押しきって、その岩がある方向に舵を切ったために起こった。

英国の南西岸沖では一九六七年にトリー・キャニオン号の油流出事故が起こった。どうも衝突時のトリー・キャニオン号の操舵レバーは自動操縦に設定されており、また司厨員も兼ねていた操舵手はあきらかに未熟だったようだ。備えられていたすべての海図には、岩礁が存在する浅海域の航行に関する詳細な情報が記されておらず、このことが事態をさらに悪化させた。ランズ・エンドの西沖二四キロメートルにあった暗礁に衝突し、その時点で史上最大の三二〇〇万ガロン〔一二万一〇〇〇立方メートル〕の原油が流出した。その事故がもととなり、タンカーに関するいくつもの新たな規制が設けられるようになった。

アラスカ州のプリンス・ウィリアム湾におけるエクソン・バルデス号の油流出事故は、報告された数多くの不備が原因だった。事故当時、船長は宴会の後で寝ており、三等航海士が船の指揮をとっていた。クルーは疲れており、人数も少なく、一二〜一四時間シフトで働いていた。エクソン・バルデス号のクルーは、合衆国沿岸警備隊もまた限られた人員で任務にあたっており、プリンス・ウィリアム湾内の航行船舶を把握しきれていないことを知らなかった。加えて、タンカーに備えられていたレイセオン社製の船舶衝突予防装置のスイッチが入っていなかった。事態をより悪くしたのが、バルデス号の母港が、タンカー用の油流出対応チームを一九八一年に解散し、装備も取り外し、他の部署からの経験不足の職員を対応任務にあたらせていたことである。その結果、訓練では、バルデス号対応チームが悲惨なほど未熟で装備も不足していることがわかった。そしてとうとう一九八九年、これまで知るかぎり最も破壊的な油流出事故が発生したのである（図6－2）。

エクソン・バルデス号からの油流出量の推定値は、流出が止まった時点での油槽内の残油量と、ターミナルで積載したときの油量との差から推定したものである。しかし、岩に座礁したときに船内に流入

図6-2　エクソン・バルデス号の油流出事故
アラスカ州のプリンス・ウィリアム湾のスミス島では、エクソン・バルデス号の事故で流出した油を回収するため海軍の上陸用舟艇が使われた。浜の構成物が非常に大きな粒径の堆積物だったので巨礫や大礫の中に油が深く浸透し、生態系に甚大な被害がもたらされ歴史上最もダメージの大きい油流出事故となった（写真：合衆国海軍省）

した正確な海水量は誰も把握していない。

油流出事故はその後も続いている。一九九三年、二隻のタグボートに牽引された台船がフロリダ州のタンパ湾の入り口に衝突し、三六万ガロン〔一四〇〇立方メートル〕の燃油用の重油、ガソリン、ディーゼル油、ジェット燃料が流出した。大規模な油除去活動が行われたにもかかわらず、長期にわたる生態系への影響が地元の浜、湿地、マングローブに及んだ。清掃と回復活動が終わったとき住民はみなほっと一息ついたが、安心できたのもつかのまだった。二〇〇〇年、陸軍工兵隊がブラインド・パス・インレットで浚渫を行っていたところ、流出が突如復活した。浚渫工事により、インレットの海底に沈んでいた油がかきまぜられ、再び動き出し、漂流を始めたのである。

図6-3　2005年のハリケーン・カトリーナによって漂流した海底油田の採掘施設が、アラバマ州のドーフィン島の沖で座礁
ハリケーン・カトリーナによって少なくとも44カ所で多少なりとも油流出事故が発生し、それらの油の一部はメキシコ湾岸の浜に流れ着いた（写真：アンディー・コバーン〈ウエスタン・カロライナ大学の開発された海岸線研究プログラム〉）

◉嵐

洪水、津波、嵐も油流出の原因となる。パイプライン、製油所、貯蔵設備、そしてガソリンスタンドさえ、浸水すると油を流出する。二つの大きな嵐が油流出の原因となり、米国の海岸に影響を与えた。二〇〇五年のハリケーン・カトリーナでは一〇件、二〇一二年のスーパーストーム・サンディでは三件の重大な油流出が起こった（図6－3）。

◉海底からの滲出

海底からの油滲出は世界各地で見られ、海底の亀裂、断層、あるいは裂罅（れっか）〔岩石や岩盤の割れ目のうち、面と垂直方向に裂けたもの。平面的なものを亀裂（crack）という〕を通して油が海中に流れ出す。沖合での石油探索の初期の頃には、滲出しそうな場所を直接掘削することがしばしばあった。自然界では、多様な微生物が油を分解し、別の化合物に変化させている。一般的に、自然の油滲出が見られる場所に生育する微生物は、その油の多くを分解するのにちょうどよい量が存在する。それに対して、油田からの暴噴の後では、周辺にいた少数種の微生物は圧倒されて、分解が追いつかず、その結果、油はより遠くまで広がってしまう。

世界最大規模の自然の油滲出は、サンタ・バーバラ沖の米国水域内で発生し、毎日一万ガロン〔三八立方メートル〕の油が流出し続けた。油の滲出はメキシコ湾でも見られる。ディープウォーター・ホライズンから噴出している間、メキシコ湾では自然の滲出により二五〇万〜六三〇万ガロン〔九五〇〇〜二万三八〇〇立方メートル〕の油が流出したが、その多くは微生物によって分解された。

◉沈船に残る油

世界中の海底には多くの沈船があるが、そのうちの何千は戦争によって沈められたものである。それらの油槽に残る油は長期にわたる危険を抱えている。米国と英国では沈船からの油回収プログラムが実施されているが、財政的な支援は不確かなものだ。しかし、沈没してから長い時間が経った後に、沈船からの油回収が成功した例も多くある。例えば以下の通りである。

- 一九五三年にサンフランシスコ沖で沈没した蒸気船ジェイコブ・ルッケンバック号から二〇〇三年に行われた油回収。
- 一九六五年にワシントン州のオーシャン・ショアーズ沖で座礁した蒸気船カタータ号から二〇〇六年に行われた油回収。
- 一九七一年にテキサス州のサビーン・パスで沈没したリバティ船〔第二次世界大戦中に米国で大量に生

産された規格型輸送船〕から二〇〇九年に行われた油回収。

- 一九四一年にカリフォルニア州のサンルイスオビスポ沖で沈没した蒸気船モンテベロ号は、三〇〇万ガロン〔一万一〇〇〇立方メートル〕の油とガスを積んでいたが、二〇一一年の調査では、油が残っていないことがわかった。

米国では、米国海洋大気庁（NOAA）の「海中遺産への環境影響回復プロジェクト（RULET）」が、沈船が油汚染源だと想定される場所を特定している。沈船の位置を知ることは計画にとって大きな助けとなり、また、目撃はされても発生源が不明の、謎の油流出に関する調査にも役立つだろう。

●暴噴

暴噴は、通常、技術的な不備、あるいは想定外に高いガスや油の圧力（地質学的な検討の不備）によって発生する。一九七九年九月、メキシコ湾のメキシコ水域のイストクI油田で発生した暴噴では、火災が引き起こされた。油田を満たしている重い泥によって油の圧力が抑えられていると思われていたのだが、その防止具としての役割は破綻した。さらに、そのような緊急時に暴噴防止装置が切られており、海底付近の掘削パイプが閉鎖されていたのではないかと疑われている。この事故により、一億三九〇〇万ガロン〔五二万六〇〇〇立方メートル〕の油が流れ出し、そのうち九二〇万ガロン〔三万五〇〇〇立方メートル〕がメキシコの海岸に流れ着き、一二〇万ガロン〔四五〇〇立方メートル〕が南部テキサス州の浜を汚染した。

BP（旧ブリティッシュ・ペトロリウム）社のディープウォーター・ホライズンの暴噴は、暴噴による油流出事故としては史上最大（およそ二億一〇〇〇万ガロン〔七九万五〇〇〇立方メートル〕）で、油流出事故としても史上二番目の規模だった。この事故には三つの企業が責任を負っている。BP社、ハリバートン社（掘削管理会社）、トランスオーシャン社（掘削工事会社）だ。数多くのミスや手抜きが証拠としてあげられたが、多くが経費削減に関するものだった。この三社すべてが、八七日もの油流出の間、非常に多くの間違った情報を出し続けていた。加えて、不注意な政府の調整官や調査官も責任の一端を負っている。

●油と戦争

第二次世界大戦中、世界中の海で、戦闘によって沈められた船とともに莫大な量の油が流出した。第二次世界大戦への米国の参戦当初、米国東岸沿いに航行する輸送船はたちまちドイツ軍の潜水艦の攻撃を受けた。それは海軍にとっては悲劇で、あたかもミニ真珠湾攻撃の東岸版と言えるものであった。油を満載した一八隻のタンカーがノースカロライナ州沖で沈められた。それらのタンカーは、北に流れるメキシコ湾流とハッテラス岬先端の浅瀬を避けるため、潜水艦攻撃を受けやすいかなり狭い航路を南下していたのである。ノースカロライナ州の浜は何マイルにもわたって黒く染まったと言われたが、現在ではその名残りは見られない。

第一次湾岸戦争時の一九九一年一月二三日、イラク占領軍はクウェートの石油ターミナルから大量の油を放出させた。同時に、少量ではあるが攻撃を受けたタンカー、石油ターミナル、イラクの製油所からも放出された。合計四億ガロン〔一五一万立方メートル〕（五億二〇〇〇万ガロン〔一九七万立方メートル〕という推定もある）にものぼるとされる放出の目的は、米軍の海からの進攻を包囲し、阻止することにあった（多くの油流出において、流出量の推定値は推定者の帰属によって大きく変動する）。

油流出のような政治的にホットな話題に関して客観的であると評判が高いコンサルタント会社リサーチ・プランニング社のマイルス・ヘイズとジャクリーン・ミシェルによれば（N・F・ターフィックとD・A・オルセンの記事で報告）、一九九三年までに、イラクの攻撃により流出した油の四〇パーセントが蒸発し、一〇パーセントが分解し、五〇〇〇万ガロン〔一八万九〇〇〇立方メートル〕が回収され、八四〇〇万〜一億二六〇〇万ガロン〔三一万八〇〇〇〜四七万七〇〇〇立方メートル〕が浜に打ち上げられた。二〇〇二年時点で、八〇〇万立方メートルの油まじりの堆積物が残っている。四五パーセントが遮蔽的な泥質干潟に、二三パーセントが塩性湿地に、一八・五パーセントが砂質干潟に、一一パーセントが砂浜に、残りが人工構造物も含むさまざまな小規模の生息地に。浜に打ち上げられた油は、放出された全量の約一〇パーセントだった。

放出から二一年後、浜の上部でアスファルト状に固化したものをのぞき、油の大部分は砂質の潮間帯からは消え去った（おもに波による）。しかし、湿地、泥干潟、波の影響が少ない遮蔽的な浜は、湾岸戦争時の油によって重大な影響を受けたままである。

浜のタールボール

海に流出した油の一部は、最終的にはタールボールとなって浜に漂着する。真夏の熱い日差しを受けて柔らかくなったタールボールを踏みつけたことがない海水浴客やサーファーはいないだろう。もしたんねんに探せば、タールボールはどの浜でも見られるだろうが、浜によっては目隠しでもしないかぎり歩こうとは思わないほど、タールボールが密集しているところもある。

タールボールは、自然と人、双方の活動によって発生する。ヨーロッパ人の入植あるいは石油開発が行われるはるか前、テキサス州の先住民カランカワは、浜で拾ってきた自然のタールボールをかごに塗りつけ、防水加工していた。それらのタールボールは、隣接する大陸棚から自然に滲出した油に由来するものであるが、今日見られる大半のタールボールは油流出事故に端を発するものである。流出した原油は、最初は油膜として海面に広がるが、波や風の作用を受けてしだいに細かく分解していく。そして、油の軽い成分は蒸発し、重いタール分だけが残る。浜に打ち上げられたタールボールは、微生物の作用を受けて分解していく。

多くのタールボールは小さく、コイン程度の大きさだが、なかには大きくなるものもある。二〇一三年八月には、テキサス州のサーフサイド・ビーチに、直径一メートル、重さ約四五〇キログラムのタールボールが打ち上げられた（図6－4）。

時には浜が閉鎖されたり、清掃を必要とするほどの量のタールボールが打ち上げられることがある。大量のタールボールは、大規模な油流出が起こったとき、風や波に見られる季節の変わり目、ハリケーンの後などに漂着する。ルイジアナ州では、二〇一二年のハリケーン・アイザックと、二〇一〇年四月のディープウォーター・ホライズン事故によって海底にたまっていたと思われる、何トンものタールボールが打ち上げられた。

海岸を訪れる人にとっては不快なものというだけであるが、タールボールには毒性があることが報じられている。微生物学者のコーヴァ・アリアスは、ディープウォーター・ホライズン事故後に打ち上げられたタールボールの中に、予想より一〇倍も多いビブリオ・バルニフィカス（海産物由来の病気の主要原因）を発見した。彼女は、海岸を訪れる人たちにタールボールの取り扱いについて警告した。原油に含まれる炭化水素によって、発疹ができたり、アレルギー反応を起こすとした研究もある。

世界各地の浜で頻繁にタールボールが打ち上げられる現象の裏には、油の不法投棄があるにちがいない。敷物やタオルが汚れ、利用客も不愉快な思いをするので、ビーチフロント・リゾートにとっては悩みの種である。タールを取りのぞく溶液を満たしたたらいを用意し、足についたタールを洗い流せるよ

図6-4　油流出事故で浜に漂着したタールボール
フロリダ州のメキシコ湾岸に位置するオカルーサ島のフォート・ウォルトン・ビーチには、BP社ディープウォーター・ホライズンの油流出事故により、多量のタールボールが漂着した。
ほとんどのタールボールの大きさは中礫程度だったが、写真のタールボールは滅多にない大きさである。
この写真は、油井に新しいキャップが取りつけられる1カ月前の2010年6月16日に撮影された
（写真：ドリュー・ブキャナン
commons.wikimedia.org/wiki/File:16POilSpill.jpg）

うにしているリゾートや公共海水浴場もある。ＭＡＲＰＯＬ条約により船舶起源のタールボールが浜へ流れ着く量はたしかに減ったが、タールボールの量と沿岸域を航行する船舶密度との間には相関関係がある。メキシコ湾岸の浜と同じく、地中海に面したヨーロッパや北アフリカの浜では、タールボールがとくに広範にわたって見られる。

油に対する浜の脆弱性

生物学者のマイルス・ヘイズと共同研究者らによれば、浜に打ち上げられた油による影響は非常に広範にわたるという。最も影響を受けにくいのは垂直の岩崖で縁どられた海岸である。反対に、最も影響を受けやすいのが塩性湿地やマングローブ湿地である。西アフリカのニジェール川のデルタの縁に沿って生育するマングローブは小規模な油流出にさらされ続けてきたので、料理用の薪にしたとき爆発したことがあった。

油に対する浜の脆弱性は、崖と湿地の中間程度である。砂の中への油の浸透程度は、粒径をはじめとするいくつかの要因によって左右され、一般的には、粒子が大きいほど多く浸透する。プリンス・ウィリアム湾の浜のように、巨礫の浜では一メートル以上も浸透することがある。過去に氷河に覆われていた高緯度地域の浜は一般的に礫質で、そのためとくに油流出の影響を受けやすい。同様のことが、サンゴ礁が分布する暖海域(だんかい)の浜にもあてはまる。それらの浜は、油が深部まで浸透しやすいサンゴの粗片から構成されている。

細砂（粒子が肉眼でかろうじて確認できる）の浜での最大の浸透深は一・三センチメートル程度だが、粗砂（砂糖粒ほどの大きさ）では二五センチメートル程度に達する。浜を歩行中に時々出合う軟らかい砂である気泡砂〔多くの空隙をもち、空気が豊富に含まれた砂〕は、満ちてきた潮が砂の中に空気を押しこむことで形成され、浜の表面下に空所ができる。この空所があると、気泡が存在し得る深さ（一〇～五〇センチメートル）まで、比較的短時間で多くの油が浸透する。ゴーストクラブ（スナガニの仲間）やゴーストシュリンプ（スナモグリの仲間）がつくる深い巣穴があると、さらに深くまで浸透する。

気泡砂は潮差が大きい細砂の浜によく発達する。米国では、ジョージア州の浜は潮差が二～三メートルあり砂も細かいので気泡砂の層が厚い（約五〇センチメートル）。一方、ノースカロライナ州のハッテラス岬の浜は潮差が〇・九メートル以下で砂は粗い。その結果、気泡砂の層が薄い。要するに、ジョージア州の浜での油流出は、ハッテラス岬（砂が粗かったとしても）と比べると生態系により大きなダメージを与えるということである（気泡による空所が多いから）。

環境へ及ぼす影響の規模と程度、そして油回収の成功の可否は、流出した油の性質によっても異なる。最も軽い石油製品であるガソリンは、通常、数日で蒸発してしまうので清掃には及ばない。しかし、軽い油は水中や浜の生物相にダメージを与える有毒成分の割合が高い。それに対して、C重油*（流出油の一般的なもの）のような重い油は簡単には蒸発せず、非常にゆっくり風化する。C重油は浜の質や生物相に大きなダメージを与え、清掃も簡単にはいかない。カナダのアルバータ州で産出するタール状の油を多く含んだタールサンド（油砂）からの原油には別の問題がある。重いので、海底（あるいは湖底、川底）に沈んでしまうのだが、沈んだ大量の油の回収技術はまだ開発されていない。

「それで?」——油流出の何が問題なのか?

「それで?」という問いは、科学研究の結果を現実の社会に実装しようとするとき、必ず聞かれることである。外浜(そとはま)での油の流出の何が問題なのか?

推定一一〇〇万~三三〇〇万ガロン〔四万二〇〇〇~一二万五〇〇〇立方メートル〕(どの推定値を採用するかで異なるが)に達した一九八九年のエクソン・バルデス号事故は、史上最も破壊的な油流出であると同時に、史上最悪の人為的な環境破壊の一つでもある。この人為災害の規模の大きさは、第一に影響を受けた海岸のほとんどが岩石海岸で、油が大礫や巨礫の間に深く浸透したことによる。流出事故の後、砂浜も含む海岸線の多くで、これもまた生物学的には被害を及ぼす蒸気洗浄が行われた。油分散剤と溶剤が広範囲で使用され、油を燃やすという試みも一定の効果はあげた。一万一〇〇〇人以上の作業員が洗浄作業のために雇われ、手つかずの稀少な野生の自然はたちまちキャンプ場と化した。作業の過程で、これまで知られていなかった考古学的遺跡も発見され、作業員が遺物を漁った。エクソン社が支払った洗浄費用は二〇億ドル〔二二〇〇億円〕にものぼった。

総じてみれば、エクソン・バルデス号の油流出とその洗浄作業は、すべての海岸生態系を根本から破

*——重油のうち、船舶の大型エンジン、発電所や大型工場のボイラーなどに使われる。動粘度が高いため、エンジン内で噴霧する際、八〇℃以上まで加熱する必要がある。

図6-5　タイ、サメット島の観光用のアオ・プラオ・ビーチでの油の除去作業
2013年7月に、沖合の石油採掘施設の破損したパイプから流出した油が漂着した（写真：ローエングリット・コンマン／グリーンピース）

壊してしまった。生態系の大型の構成要員のうち、二〇万羽の海鳥、二五〇羽のハクトウワシ、二八〇〇頭のラッコ、三〇〇頭のアザラシ、少なくとも二二頭のシャチが殺された。油で汚染されたどの浜でも、鳥やウミガメの営巣が行われなくなり、漁業や遊漁による採貝も停止された。

大規模な油流出による人間社会への影響に関しては、予算をかけた大規模な洗浄が行われないで油が存在し続けるかぎり、浜は何年にもわたって閉鎖されてしまう（**図6－5**）。幸い、二〇一〇年のＢＰ社のディープウォーター・ホライズン事故では、漂着した油の大部分が除去されたため、多くの浜には再び観光客が訪れるようになった。

ニューハンプシャー大学の生物学者たちは、ディープウォーター・ホライズンの暴噴の数日後、油が浜に漂着するはるか前に、アラバマ州のドーフィン島とルイジアナ州のグランド・アイルでサンプリングを行った。四カ月後に再びサンプリングを行い大きな変化を発見した。漂着前のサンプルには、細菌、線虫、カイアシ類、原生生物を含む多様な微生物（浜の食物連鎖の根幹）が含まれていた。しかし、漂着から二年後の二〇一二年のサンプルは、表面的には油流出と洗浄の影響の痕跡が見られなかったにもかかわらず、菌類が優占していた。見かけ上は、油漂着の痕跡が浜とその地域から消えた後でも、あきらかに生物学的な影響は残り続けているのだ。

どのように油を浜から遠ざけるか

浜に漂着する油の多くは、インレット、航路、港湾施設への接近路などでの、比較的少量の油流出に由来する。理想的には、大小を問わず港湾は、バケツ程度の少量のものから何トンにも及ぶものまで、油流出に迅速に対応できる体制を整えるべきである。また、入港した船舶から、低価格で廃油を受け取ることができる設備を整えるべきである。船舶が注油を受けるその地点だけに油の拡散をとどめる事前拡散防止策が重要で、ワシントン州などいくつかの州では船舶にそれが求められている。残念ながら、これは連邦制度ではないため強制力が弱い。さらに、石油の海運会社は、入出港時あるいは狭水路の航行時には、タンカーに常にタグボートをともなわせるべきである。また、迅速な対応のためには、港湾に油流出の初期段階での対処設備を備える必要がある。

しかし、タンカーの座礁や油田での操業ミスなど事故は常につきものであり、石油消費や沖合での石油生産が増加するにつれ、今後も事故は増え続けるだろう。また、政府による規制や法の執行も問題を残したままである。例えば、ゴアの浜のタールボール問題は、国際法の厳格な執行のみによって解決される。第二次世界大戦時ほどではないにしても、浜の油はこれからも問題であり続け、浜の品質条件の一つとして存在し続けるだろう。

第7章　わだちにはまる——浜でのドライブ

マハッピランガード・ビーチ（インド）、クアカタ（バングラデシュ）、ビャクパイ・ビーチ（ナイジェリア）、シデングエル（モザンビーク）、ネコチュア（アルゼンチン）、千里浜（日本）、ドール・ビーチ（イスラエル）、ポーツチュワート・ストランド（北アイルランド）、レム島のビーチ（デンマーク）（図7−1）、ロング・ビーチ（ニュージャージー州）、ロング・ビーチ（ワシントン州）では、何が行われているだろうか？

答えは、そこではすべて車での走行が認められていることである。

いや、ちょっと正確ではない。イスラエルとモザンビークでは違法なのだが放置されている。ポーツチュワート・ストランドでは、よく晴れた夏の日の午後には三〇〇〇台もの車が走行している。英国のサウスポートやバージニア州のアサティーグ島では浜の一部が駐車場として指定され、観光客用に数百台のスペースが確保されている。他の多くの浜でも、走行が厳しく禁止されている国立公園でさえ、浜のパトロールのような公務の場合の車両の走行は認められている。

樹木に覆われたり岩がごつごつしたりする海岸では、有史以前から、人々は浜を便利な道として利用してきた。輸送の様式が変わった現在でも、浜を道路として利用している場所がある。自動車が登場す

図7-1　デンマークのレム島の浜で行われているたこあげ大会
車が浜に乗り入れている（写真：アンドリュー・クーパー）

る前は、輸送手段は馬であり、馬の前は徒歩だった。一八二七年、一五歳の少年ジョン・ロスは、生まれたばかりの英国植民地のための医療用品を求めて、南アフリカのポート・ナタール（現ダーバン）からモザンビークのデラゴア湾（現マプト湾）まで六〇〇キロメートルを踏破した。大部分は浜に沿って歩いたのだが、それは、比較的安全なだけでなく、いくつか川があることをのぞけば、障害物が少ないルートだったからだ。

自然の高速道路や脇道として使われていた、長く平坦な浜の道のいくつかは、当然のことながら、その後レクリエーション活動に使われた。一九世紀半ばまでには、浜における競馬が人気の高い娯楽となった。一八四五年にスペインではサンルーカル・デ・バルメダ・ビーチで、アイルランドのレイタウンでは一八七六年に浜競馬が始まった。やがて自動車レースが行われるようになり、フロリダ州のデイトナ・ビーチでは、一九〇三年に馬なし車両すなわち自動車による初のスピード記録が樹立されてからそう時間が経たないうちに、自動車レースが盛んになった。

ウェールズのペンディン・サンズの延長一一キロメートルの浜は、一九二四年の重大な出来事の現場である。マルコム・キャンベル卿が三五〇馬力のサンビームV12号を駆って、この浜で時速二三五・二二キロメートルの驚異的なスピード記録を打ち立てたのだ。まぎれもなく、初期の頃の陸上スピード記録への挑戦場所として浜は最適な場所であり、キャンベル自身も一九三五年までに記録を八回塗り替えた——そのうち三回はペンディン・サンズ、五回はデイトナ・ビーチでだった。ライバルのスピードスターであるJ・G・パリー＝トーマスは、自身が製作した「バブス」の愛称で呼ばれる車を使って、一九二六年四月二七日、時速二七二・四六キロメートルの新記録を樹立した。この記録は、後日時速二七五・二二キロメートルを達成したことで、彼自身によって破られた。

キャンベルとの競争は熾烈をきわめ、新たなスピード記録に挑んだ一九二七年三月、パリー＝トーマスは事故で死亡した。事故車両は彼のクルーがペンディン・サンズの砂の中に埋め、一九六九年に発掘されるまでそのままだった。現在では、陸上スピード記録は砂漠地帯のソルトパン（塩湖が干上ってできた広大な平坦地）で行われることが普通になったが、ペンディン・サンズはスピード・マニアにとってはいまだに聖地である。二〇〇〇年六月、キャンベルの孫のドン・ウェールズは、電気自動車による英国陸上スピード記録を樹立した（時速二二〇・四八キロメートル）。この偉業を称えて、ペンディンの村に「スピード博物館」が開設された。

しかし、いずれにせよ浜での走行は、他の海岸利用者にとっては問題となる。浜の歩行者とスピードカーが両立しないことは、重大事故の危険性を指摘した英国王立災害防止協会の報告書が発表された後、二〇〇四年から二〇一〇年の間、ペンディン・サンズでの走行が禁止されたことに表れている。ＢＢＣの報告によれば、禁止後も浜を駆けまわっていた三〇台以上もの車によって海岸を訪れる人たちが脅かされた。しかし、このリゾート地への来訪者が減ったことにより、二〇一〇年には、週末と国民の祝日に、十分に管理された駐車場が浜に開設されるようになった。

ペンディン・サンズでは、自動車によるスピード記録が打ち立てられただけではない。一九三三年、エイミー・ジョンソンとジェームス・モリソンは、ニューヨークに向けて無着陸飛行を試みようと、この浜から飛び立った。彼らは大西洋を横断したが、風に流されコースをはずれたため、コネチカット州のブリッジポートに着陸した。

軽飛行機の離着陸のために浜が使われることは現在でもあるが、最も有名なのは、一九二七年のチャールズ・リンドバーグだろう。着陸予定地にしていたポートランドの地方空港が霧のため、スピリット・オブ・セントルイス号はメイン州のオールド・オーチャード・ビーチに着陸した。現在でも、スコットランドのバラ島では、広い砂浜が定期便の公式滑走路となっており、飛行機の機体も浜に着陸できるように調整がされている。仮設滑走路がつくられた当初、地元の貝掘り漁業者との間で、滑走路では貝掘りをしないという合意内容の契約も結ばれた。

しかし、航空機は浜では一般的ではなく、深刻な脅威とはならない。一方、自動車やトラックは世界中で問題となっており、浜での走行が急速に禁止あるいは制限されている。二〇〇一年、南アフリカの浜では、ほぼ全面的に浜での走行が禁止され、その結果、生態系への良好な影響がすぐに出始めた。動植物相が回復し、鳥の種数や個体数が目に見えて増加した。なかでも興味深いのは、ヒョウの回復である。車両走行が頻繁に行われるようになる前は、本来の生息地に戻るときに浜に沿って時々出現していたのである。その後、浜での走行が禁止され、現在では再びいくつかの浜で見かけるようになった。野生愛好家にとってはうれしい話である。

その法案を廃止あるいは変更しようという政治的な圧力はあったものの、南アフリカでは走行から非走行への移行は、総じて穏やかに進んだ。実際、多様なイベント、例えば、釣り大会、進水式などに合わせて、浜での走行許可が出されている。また、身体障害者は、他に方法がない場合、浜での走行が許可される。

それに対して、ノースカロライナ州のアウター・バンクスでは、浜での非走行化はそれほど順調には進まなかった。国立公園局が、ウミガメの他、フエチドリをはじめとする浜で営巣する鳥類を守るため、何カ所かで浜の走行を禁止したことに対して、住民たちが猛烈に反対した。浜の走行に関するいさかいの醜さは、ハッテラス岬付近のハイウェイ一二号線沿いの立て看板に見ることができた。「オーデュボン協会――米国のテロリスト！」〔オーデュボン協会は、野鳥保護をはじめとする自然・環境保護団体〕。ハッテラス岬のバクストンに住む同協会の代表者の自宅の車庫前の道には釘がばら撒かれたうえに、自宅を模したお尋ね者ポスターが植木に貼りつけられた。まったくひどいことであり、浜における長年にわたる根深い慣習を変えることの難しさを物語っている。

多くの人々は、浜での走行は神が与えた権利だと考えており、その特権が脅かされれば猛烈に憤慨する。世界の一部では、浜が主要道路として使われてきており、発展途上国やオーストラリア、ニュージーランドの遠隔地では現在でもそうである。米国では、ニューヨーク州のファイアー・アイランドの住民は、ロング・アイランドへ通じる街道として浜を使っている。しかし、浜走行の大部分はレクリエーションが目的である。

浜での走行は非常に興奮に満ちた体験であることは疑いない。しかし、浜を横ぎる水路、砂州、残された砂の城などに出くわせば、走行はとても不安定で、砂が軟らかければイライラするだろうし、時には危険だ。数知れぬ車が、軟らかい砂にはまって抜け出せなくなり、やがて満潮が訪れ水没した。二〇〇キロメートルにわたる南アフリカのクワズール・ナタール州北部の浜は、国による浜走行禁止令が出されるまでは、まぎれもない四駆車の墓場だった。アウター・バンクスのオレゴン・インレットの北岸では、幾度かの潮の干満の後、砂から飛び出したアンテナが目印となり、砂に埋まった一台の車の存在があきらかになった。

浜走行の影響

車両による浜の走行はけっして穏やかな気晴らしではない。浜にさまざまな影響を与えるが、即座に表れないものもある。それらのいくつかはドライバーと海岸を訪れる人の間に生じるが、他は浜そのものや浜に生息する生物に関わるものだ。主要な影響を次に述べる。

●浜の美観

浜を訪れた人たちにとって最も不快なのは、視界いっぱいに広がる、等間隔で刻まれたわだちだろう。浜が、海と陸の狭間に横たわる一片の貴重な自然だと考える人にとっては、当惑すべき経験となる。トーマス・シュラッカーと共同研究者たちは、オーストラリアのノース・ストラドブローク島のフリンダ

図7-2　浜の動物や高齢者の障害となる軟らかい砂に刻まれたわだち
ノースカロライナ州のボーグ・バンクスのこの写真に見られるように、軟らかい砂に刻まれたわだちは、浜の動物や、水辺に向かおうとする高齢者にとってはとくに危険である（写真：ダイアン・ニースとグレッグ・ニース）

ーズ・ビーチとメイン・ビーチに関する二〇〇八年の論文で、両海岸とも面積の五四〜六一パーセント（最大で九〇パーセント）がわだちで覆われていたと報告している。南アフリカのダーバン北部の人気の高いウムランガ・ロックスでは、毎朝八時一五分に、ライフガードの四駆車が浜を横切っている。午後には市の車両がごみ回収を行い、定期的に警察の車両も浜を巡回している。浜での走行が全面的に禁止されているにもかかわらず、その浜でわだちを見ないことはない（公共車両は免除されている）。

◉浜の利用を制限する

温帯域の浜では、浜への来訪者のために車がさまざまな目的で用いられている。車に観光客を乗せて、ピクニック、日光浴、海水浴道具の貸し出し場の適地に運んでいる。また、車は風雨からのシェルターにもなる。しかし、これらすべての利益にはツケも生じる。車両は他の利用者に危険を及ぼす。車の間を走りまわる子どもがはねられる危険があるし、適切な道路標識がない状態では車どうしがぶつかる危険もある。

夏季をのぞき、自由な走行が認められているノースカロライナ州のエメラルド・アイルでは、深さ〇・三メートルにも達するわだちが刻まれていて、浜へ行くことができないと、高齢者が不満を述べている（**図7-2**）。さらに、デイトナ・ビーチのように頻繁に走行が行われている浜では、ドライバー以外の利用者による、日光浴やその他の活動範囲が極端に狭められている。浜の利用者の安全確保は、車両走行の許可を出す管理者が最も考慮すべきことである。ある解説者はインターネットで、「デイトナ・ビーチでは、浜に向かう道路を横断するときより、浜ではねられるかもしれない」と述べている。

●生態系へのダメージ

浜は、砂粒間のミクロな世界のメイオファウナから、さまざまなカニ、貝、魚、鳥、さらに、それらを食べるために沖合を泳ぎまわるホホジロザメまでを含む複雑な生態系である。一九四二年のA・S・ピアースによる古典的な研究が示すように、浜は豊かな動物相を支える巨大な餌料源である。先にも紹介したトーマス・シュラッカーと共同研究者たちによるオーストラリアのノース・ストラドブローク島の研究は、動物の生息地となり得る砂の六〜一〇パーセントが、浜の走行によって毎日破壊されていることを示している。その研究はさらに、メイン・ビーチでは一日の走行で三万八〇〇〇立方メートル、フリンダーズ・ビーチでは一万二五七〇立方メートルの砂が破壊されているとした。

満潮時のとくに大潮のときには、オフロード車が浜の上部に集中し、鳥やウミガメの営巣場所やその他の生物の生息地を避けて通れるほどのスペースがない。海藻が堆積した波打ち際の上を通れば、海藻に付着した、海藻を隠れ家とする多くの動植物にも非常に大きなダメージを与える。

ワシントン州のロング・ビーチ半島では、シーズン中のマテガイ採取が浜の主要な活動となっており、マテガイ資源の保護が、浜走行の管理の中心的な課題である。ブラジルでは、カタクチイワシやニシンの仲間が、車両での走行が可能な浜で産卵している。米国東岸のデルマーバ半島では、コバンアジやトウゴロウイワシの仲間が浜に依存して暮らしている。南カリフォルニアでは、体長一〇～一五センチメートルほどのトウゴロウイワシ科の小型の食用魚グルニオンが生息し、フランク・ザッパの「グルニオン・ラン」やサンドラ・ローの「ナイト・オブ・ザ・グルニオン」の中でも歌われている。グルニオンの産卵は浜で行われ、最高高潮時に波打ち際に集まり、砂の中に卵を産みつける。浜の走行と海浜清掃の両方ともがグルニオンの卵を破壊するので、産みつけられてから卵が孵化するまでの二週間は規制が必要だ。

車両の走行による浜の生態系への最も生々しい影響は、深く刻まれたわだちによって移動が妨げられる生物に表れる。ゴーストクラブ（スナガニの仲間）や、とくに子ガメはわだちにはまって抜けられなくなり、浅くなった場所を探してわだちに沿って移動するか、さもなければその中で死んでしまう。別の研究によれば、一五センチメートル程度のわだちでも、ほぼすべての子ガメがとらわれてしまう。研究はスナガニへの影響を論じており、夕暮れ時に巣穴から出てきたときが最も影響を受けやすく、走行する車両によって大量のスナガニがつぶされてしまう。実際、シュラッカーと共同研究者たちは、一日に一〇台の車両の走行で、スナガニ個体群の七・五パーセントが殺されていると試算している。

●加速する侵食速度？

車両による浜の走行は、潜在的に自然の浜の形状を変化させる。堆積物特性（例えば、粒径、有機物、含水量）の変化、砂の圧密、表層の砂の移動などにより、堆積物に影響が及ぶ。さらに研究が必要ではあるが、表層の砂が緩んだり、わだちが刻まれて砂の表面が不規則になったりすることで、砂粒子が風や遡上波（そじょうは）によって容易に舞い上がるので動きやすくなる。また、わだちは堆積物を捕捉するため、浜から砂丘への砂の輸送が妨げられる。さらに、とくに前砂丘（一次砂丘）では、植物やその根が破壊されることで、砂の安定化機能が損なわれてしまう。ニューヨーク州のファイアー・アイランドで行われた研究は、四駆車の走行による前砂丘の植生のあきらかな減少を示しており、これは暴浪時の侵食速度を速めることにつながる。

●自動車事故

浜での交通死傷事故の事例もたくさんある。なかでもオーストラリアのフレーザー島の外海に面した浜での記録は、デイトナ・ビーチとともに世界最悪である。二〇〇三〜二〇〇九年に四〇件の重大事故が起こり、一〇〇人以上が負傷し何人かが死亡した。浜を走行中に転覆し、同乗者を死亡させた日本人ドライバーは、運転前に浜での走行に関する安全講習ビデオを見ていたが、英語だったために理解できなかったと説明した。

◉歩行者の死亡

日光浴をしていた人が轢かれる事故も世界では多く発生している。コロンビアのアンティオキアでは、酔っ払った二人の政府要人警護官が無謀運転をして三人の日光浴客を轢いたが、奇跡的に全員助かった。フロリダ州のジャクソンビル・ビーチでは、警察のスポーツ用多目的車（ＳＵＶ）が日光浴をしていた女性客を轢き、重傷を負わせた。二〇一〇年、二人の四歳児がデイトナ・ビーチで、別々の事故で轢き殺された。二〇一二年、デイトナ・ビーチの市の委員会が浜での夜間走行を禁止したが、関心をもった市民たちは浜でのすべての走行の禁止を求めるようになった。浜の走行と日光浴はあきらかに両立しない。

さまざまな浜走行の規制

南アフリカのような全面禁止以外にも、浜走行を規制するやり方には多くがある。政府がとったさまざまなレベルの方法を以下にあげよう。当然のことながら、これらが成功するか否かは強制力の程度に大きく左右される。

- 高額の許可書やパスの購入（ニュージャージー州）
- 速度制限（デイトナ・ビーチ）
- 特定の走行経路の設定（オレゴン州）

・浜走行ゾーンの設定（世界中の大部分の浜）
・砂丘での走行の禁止（世界中の大部分の浜）
・ウミガメや鳥を保護するための季節的な走行の規制（ノースカロライナ州のボーグ・バンクスのエメラルド・アイル）
・歩行者の利用状況に応じた季節的な走行の規制（ノースカロライナ州のボーグ・バンクス）
・走行可能車両タイプの規制（オーストラリア）
・全面的な禁止（南アフリカ、イスラエル）
・浜へ入場する車両への課金（北アイルランドのポーツチュワート・ストランド）

●カリフォルニア州

一般人による浜の走行はほぼすべて認められていない。しかし、警察の巡回、ライフガード車両、海岸保全や海岸清掃車両など、公共目的の車両の走行はいまだに多く行われている。おそらく、世界中の海岸観光都市で、多くの公共車両が浜を通行せずに、町の生計が維持できるところはないだろう。カリフォルニア州では浜走行禁止令が出されたため、高台に多数の駐車場が必要となった。

●ジョージア州

ジョージア州のバリア島は、州の南端に位置する国立海岸のカンバーランド島をのぞき、すべて走行禁止である。その浜は州で最大規模のウミガメ営巣地になっており、一般人はそこを走行できない。しかし、皮肉なことに、国立公園の設立時の合意にもとづき、おもに公園の範囲内に住む土地所有者の家族や友人を対象に、国立公園は三五〇件の走行許可を出している。

◉デラウェア州

デラウェア州は変わった規則を設けている。漁業者だけが車両での走行を許可されている。だが、各車両は漁具を積載していなければならず、しかも漁業活動時しか許可されない。

◉ノースカロライナ州

ノースカロライナ州では約五六〇キロメートルの海岸線のほとんどすべてにわたり、浜を走行する長い歴史がある。そのため、連邦政府がアウター・バンクスの南側半分、コア・バンクスとシャックルフォード・バンクスをルックアウト岬国立海浜公園に設定しようとしたとき、有力上院議員の支援を受けたドライバーたちによって阻止された。

その当時、定住者がいなかった長さ三四キロメートルのコア・バンクスのバリア島は、代々の漁業者によって捨てられた車と、車に積みこまれたビールの空き缶や酒の空き瓶が散らばる、事実上の墓場と化していた。ごみを詰めた車を浜に運びこみ、動かなくなるまで運転し、動かなくなる瞬間を迎えた時点でその場に放置するという習慣によるものである。キャンプ場として使われている場所に放置されていたスクールバスには、車内の前から後ろまで、そして屋根の上にもビールの空き缶がぎっしり詰めこまれていた。

最終的に、ノースカロライナ州選出の上院議員ジェシー・ヘルムスによって折衷案が提出され、公園計画の推進を認める代わりに、八〇〇台の車が島内にとどまることが認められた。ただし、すべての車両に毎年の検査が命じられたという点で、国立公園局は部分的な勝利を収めたといえよう。このことは、毎年八〇〇台の車それぞれが検査のため本土に渡らなければならないことを意味している。国立公園局が管理を受け持つことになった後、放置されたすべての車が一カ所に集められ、一時的に山積みになった二〇〇〇台の放置車両が、本土の廃品回収業者に渡されるために台船を待っていた。

ルックアウト岬国立海浜公園の二つ目の島シャックルフォード・バンクスは浜走行の伝統はなかったが、残念なことに国立公園局が島全域の浜で毎日巡回を始めた。浜の状態を監視するためだが、はたして自然状態の浜で毎日のチェックが必要だろうか？　公園ができた当初は徒歩による巡回が行われていたので、浜に打ち上がった多数の貝殻が公共車両でつぶされることはなかったが、もはやそうではなくなった。

◉テキサス州

テキサス州には長い間、開放海岸条例があり、パドレ島国立海岸やガルベストン島西部の一部をのぞき、ほとんどの浜で車両による走行が認められてきた（図7-3・図7-4）。ガルベストン島西部のほぼ全域では海岸線後退が生じており、海面上昇にともない、将来的には後退速度は加速するだろう。そうなれば浜での走行も過去のものとなる。

浜での走行のあり方を変えたある裁判がテキサスで関心を呼び、一部のドライバーに怒りをもたらした。それは、暴浪時の海岸線の後退により、所有する複数の住宅が浜ぎりぎりに位置することになったある個人が起こした訴訟で始まった。州は、浜での走行を継続させるために住宅の撤去を命じ、代わりに撤去費用は負担するとした。しかし上級審は判決をくつがえし、住宅を残すことを認めた。裁判所は、

図 7-3　車の走行が許可されているテキサス州のパドレ島の浜
多数のわだちが刻まれている（写真：ケイティー・ピーク〈ウエスタン・カロライナ大学の開発された海岸線研究プログラム〉）

図 7-4　図 7-3 と同じパドレ島の走行許可地域の陸側の部分
走行が許可されていない場所では、浜の上部に植生が点在し、植生のまわりにはハンモック状の微小な砂丘が形成されている（写真：ケイティー・ピーク〈ウエスタン・カロライナ大学の開発された海岸線研究プログラム〉）

たとえ以前は浜の走行が制限されていなかったとしても、いったん海岸線が後退した以上はそれが新たな浜の状態であり、そこには車両は乗り入れられないとした。現在、車の走行は、新しい状態となった浜以外、ガルベストン島の西部では認められている。別の見方をすれば、州の法制度（他の州も同様だが）は、海面が上昇し続ける時代における海岸線の挙動に、もはや対応することができなくなっているのである。

余談だが、地元ドライバーの怒りの火に油を注いだ運命的な訴訟を起こしたキャロル・セブランスは、地元民ではなくカリフォルニア州の住民だった。

●オレゴン州

一九一三年、オレゴン州は、州全域の海岸線は公共の高速道路であると宣言した。最終的に、一六キロメートル（一〇マイル）ごとに、浜へアクセスできる三五の駐車場が整備された。一九六七年に浜法案が通り、州の住民による浜の利用に関する長い歴史の土台が築かれた。この法案はテキサス州の開放海岸条例に触発されたものである。オレゴン州の浜法案には、「公衆は、浜を自由かつ不断に利用できる（浜の走行も含め）」とある。

●オーストラリア

歩行者が多い浜での走行は一般的に制限されてはいるものの、オーストラリアは世界のどこよりも走行が認められている浜が多い国だろう。西オーストラリア州北西部のブルームのケーブル・ビーチは、車両の走行が認められている浜の好例だ。その浜には多数の岩の露頭が存在するため、ドライバーに注意を促す警告が必要になっている。

フレーザー島では警察がスピードの取り締まりを行っており、アルコール検知を実施することさえある。最高速度は驚くほど速く、砂地では時速八〇キロメートルだ。これでも数年前の時速一〇〇キロメートルから下げられたのだが。

フレーザー島のドライバー向けのパンフレットには、浜で運転するドライバーが遭遇しそうな以下の注意点が記されている。

- 航空機が着陸することがある。
- 砂丘からしみ出した淡水で削られた溝（ガリー）があり、それは位置を変えることがある。
- 潮が浜全域に満ちて、走行できなくなることがある。

◉アイルランド

アイルランドのロスナウラー・ビーチは、浜での走行を認めている地元の決定を打ち破ることがいかに困難かを物語る、興味ある事例である。浜での走行を規制し、ブルーフラッグ認証[*]を維持するために、地元のドニゴール州議会は、車両の進入を防ぐためのコンクリート製の大型の車止めを設置した。しかし、すぐに地元住民が反発し、重機を使ってそれらの障害物を撤去し、車で浜に入り走行することが妨

*――国際環境教育基金による砂浜の認証制度。二〇一九年八月時点で、日本では四カ所が認定を受けている。神奈川県鎌倉市由比ガ浜（二〇一六年）、福井県高浜町若狭和田海岸（二〇一六年）、千葉県山武市本須賀海岸（二〇一九年）、兵庫県神戸市須磨海岸（二〇一九年）。

げられたと抗議した。地元住民間での妥協案が見つかるあてがないなか、議会は浜の利用者に加え隣接地域の約七〇〇〇世帯に対して郵便による調査を実施した。その結果、浜への進入を制限する権限が与えられ、地元の反対に一部ながら打ち勝つことができた。車両の進入禁止区域が設けられる一方、浜の一部は地元住民が走行可能な場所として維持されることになったのだ。

どんな浜を望むのか

浜での走行はまさに、本書で取り上げる世界の浜が直面する多くの圧力の一つである。浜での走行には長い歴史があり、多くの場所では、好みの漁場や遊泳場所に徒歩で行くことが困難である。浜を活動対象にしているおそらく世界最大の環境団体であるサーフライダーファウンデーションでさえ、多くの場所では、海水浴、サーフィン、釣り、あるいは日がな一日を浜で過ごすには、仮に不可能でないにしても、車なしで浜へ近づくことは非常に困難であると主張している。おそらくそれは事実だろうが、限られた範囲の狭くて貴重な土地を車で走行することは、ダメージを与えるのもまた事実である。そのダメージは問題にするほどのことなのだろうか？　私たちは、車やそれにともなう騒音、汚染、危険から解放された、一片の土地ももつことができないのだろうか？

しかし、走行による環境への影響や浜の脆弱性を学ぶにつれ、そしてより多くの人々が浜を利用するようになるにつれ、浜での走行は地球規模で見直されるべきだということがあきらかになるだろう。ノースカロライナ州ローリーの地元紙ローリー・ニュース・アンド・オブザーバー紙のコラムニストで、アウター・バンクスにおける浜走行論争についての記事を寄せているスティーブ・フォードは、次のような意見を述べている。「多くの人々が自然をそばに感じていたいと思う。でも、それは、車が縦横に走りまわり、わだちが刻まれ、排気ガスをまき散らし、時にはエンジンからの油がしたたり落ちるような浜のことではない」

もちろんいろいろな浜がある。人で混雑するデイトナ・ビーチでの走行もその一つである。車を稀にしか見ないモロッコの浜もまたその一つである。浜への影響は、タイヤがわずかしか食いこまない硬い浜よりも、表層〇・三メートルの砂がかきまぜられてしまうような軟らかい浜の方が大きい。

特殊な例だが、稀にみる軟らかい砂の危険性が、二〇一四年、北アイルランドのダウンヒル・ストランドで見られた。硬く締まった砂の上に停めてあった車が、突然屋根まで砂の中に沈んでしまったのである。おそらく車の重みが加わったことで、下層に含まれていた水が上層に押し上げられ、砂全体がほぼ瞬時にクイックサンド化〔浸透水が上昇することで砂粒子間の支持力が急速に失われ、砂が浸透水の中に浮いたような状態になる現象〕して、車を呑みこんでしまったのだろう（図7-5）。幸いなことに人は乗っていなかった。

似たようなことがサウスカロライナ州のカイワー・アイランドの北端でも生じた。そこでも、あきらかに浜の硬い場所を走行していた自転車が、突如、ひざの深さくらいまで沈んでしまった。運転していた人は文字通り砂の中を泳いで脱出した。

これらは特殊な例だが、あきらかにすべての浜走行は浜にダメージを及ぼす。浜での走行を認めれば、走行を妨げる工学構造物が浜に設置されるのを抑制する（ひいては浜を守る）効果もあるので、浜を走行することの法的権利を守ることが大切だという議論もあるが、テキサス州の例が示すように、法的な

課題は、状況によってすぐ変わってしまう。

世界の人口の増加にともない、とくに沿岸部では、より多くの人々がレクリエーションを浜に求めるようになるだろう。少なくとも浜が存続するうちは。それらの人々のほとんどは歩行者であり、ドライバーではない。気に入った場所でくつろぐ人々に比べて、ドライバーの数は非常に少ないのである。海面上昇にともない、護岸前面の浜は狭くなり、やがて消失すれば、車両での走行そのものが不可能になる。

図7-5　硬い砂の上に停めていた車が突然砂に沈んでしまった

北アイルランドのダウンヒル・ストランドでの出来事。クイックサンドという現象によるものである（写真：レイチェル・ベイン）

私たちは人工的に開発したような浜を、未来の世代に残したいとは思わない。もし将来のために浜を保全するなら、手つかずの動植物相とともにであり、浜での走行を減らすべき日が訪れている。我々は、南アフリカで行われているような、浜の生態系を修復するために浜での走行を全面禁止にしている試みに、続くべきである——そして、少しの間でもヒョウを呼び戻そう。

第8章　内なる敵——浜の汚染

私の名前はケン・セイノ。サーフライダー・ビーチでサーフィンをしていたとき、マリブ水路から外海に流れ出た廃水に含まれていた、コクサッキーウイルスB群4型に接触しました。水路には多量の生下水（下水処理施設に来る前の未処理の下水）が排出されており、私がサーフィンをしていたとき、サーフライダー・ビーチの第三ポイント付近の海面には悪臭を放つ茶色の膜が広がっていました。が、それを避けることができずロにしてしまいました。すぐに口をゆすいで、できるだけ悪い物を吐き出し、シャワー室に着いてから、体やウェットスーツやサーフボードについた汚れを洗い流しました。しかし、翌日には三九℃の高熱が出て、丸々三週間症状が続き、ほとんどベッドから起き上がれませんでした。完全に回復したと思った一〇週間後、突如、心臓伝導系へのコクサッキーウイルスの感染によって、心臓が止まってしまいました（第二度房室ブロック）。同じようにサーフライダー・ビーチで泳いだりサーフィンをしたりしていた、私が知る別の四人も深刻な病状となり、そのうち二人は右心室への感染がダメージとなって死亡しました。私自身も、余命はそれほど長くはないと聞かされました。

図8-1　インドのムンバイの浜に流れこむ生下水
海水浴客にとってこれ以上ひどい光景はない（写真：アンドリュー・クーパー）

これは、サーファーのケン・セイノが、単独処理浄化槽の撤去を市に求めて、カリフォルニア州マリブ市の市議会に宛てた、二〇一〇年の手紙からの引用である。現在、彼は心臓にペースメーカーを装着している。

サーフゾーンの海水や砂の汚染は、浜の長い未来にとって大きな脅威である。より正確に言えば、人類が未来にわたって長く利用しようとする浜が、汚染の脅威にさらされているのである。毎年、世界中で、多くの浜が水質悪化のため一時的に閉鎖されている。今から二〇〜三〇年間のうちに大きさや強さが増すと予想される嵐、海面上昇、そして人口増加のすべてについて、より多くの詳しい研究を行い、新しい対処法を見出さなければ、浜の汚染はいっそうひどくなるだろう（**図8-1**）。

サメの攻撃に対する潜在的な脅威は、ほぼ

すべての浜の利用者が認識しており、どこか心の奥底で、海に足を踏み入れたら、サーフゾーンを越えた辺りに巨大な生物が餌を求めて待ちかまえているのではないかと不安を抱いている。実際にはサメに襲われることはきわめて稀なので、そのようなことが起これば世界的なニュースになる。しかし、浜における活動にともなって起こる病気は（いくつか深刻なものも含め）比較的一般的なので、ニュースになることはない。浜の汚染に起因する健康問題を扱う情報が増加し、そのことが一般の人々に知れわたるようになれば、多くの人が利用を止めたり、別の形の利用（例えば、水に入らず散歩を楽しんだり、砂に体を埋めたりしないようにする）を考えるようになっても、まったく不思議ではない。

浜の汚染に対する私たちの懸念を疑う人は、インターネットで〝浜の細菌（beach bacteria）〟を検索したり、Beachapedia（サーフライダーファウンデーションの優れた教育資料）の中の〝Bacteria in Sand（砂の中のバクテリア）〟にアクセスしてほしい。

細菌——善玉と悪玉

海洋学者のデビッド・カールによれば、一六立方センチメートル（一立方インチ）の砂には一〇億個、同量の海水には一〇〇万個もの細菌（バクテリア）がいる。この微小な生き物の大半は有益なものであり、呼吸の際に酸素を私たちの体内に供給することなどを含め、人間にとって大いに役立っている。しかし、それらの善玉細菌の他に、わずかな割合ではあるが悪玉細菌が存在する。脅威を感じるそれらの有害細菌のほぼすべてが糞便由来である。浜の細菌に起因する健康問題には、胃腸病や呼吸器官の病気、発疹、結膜炎のような目の慢性疾患、耳痛、傷口からの感染、ブドウ球菌感染症（最も重篤なのがMRSA）、腸チフス、髄膜炎、レジオネラ症、肝炎、肺炎、カンジタ症、血流感染などがある。

過去数年の間に、浜での公衆衛生リスクの実態について、新たな知見が得られるようになった。最近までは、浜でのリスクは海水中だけだと思われていたので、水さえしっかり検査を行えば、浜辺での活動は安全だと考えられてきた（少なくともある程度は）。しかし現在、そのリスクは砂の中にもあることが知られるようになってきた。例えば、フロリダ州南部の三つの浜で行われた研究では、浜の潮間帯部分では海水中よりも糞便性の細菌が二～二三倍も多いことが観察された。高潮線（こうちょうせん）より上方の乾燥した砂の中の細菌濃度は、サーフゾーンに比べると三〇～四六〇倍も高かった。数年前までは、浜の砂は安全だと信じられていたのである。二〇〇六年、ハワイ州の保健局長のキヨミ・フキノは、当時は砂の中の細菌と病気を結びつける研究がなかったため、浜の砂を検査する必要性はない（大量の下水が流出した後でも）と言っていた！

しかし、浜における砂汚染の役割が認識され、検査が行われるようになった。その結果、浜の砂は汚染されていないという古い考え方が一掃され、長い間安全だと信じられてきた、穴を掘る、砂に埋まる、砂の城をつくる、さらには、浜辺に寝そべったり、日がな一日素足で過ごすという大いなるくつろぎの時間の追求さえ、見直されなければならなくなっている。

普通、汚染の影響は、耳の不快感（外耳炎）、耳のかゆみ（セルカリア皮膚炎）、あるいは、咳やぜーぜーとした呼吸（呼吸器疾患）などの症状として表れる。あるいは、海水を飲みこむことによって、腹痛や下痢（胃腸性疾患）を起こすこともある（もしかしたら単に不衛生なホットドッグにあたっただけなのかもしれないが）。浜を頻繁に訪れる人はいつも何か拾ってくるものだが、今やそういった話ではない。雨水が流れる地面の舗装や屋根の面積が世界的に拡大してきたのに加え、海岸の来訪者、観光客や海水浴客の増加に概ね比例して浜の汚染が広がっている。より厳しくなった新たなヨーロッパ連合（EU）の海水浴場の水質基準に関する規則は、英国当局に、一部の海水浴場の適合認定を取り消すか、それともスプリングラム〔最も栄養価が高いとされる春から夏にかけての時期の牧草で育てられた仔羊〕の肥育をある程度規制するかというジレンマを残した（羊の糞が、一部の地方の水質が新基準に適合しない主要な原因になっている）。しかし一方で、新しい発見により、浜のシステムにおける汚染物質の進化と拡散、そしてそれをどう回避するかについて、より理解が深まるようになったことは歓迎される点である。地球温暖化の場合と同じく、今や科学者が前面に出て声をあげるときが来た。

浜に関連した病気の年間報告数は興味深いものだが、多くの人々が報告しなかったり、あるいは浜と関連づけていないため、おそらくその数値は実際より低いものだろう。また、いくつかの感染症は診断がつくまでに数週間かかる。米国環境保護庁（EPA）は、米国では毎年三五〇万にのぼる人が、地域の下水からあふれ出した生下水に接触したことが原因で浜で病気になっていると推定している。米国の環境保護団体である天然資源保護協会は年報テスティング・ザ・ウォーターズの中で、二〇一一年の一年間で、水質汚染のため米国の浜が延べ二万三四八一日にわたって閉鎖されたと報告している。フロリダ州をはじめとするいくつかの州では、閉鎖する代わりに汚染予報を出した。しかし、海水浴客は危険を告げられるが、海に入ることは禁止されない。

イスラエルの科学者ハイ・シュバルによれば、毎年世界中で、糞便によって汚染された沿岸水に浸かったことで、一億二〇〇〇万人以上が胃腸性疾患に、五〇〇〇万人以上が呼吸器疾患にかかっている。南カリフォルニアだけでも、毎年一五〇万人もの海水浴客が胃腸性疾患にかかっている。さらに驚くべき数値がテスティング・ザ・ウォーターズの二〇一二年版で報告された。浜への来訪率やモニタリングデータによれば、南カリフォルニアの浜では二〇〇〇〜二〇〇四年に、毎年六八万九〇〇〇〜四〇〇万三〇〇〇件の胃腸性疾患、六九万三〇〇〇件の呼吸器疾患が発症したと推定している。

二〇一三年六月九日のリチャード・ゲイリーの危険な体験が示すように、腹痛程度ではすまない深刻な事態も発生している。ルイジアナ州のグランド・アイルのサーフゾーンでカニとエビ漁を行っていたゲイリーは、岩の上で転び、左足首を切った。彼はそのまま漁を続けたが、結局、救急病院へ行き、傷をギプスの一種のエアーキャストで覆ってもらった。病院を訪れた四八時間後に感染があきらかとなったが、それは普通のものではなかった。温暖な海水中に存在する「人食い細菌（ビブリオ・バルニフィカス）」が、すでに彼の皮膚を破壊し、毒素を体内に分散させており、ゲイリーには死が迫っていた。七回の手術と高圧酸素治療の後、皮膚移植を受けて病状は回復した。

しかし、オーモンド・ビーチ付近でカニ取りをしていたフロリダ州の住人ヘンリー・ブッチ・コニエツキーの場合、それほど幸運ではなかった。ゲイリーが感染したのと同じタイプの細菌に感染したコニエツキーは、三日後の二〇一三年九月二三日に死亡した。その細菌はどうやら、彼が数日前にヒアリの巣を踏みつけたときに受けたかみ傷から体内に侵入したようだった。米国疾病予防管理センター（ＣＤＣ）によれば、ビブリオ・バルニフィカス感染による死亡率は五〇パーセントだ。フロリダ州保健局は、二〇〇五〜二〇〇九年にフロリダ州で一三八人がこの細菌に感染し、そのうち三一人が死亡したと報告している。二〇一一年には同じ細菌で九人、二〇一二年には一三人が死亡した。二〇一三年には一〇月までにフロリダ州で三一名が感染し、一〇人が死亡した。驚くべきことだが、これらの数値は公表されていない。

フロリダ州保健局は、免疫システムが抑制されている人（例えば、がん、糖尿病、肝硬変の患者）は、ビブリオ・バルニフィカスの潜在的な危険に注意が必要だとしている。言い換えれば、免疫システムが弱っている人、とくに傷口が開いている人は泳ぐべきではない。では、広く語られる都市伝説、小さな傷口やひっかき傷を海水に浸せばよくなるというのは、危険はないのか？　パティー・コニエツキーは細菌の危険についてのキャンペーンを始めた。彼女も夫もフロリダ州の住人だが、これまでそのような問題を聞いたことがなかったのである。今では、地元の郡議会を動かして、細菌の危険性を警告するための看板を立てさせようとしている。

●糞便汚染の指標細菌

水質規制当局は、容易に分析できる海水中の糞便汚染指標細菌（ＦＩＢ）の数を評価することで、浜の水質を調べている。二種類の一般的なＦＩＢが、大腸菌（エスケリキア・コリ）と腸球菌（エンテロコッカス）である。二種とも非常に危険だが、分析が困難な病原体の指標となる——つまり、どちらか一つが検出されれば、ウイルスあるいはその他の細菌か、より危険な微生物が存在すると考えられる。大腸菌自体が健康上の問題の原因ではなくても、大腸菌の数は海水浴客の細菌感染者数と高い相関がある（図８－２）。

大腸菌は人の腸内だけではなく浜の砂の中でもよく生存し、淡水の浜には海水の浜より多く存在する。大腸菌は通常、糞口経路で感染する。つまり、不衛生な手から移ることを意味している。腸球菌は人や動物の腸内に生息する別の細菌だが、体内の他の器官では深刻な感染症の原因となる。

ＦＩＢを測定することは、もしサンプリングの頻度やタイミングが適切であり、さらには分析が正確

図8-2　海水浴客でごった返す韓国の釜山の海雲台（ヘウンデ）海岸
このような過剰な利用は、あきらかに浜の汚染の原因となる（写真：ゲラシモス・ヌトコス）

で、正直に報告されるのであれば、海水浴客にとって安全な水質を判定するための方法として理にかなっている。しかし、水だけを測定するのでは、最も重要な汚染源を見逃してしまう。浜の砂そのものである。わずか過去一〇年ほどの間だが、科学者たちは、サーフゾーンの水に比べて浜の砂ではＦＩＢがどのように進化するかについて注意深く研究してきたが、その結果は朗報と呼べるものではなかった。ハーツと共同研究者らによる二〇〇八年の研究は、実際、大腸菌も腸球菌も海水より浜の砂の中でよく成長し、よく生き残ることを証明した。

天然資源保護協会は、水質監視基準や海水浴場の閉鎖基準を標準化することを促しており、そうすることで、観光客や地元住民が浜の安全性について常に情報を入手できるようになる。しかし、汚染のために閉鎖命令が出されても、浜での強制力のなさが常にやっかいな問題であり、結局は閉鎖命令も執行もまったくなされないことがある。イスラエルのジャーナリスト、ロイ・アラドがハイファのガリム・ビーチを訪れたとき、浜に掲げられた「遊泳禁止」の表示に注意を払う人がほとんどいないことに気がついた。おそらく、表示がヘブライ語で書かれていたため、理解できた人がわずかしかいなかったのだろう。アラドはライフガードに、なぜ海水浴客は汚染された海に入るのかと尋ねたが、返ってきた答えはこうだった。「イスラエル人は赤信号でも突っ走る国民なんだ、知っているだろう」。同じ質問に浜の監視官は、「私の仕事は監視であって、ライフガードではない。水質に関することは管轄外だ」と答えた。

マサチューセッツ工科大学とウッズホール海洋研究所共同のプログラムのエリザベス・ハリデイとレベッカ・ガストが二〇一一年の論文で報告したように、浜の糞便性細菌はさまざまな経路で浜に到着し、再びそこから他の場所へ移っていく。彼女たちは、カリフォルニア州のトーリー・パインズ・ゴルフコース付近の崖に設けられた下水管破裂の結末が動機となり、研究を始めた。その間、三〇万ガロン（一〇〇〇立方メートル）の生下水が浜に流れ続けた。流出が始まった直後、足に小さな傷がついたまま歩いていた共同研究者のスティーブ・エルガーが、深刻な感染症に侵された。その時彼は水の中を歩いてはいなかったので、エルガーを病気にした悪玉細菌は浜の砂に含まれていたものだろう（図8－3）。

糞便性細菌は次のような多様な経路で浜の砂にやってくる。

- 道路、駐車場、芝生、ペットの糞便、農場などを洗い流す洪水による流出
- 下水システムの不備
- 船上からの排出

図8-3　ごみだらけの海岸を裸足で歩く少女
ドミニカ共和国のバホス・デ・アイナ・ビーチ。足をけがする危険性が高く、その傷が原因となって細菌感染が起こりやすくなる（写真：エドアルド・ムニョス／ロイター）

- 海水浴客の体
- 地元の河川
- 海水から砂への移動
- 浜を通る地下水の流入
- 動物や人の排便排尿

多くの地域では、下水と雨水が同じ施設で処理されている。しかし、大雨のときは施設の処理能力を超える水量が流れこむため、下水が雨水とともに放水される。

浜での犬の糞を減らすために、さまざまな取り組みが行われている。啓発活動や糞を拾うスコップや容器の用意などがおもなものだが、犬の立ち入りを全面的あるいは部分的に禁止しているケースもある。オーストラリアにはドッグ・ビーチと指定された浜が数多くあり、サンディエゴのオーシャン・ビーチのドッグ・ビーチやサンフランシスコ近郊のベイカー・ビーチなどのカリフォルニア州の浜は、犬にやさしい浜であることを謳っている（ドッグ・ビーチで行われた遺伝学的な研究は、犬の糞と人の感染の関連性を示している）。

浜で犬を連れ歩くことは必ずしも一般的ではないので、浜への犬の立ち入りについては人々の間に緊張を生み出す。北アイルランドのポーツチュワート・ストランドでは、地元議会が浜へ犬を連れて行くことを禁じたのに対して、愛犬家による大規模な反対運動が起こった。バルバドスでは、浜での大量の犬の糞問題が、浜への犬の立ち入り禁止に賛成する人と反対する人の間でのインターネット上の激しい論争を引き起こした。皮肉なことに、多量のカモメの糞により人の健康が脅かされていたウィスコンシン州では、カモメを追い払うために試験的に犬を浜に入れたところ、細菌性の病原体が劇的に減少した！

カリフォルニア州のマリブ市では何十年にもわたる政治的な論争の末、前述したサーファーのケン・セイノの地元では、水質浄化策の一つとしての下水タンクの使用を部分的に禁止した。しかし、市当局にとってたいへんな驚きだったのは、合衆国地質調査所の研究者たちが、地元の海水（下水放水を行った場合以外）の糞便性細菌の主要な原因は、人ではなく鳥であることをあきらかにしたことだ。ハワイのオアフ島のハナウマ湾周辺に生息するハトは、浜の糞便汚染の原因となっている。カリフォルニア州のラ・ホヤでは、ウの糞による別の問題が発生している。浜に散在する岩が、密集したウのグアノ〔海鳥の排泄物が堆積して固まったもの。リンを多く含むため肥料資源として使われる〕によって白くなり、周辺の海辺のレストランからは悪臭に対する苦情が出ている。

中東のドバイは特別な問題を抱えている。市が急速に拡大したため、一カ所あった下水処理場の処理能力を完全に超えてしまった。二〇〇九年には、毎日数千もの下水タンクから汚水が中央処理場へと運ばれた。そのため、汚水を放出するのに三日も待たなければならず、業を煮やした一部の屎尿運搬車ドライバーが、洪水排水路や砂漠の砂丘の裏に生下水を放出するようになった。洪水排水路を通って浜に汚染がもたらされるようになった結果、浜は閉鎖され、医者からは地元の海での海水浴が危険であると警告が発せられた。幸いなことに、新たな下水処理施設が建設されたので、そのような状況はあきらかに改善された。

細菌は旅をする。カリフォルニア州のハンティントン・ビーチにおける糞便性細菌に関する研究からは、ＦＩＢは波によって発生した流れに乗り、供給源から五キロメートル離れた浜でも活性を保っていることがわかった。

カリフォルニア大学ロサンゼルス校の研究者のジェニファー・ジェイとクリスティン・リーによる研究は、南カリフォルニアのいくつかの浜では、沖合の水が清浄なのに対して、浜の砂が高濃度の糞便性細菌で汚染されていることをあきらかにした。これは驚くべき発見ではなかったが、彼女らはさらに、子どもが遊ぶのに適した波が小さい遮蔽的な浜では、より多くの細菌が観察される傾向があることを示した。

ニューヨーク州立大学のストーニー・ブルック海洋科学研究センターの研究グループは、フロリダ州南部の三カ所の浜、ホビー、フォート・ローダデール、ハリウッドで真菌類の数とタイプを研究し、彼らが観察した高レベルの真菌類は、人の健康にとって有害な物質をおそらくもっているだろうと指摘した。最も混雑した浜では真菌類の濃度が最も高く、二〇〇一年と二〇〇二年に行った一七回のサンプリングのすべてで、乾燥した浜は海水に浸される潮間帯よりも、真菌類の密度と多様性の双方とも高かった。

浜の砂が汚染されているということは、とくに免疫機能が衰えている人には注意が必要である。しかし、感染の原因となる物質が浜の砂あるいは海水に含まれるからといって、すぐに感染するというわけではない。すべての人は、浜の砂やそれ以外に見られる感染原因物質に対して、一人ひとり異なるレベルの自然の生体防御機能をもっている。これは、弱毒生ワクチンが、ごくわずかだがそれが防ごうとしている病気をもたらすことがあることでも示されている。

定常的な水質検査ではすべての危険性が捉えきれないことがある。バルト海研究所のジェラルド・シェルナスキーが最近行ったバルト海のサンプリング調査によれば、警戒レベルに相当する致死的な害を及ぼす細菌が確認された。それらは、通常の水質モニタリングの対象種のリストには含まれていないものので、その細菌を対象に検査を行っていなかったという単純な理由により、当局は無意識のまま海水浴に適していると宣言していた。下水が流入するすべての表面海水で細菌の存在が予想されるが、シェルナスキーは、懸濁物粒子〔水中に浮遊し、水に溶けない粒子〕に付着したポリオウイルスは数週間にわたって感染性を保ち、長距離の移動が可能であることを発見した。

浜の糞便汚染の究極的な姿は、太平洋の環礁国、とくにキリバス共和国のタラワ環礁（人口五万人）やマーシャル諸島のマジュロ環礁（人口二万五四〇〇人）などの浜に見ることができる。ジェフリー・ゴールドバーグは、二〇一三年のブルームバーグ・ビジネスウイーク誌で、密集した村から排出された、大量の人糞、犬や豚などの糞が浜に山積みになっている様子をタラワで見たと記している。風にさらされ、眺めもよく、海水が洗い流してくれる浜での排便は、当地では普通のことである。数年前には同じ光景をマジュロ環礁でも観察している。彼は、他にもインド、コロンビア、モザンビーク、モロッコ、ヨルダンをはじめとする多くの発展途上国の浜で、浜に積まれた人糞を目撃している。これは世界的な問題であるが、海水浴客、採貝者や散策者に対する健康問題としてしっかり解決しようとしている国もある。

医療系廃棄物

人や動物の診断や治療に由来する廃棄物の投棄が、各地で大きな問題となっている。米国では、それらの廃棄物は適切な方法で廃棄される前に、真っ赤な色の袋に入れて保管することになっている。この廃棄物には、廃棄されたワクチン、使用ずみの包帯、培養したり保管されていた感染物質、ヒトの組織、体液、動物の死骸、使用あるいは未使用の鋭利な物質などが含まれる——いずれも浜では見かけたくない恐ろしいものばかりである。

医療系廃棄物は、米国で最も汚染されたサーフィンスポットの一つとされる、カリフォルニア州サンディエゴのインペリアル・ビーチでたびたび目撃されている。それらの廃棄物は、ティファナ川に流れこむ下水に含まれているものだ。二〇〇九年、地元のサーファーたちは、A型肝炎の予防のためにワクチンを接種するように勧められた。ミシガン湖周辺の住民は、大雨でたびたびあふれる、ウィスコンシン州のミルウォーキーの下水道から流れ出る医療系廃棄物に注意するよう警告された。

サンディー・フックやシー・ブライトなど何カ所かのニュージャージー州の浜では、これまでに少なくとも二回、注射針、注射器、使用ずみ包帯、その他さまざまな医療系廃棄物が目撃されている。おそらくそれらは、ごみ輸送船から不法投棄されたものだろう。一九八七年、ニュージャージー州の沖で、八〇キロメートルもの長さにわたって海面に広がった家庭ごみの帯が目撃され、さまざまな医療系廃棄物が付近の浜に漂着した。その後、医療系廃棄物はより頻繁に目撃されるようになった。多くの企業や国が海を安価なごみ処分場とみなしているので、規制があろうとなかろうと、それらの恐ろしい物質がいつかは浜に流れ着く。

MRSA

ＭＲＳＡはメチシリン耐性黄色ブドウ球菌（スタフィロコッカス・アウレウス）の略称である。このタイプのブドウ球菌感染は拡散を抑えることが難しく、感染患者あるいは感染が疑われる人の扱いが難しいので、病院にとっては悩みの種である。今では、ＭＲＳＡは観光用の浜でも見られる。おそらく人から砂に残されたものだろう。以前は、温暖な亜熱帯水域だけに限られると考えられていたが、現在では、カナダ太平洋岸に至る冷水域からも報告されている。

ＭＲＳＡはオーリン・ピルキーにとっては個人的な関わりがある。熱心なサーファーだった二六歳の孫が、ワシントン州のウエストポート・ビーチで感染したのだ。彼は海中の物体で足に傷を負ったが、そのままサーフィンを続けた。家に帰ってから傷口に抗菌薬を塗り、傷口をきれいにした。しかし、足がしだいに腫れ、非常に痛くなったが、お湯に浸しながら、毎日仕事に出かけた。そのうち熱が出るようになり、ある日、仕事中に倒れた。彼の上司が救急病院に運び、そこで傷が切開され、救急治療室が遮蔽され、感染が告げられた。彼はＭＲＳＡに感染したのだが、それは今まで聞いたことのないものだった。

その後回復し、サーフィンを続けているが、ＭＲＳＡを保菌しているのでいつ再発するかわからず、薬物治療を続けなければならない——誰もＭＲＳＡが存在するとは思わなかった冷たい海水の中で、何時間かサーフィンを行っただけのことが高くついた。

二〇〇九年の米国微生物学会の研究発表会で、ワシントン大学の微生物学者マリリン・ロバーツは、ワシントン州沿岸の少なくとも五カ所の公共海水浴場の、砂と海水の両方ともがＭＲＳＡで汚染されていると報告した。数カ所の浜でＭＲＳＡのタイプが同じだったため、細菌の一部は農場や養豚施設などに由来するものだろうと彼女は考えた。

マイアミ大学のミラー・スクール・オブ・メディシンのリサ・プラーノ博士と共同研究者たちは、二〇一三年に、海水浴場の海水サンプルの三七パーセント、浜の砂サンプルの二五パーセントに、ＭＲＳＡを含む黄色ブドウ球菌が含まれていたことを報告した。潮間帯の砂サンプルよりも乾燥した浜の砂により多くのＭＲＳＡが含まれていた。この記事には多数の写真が載せられていたにもかかわらず、フロリダ州南部のその海岸は特定されなかった。研究場所の浜が明かされなかったのは、浜への経済的な依存度が高い州で、ＭＲＳＡの存在をあきらかにすることに対する政治的な力学が働いたためだろう。「心配することではない、私たちの浜ではＭＲＳＡは確認されていない」とカリフォルニア州のいくつかの新聞が報じている。厳密に言えば少し違う。二〇〇九年九月一二日付のロサンゼルス・タイムズ紙に掲載されたＭＲＳＡに関する記事（あなたの浜はＭＲＳＡで汚染されているか？）の中で、グレン・ロックはこう述べている。

私はラ・ホヤに住み、ほぼ毎日ラ・ホヤ・ショアーズ・ビーチで泳いでいる。一週間ほど前、私の腕と肩が悪性の感染症に侵され、救急病院へ行った。痛みは感じなかったが、患部が青くなった。ブドウ球菌（抗生物質耐性菌）感染であることがわかった。何種類かの検査が行われた数日後に、スクリプスの病院から電話で、抗生物質耐性菌なので、私の感染症は非常に深刻だと告げられた。毎日二〇〇〇ミリグラム（巨大な丸薬四個）の抗生物質製剤ケフレックス、二個の大きな合成抗菌剤バクトラミン、大量の軟膏などが処方され、感染はだいぶよくなり、あと三～四日ですっかり回復するだろう。

しかし、彼は自身のブドウ球菌感染をＭＲＳＡだとは言っていない。

有毒藻類

浜へ攻撃を仕掛けているあまり知られていない脅威が、水質汚染の結果生じる大量の緑藻の堆積である。[*]背景には人間の活動が関わっている。フランスや英国の多くのメディアが報じているように、致死的な影響を及ぼす緑藻が、フランス北部のブルターニュや英国のウェールズからポーツマスにかけての、

＊――緑藻が大量に浜に打ち上げられる様子はグリーンタイド（green tide）と表現されることがある。緑藻だけではなく褐藻の大量漂着も問題となっており、こちらはゴールデンタイド（golden tide）と呼ばれている。

図8-4　フランスのブルターニュの緑藻で覆われた浜
過剰な施肥が原因。海藻が分解する過程で硫化水素ガスが発生し、動物や人を殺すことがある（写真：クリスティーナ・バロッカ）

過度に利用されている観光用の浜に広がっている。表面が硬くなった厚さ一メートルにも達する、悪臭を放つ濃緑色の海藻の堆積物は、時限ガス爆弾でもある（図8－4）。

サン・ミシェル・エン・グレーヴ付近のブルターニュの海岸で乗馬をしていた二七歳の獣医師ビンセント・ペティが、海藻の塊の上を走り抜けようとしたとき、突然馬が倒れた。腐った海藻の中から放たれた硫化水素ガスによって、馬は三〇秒で息絶えてしまった。幸い、そばで海藻を除去していたトラクターが、ペティを安全な場所まで引きずり出した。彼は意識不明のまま救出され、病院に運ばれた。現在、彼は地元の自治体を浜の維持管理の責任を果たしていないとして訴えている。

フランスの海岸のこの致死的な海藻は、あきらかに付近の農場での過剰な施肥の影響が、排水路を通して直接浜に及んだ結果である。ブルターニュの海岸沿いの町は、ブルドーザーで海藻を除去したが、海藻はまたすぐに集まってきた。ペティの馬が死んだ浜のそばでは、以前にも二匹の犬が硫化水素ガスで死んでいる。この問題は世界規模で広がっており、ニュージーランドのオークランド北部の海岸では、堆積した海藻の上を走っていた二匹の犬が死んだことが報じられ、二〇〇九年、オレゴン州のエルクトン付近では四匹の犬が有毒海藻によって死んだ。

浜でのこのような危険が知られるにつれ、地球規模的な視点があきらかになってきた。二〇〇八年、中国政府は、一万人の労働者をこのぬるぬるして気持ちの悪い緑の山の除去に雇い（三〇〇〇万ドル〔三三億円〕）、オリンピックのヨット競技を開催し、観客が安全に観戦できるようにした。二〇一三年、黄海沿いの山東省の青島（チンタオ）周辺の浜で、さらに大規模な藻類の大増殖が起こった。海岸を訪れた人たちは緑色の粘液の中で、散策したり転げまわったりして楽しんでいるようにも見えたが、地元政府はただちに除去に取りかかった。六月末までに二万トンの海藻が取り払われた。しかし、地元の農業に由来する栄養分の海への流入だけが、その大増殖の原因ではないことがわかった。その地方では日本向けの海藻が養殖されていた。養殖の過程で不要となって取りのぞかれた海藻が黄海に捨てられ、そのまま生き残り急速に増えたのである。

イタリアのジェノヴァ近郊では、海藻が繁茂している海で泳いでいた六〇歳の男性が病院へ運ばれた。ジェノヴァではこれまでに二〇〇人以上が、海藻の中で泳いだり、風で浜に運ばれた毒素を吸いこんだりしたことにより病院へ運ばれている。二〇一二年の夏の間、マサチューセッツ州当局は有毒藻類発生の警告を出したが、浜は閉鎖しなかった。淡水の湖でも同じ問題が起きている。

これらの問題は、部分的には地球温暖化による藻類の大増殖に原因を帰することができる。海が暖かくなっているのでたしかにそれは一つの要因ではあるが、より重大なのは、家畜由来の廃棄物や不十分あるいは未処理の下水の存在と同時に、窒素分が豊富な肥料の過剰散布があることである。温暖な気候、暖かい海水、そして農場から川に流れこみ海に注がれる肥料が問題なのだが、秋、冬の到来とともに、それらは見られなくなる傾向がある。しかし地球規模で見れば、地球上のどこかは必ず夏か春なので、その問題は陸から海へ常にもたらされていると言える。英国の農業地帯の海岸と同様に、フランス北部の七〇以上もの浜が同じような問題に直面している。テキサス州のガルベストンでは、季節ごとに毎晩何トンもの海藻を除去して圧縮し、それを砂丘の造成に使っている。

この問題は、単に人への危険ということ以上に根が深い。浜が藻類で覆われると、鳥類、魚類、ウミガメ、その他の生物の営巣や索餌行動が妨げられるし、浜に棲む事実上すべての生物が殺される。こうして、食物連鎖の基部に位置する、砂粒の間に生息する微小な生物（メイオファウナ）から沖合を回遊するサメまで、浜と外浜（そとはま）のすべての生態系が壊され、生物は移動を余儀なくされたりする。同時に、通常、藻類の分解によって外浜の酸素が消費されつくすので、海産哺乳類や海鳥にとっては新たな脅威となる。中国の山東省では、アワビ、ナマコ、二枚貝の養殖が、藻類の大増殖によって大きな被害を受けた。

赤潮

赤潮は、外浜の海水中で起きる、植物プランクトンの大増殖現象である。有毒なプランクトンの濃度が高まると、海水が赤く変色する。この世界的な現象は、毒素を生産する渦鞭毛藻の爆発的な増殖が原因だ。赤潮は、温暖な季節に生じ、静穏な天気、直近の降雨による低塩分化、農場からの窒素分などがそろった条件下で、より発生しやすくなる。赤潮自体は自然のプロセスだが、本書では、赤潮の発生を助長する地球規模の気候変動と窒素汚染の二つは、人間活動に関わるものだということを強調しておきたい。

　赤潮は、咳、くしゃみ、かゆみとともに、海辺にたたずむ人々に目や呼吸器の不調をもたらすので、人体にとっても有害である。私たちの経験では、浜近くでの赤潮の最初の兆候は何気ない咳である。ノースカロライナ州の浜に学生たちといたあるとき、ほぼ全員が同時に軽い咳をするようになった。奇妙な経験だったが、あらかじめ赤潮について警告されていたので、すぐに浜から離れた。

　赤潮に含まれる毒素は大量の魚類を殺してしまうが、マナティー、ウミガメ、イルカが死んだ例もある。浜に打ち上げられた魚を餌にする鳥も、赤潮の被害者になる。赤潮の毒は、カキ、イガイ、二枚貝などに蓄積され、それを食べた人を病気にし、二枚貝やカキ漁を禁漁に追いこんでしまうことがある。

　赤潮は地域の観光にも被害をもたらす。フロリダ州南西部で起こった二〇〇五年の赤潮では、観光客は魚の死骸で覆われた醜く臭い浜の観光を避けた。救急病院を訪れる人が増え、付近の浜で赤潮にさらされた人が、すぐに喉のいがらっぽさを訴えた。この赤潮の影響は一年以上続いた。

　赤潮の毒の中で最も危険なものの一つがサキシトキシンであり、これは人の肺の機能を麻痺させる原因となり、あきらかに死に至る問題である。一九九〇年、六人の漁師が、ニューイングランド沖のジョージズ・バンクで、トロール漁で混獲されたイガイを網からはずし、一日の長い操業の後にごちそうとしてそれを食べた。その後船長が厨房に行くと、乗組員全員がぐったりし、呼吸が荒くなっていた。赤潮毒の初期の症状は酒酔いと似ているので、最初は飲みすぎたのだろうと思った。船長もいくつかイガイを食べていたが、なんとか沿岸警備隊に無線通報し、最も近い病院へ運ばれた。全員助かったが、赤潮は浅海域だけだと信じきっていたことから、瀕死の経験をするはめになった。

鉤虫（こうちゅう）

皮膚幼虫移行症（CLM）は、人が浜で拾い上げる最も広範な感染症の一つである。これは鉤虫科（アンキロストーマ科）の線虫によるもので、人の外皮の下に寄生し、死ぬまでの数週間から数カ月の間、這いまわる。皮膚爬行疹（はこうしん）、土壌かゆみ症、配管工かゆみ症などの変わった名前で呼ばれることがある。感染すると、皮膚が鮮やかな赤色になり非常にかゆくなるが、とても不快ではあるものの死に至ることはない。通常、その線虫は、足や臀部など、浜の砂と接する部分にとりつきやすい。

最も快適とされる浜でさえ、鉤虫の感染とは無縁ではない。二〇一〇年一〇月、マイアミのサウス・ビーチが、砂丘の猫の糞がおもな原因とみられる鉤虫の大発生に見舞われた。

毎年、世界中の何百万もの人々が、おそらく浜を素足で歩いたことによって鉤虫に感染している。もっぱら暖水域で見られる問題なので、総じて、東南アジア、オーストラリア北部、中南米、カリブ海、米国南部で起こっている。鉤虫は大部分が犬の糞を介して浜に運ばれ、一部が猫によるものだ（あなたが浜で猫を見かけたのはいつだろうか?）。対策は、靴を履くことと、何重にも重ねたタオルの上かビーチチェアに座るか、ペットから駆虫することである。

浜をどう利用すればよいか？

ここまでごく表面的ではあるが、浜の汚染について見てきた。流れの上流側に構造物（例えば、導流堤や突堤、あるいは突堤群）を設置することで生じる海水の停滞のような、汚染の原因となるいくつかの重要な点については、本章ではとくにふれなかった。浜の汚染の陰に潜むのが、海面上昇、低地に建設されたごみ処理場、そして危険物廃棄場を洗い流す洪水であり、それらは浜の質と安全に関するすべての面において潜在的な脅威となる（図8－5）。

本章の執筆中に、私たちは二人とも、大都市から離れた浜で汚染が広がっていることと、浜の訪問に由来する病気が広がっていることを知り、ショックを受けた。いくつかの浜では、鳥類（例えば、ハナウマ湾のハト、ラ・ホヤのウ）や動物に由来する糞便性細菌で、嵐のときの排水にさらされた都市圏の浜と同じほど致死的になっている。年齢グループごとに浜由来の疾病者数を調べた研究によれば、どのグループでも、罹患者数は浜の訪問者の一〇パーセント以下であった。だが、ピルキーの孫のＭＲＳＡ感染、リチャード・ゲイリーの人食い細菌（ビブリオ・バルニフィカス）、セイノの心臓疾患のように、重篤になった症例が多く、すべてが浜の汚染によるものだった。英国の環境保護団体サーファーズ・アゲインスト・ソウェージは、一九九八～一九九九年の英国の浜における、汚染に起因した九〇〇の重大症例を特定している。

サーフゾーンの海水よりも乾いた砂の中に糞便性細菌が多いという最近の発見は、浜のモニタリング

図8-5　英国のダンジネスの原子力発電所
原子力発電には冷却水が必要なので、世界のほとんどの発電所は外海に面した海岸に建設されている。フロリダ東岸のバリア島に建設された発電所もある。2011年の日本の津波災害で見られたように、そのような場所の発電所は潜在的に放射能の汚染源となる（写真：ジョセフ・T・ケリー）

についてまったく新しいアプローチが必要になっていることを示している。なぜ、浜の汚染科学に関するこのような問題点がこれまで公表されてこなかったのかと、人々は訝しむにちがいない。先に述べたように、フロリダの海水や砂におけるＭＲＳＡの研究は、浜の名前をあきらかにしていなかった。言うまでもなく、浜の観光産業は、それが明るみに出ることで、かきまわされたくないのである。沿岸部の人口が増えるにつれ、浜での疾患は、海水浴客数や悪玉細菌の数と比例して増加するだろう。おそらく、科学者が声をあげるのは今である――誰に頼まれなくても！

糞便性細菌や他の汚染物質の広がりについては、さらなる研究が必要である。私たちが知っているほぼすべての研究が、砂の中には相対的に高い濃度の危険な細菌が存在することを示しているが、地理的により広い範囲からのサンプルが必要である。広く利用されているが、高濃度に汚染されている浜の回復は可能だろうか？　主要な海水浴場で見られる海浜清掃トラクターのような、砂を簡単に清浄化する機械（しかも生態系への負荷が小さい）はあるのだろうか？　どうしたら安全に浜で過ごせるのだろうか？　対策のカギは、砂の中に隠れている糞便性細菌との接触をできるだけなくすことである。そうであれば、常識的に次のことが言える。

- 素足で浜を歩かない（しかし、これは大多数の人に受け入れられないだろう）。
- 砂の上に直接座ったり寝そべったりしない（これもおそらく考慮されないだろう）。その代わり、何枚か重ねたタオル（鉤虫はタオル一枚では防げない）やビーチチェアを使う。
- 砂に埋まらない。これはすべての行為の中で最悪で、体全体が砂と接触してしまう。砂遊びも、とくに子どもにとっては問題である。
- 切り傷や擦り傷がある人は浜を避ける。
- 浜に犬を連れていくなら、駆虫（とくに鉤虫）してから。

マイアミ大学の研究者ローラ・フレミングは、健康上の観点から、浜での「べからず集」をつくった。

- 口の中に海水が入らないようにする。
- 病気のときには泳がない。
- 浜に入る前と後にシャワーを浴びる。
- 食事の前に手を洗う。

- 小さな子どもは何度もトイレに連れていく。

ルイジアナ州保健局は海水浴の際の注意事項をあげている。

- 排水口のそば、排水路、ごみ捨て場のそばでは泳がない。
- 大雨の後は泳がない。
- 傷口や皮膚疾患があるときは泳がない。

合衆国地質調査所は、浜を訪れた後の腹痛に関する研究の中で、食事の前の手洗いで、胃腸への負担を減らすことができるとしている。米国疾病予防管理センターは、フロリダ州保健局と同様、人食い細菌は、免疫機能が衰えている、とくに傷口がある人には危険だと警告している。

あなたの浜を知ろう。米国内なら、天然資源保護協会が毎年発表するテスティング・ザ・ウォーターズの報告を、また、ヨーロッパならブルーフラッグ認証をチェックするとよい。[*] そして最後に、非常に混雑した浜は避けよう。

*——日本では環境省による「水浴場水質判定基準」にもとづき、海水浴場の水質検査と水浴場としての適不適が判定されている。結果は、同省の「水環境総合情報サイト」や各自治体のホームページなどで公表されている。

浜の汚染の未来

浜の汚染は今後も増加し、長期的な浜の閉鎖、場所によっては廃止のおもな原因になるだろう。実際、海水中のＦＩＢの数値の高さから閉鎖される浜が増えている。役人たちが最終的に、乾燥した浜の砂の中の高いＦＩＢの数値を認める頃には、閉鎖される浜がさらに増えているにちがいない。一方で、もし閉鎖される浜がさらに増えれば、それに対して「何らかの対応をとれ」「汚染源をきちんと特定しろ」「問題解決のための方法を考えろ」など、公的な圧力が高まるきっかけになるかもしれない。

増え続ける汚染の原因の一部は世界人口の増加にあるが、海面上昇は同様に主要な役割を演じる。海面が上昇し続ければ、海際の廃棄物処分場や、ビーチフロントに残る建造物の残骸を越えて海岸線が後退することで、汚染が増加するだろう。これまでになく増えた舗装道路や屋根などの不透過性の地表面は、大量の雨水を、下水処理場からあふれた生下水とともに浜に流れこませる。強大化するハリケーンは、沿岸部での人口増大と合わさって、二〇一二年に米国東岸を襲ったハリケーン・サンディで経験したように、これまでにない多量の生下水の流出の原因となるだろう。浜近くの農場で使用される肥料が増えれば、有毒藻類の堆積を加速させるかもしれない。

浜のごみはそれ自体が汚染である。世界の浜で見られるかつてないごみの量は、人口増加と豊かさの向上の表れでもある。過去一〇年間に起きた巨大津波は、莫大な量のごみを生み出し、それらはゆっくりと世界の浜に広がる一方、世界の大洋の中央部にもたまり、巨大なごみ集積場をつくっている。

第9章　世界規模の浜の破壊

世界規模の浜の破壊について考えるとき、しばしば戦場のイメージが思い浮かぶ。ダンケルクからの撤退作戦の他にも、ガリポリ*、ノルマンディー、硫黄島など、歴史上多くの有名な戦闘が浜を舞台に繰り広げられた。爆撃、地雷の爆発、何千もの戦車や車両の通過は、映画でも描かれているように破壊の源である。しかし、戦闘に加わった人々のダメージはどんなに大きくても、浜の視点で見れば、その影響の大部分は一時的なものだ。激戦地となったどの浜も現在も存在し、数週間の戦闘で被ったダメージははるか昔に自然が回復する過程で修復されている。結局、世界規模の浜の破壊は、単なる戦闘行為に比べてはるかに有害で長く続く。

*――ダンケルクからの撤退作戦は第二次世界大戦の西部線戦での戦闘の一つで、フランスのダンケルクから英国へ向けて四〇万人の兵を脱出させた。ガリポリは、第一次世界大戦で連合国がイスタンブール占領をめざして行った上陸作戦。

世界的な観光地の多くが美しい浜の魅力に依存しているが、観光による浜への影響はけっして穏やかなものではない。

観光によるダメージ

英国人が初めてヨーロッパ大陸を発見し、ワーテルローの戦い（一八一五年）の後からヨーロッパ式の休暇をとり始めるようになって以来、彼らはヨーロッパ本土の浜に大きな影響を与え続けてきた。もちろんそれは、休暇を満喫したいという純粋な動機から行われたものであった。コート・ダジュールのニースで休日を楽しんだ初期の英国人は、最初に礫浜の最上部に遊歩道をつくった。それはのちに、護岸とプロムナード、すなわち、プロムナード・デ・ザングレへと変化をとげた。その事業は、多くの貧しい人々に仕事を世話したいと考えた英国の聖職者ルイス・ウェイ師が資金調達したもので、一八二〇年代初頭に建設された。その後、河川から浜への礫の供給が滞ると、急速な侵食と浜の狭隘化が進み、プロムナードそのものが脅かされるようになった。一九七六年以降、五五万立方メートルの礫を投入することで、浜は人工的に維持されるようになったが、その姿は、初期の観光客が思いもつかないものになってしまった。

不幸なことに、その始まりから、浜の観光は世界中に同じようなダメージを与え続けてきたが、すべては自然の海岸線は可変的であるという事実を拒絶したことが原因である。浜の観光は、初期の頃は砂丘や浜にホテルを建てるという小規模な開発だったが、しだいに海岸線に高層ビルが立ち並ぶというふうに進化してきた。例えば、オーストラリアのゴールドコーストには、現在八〇階建ての高層マンションがあるが、第二の八〇階建てビルも計画されている。集中的なビーチフロント建設計画とともに、観光用の浜は自然そのものを味わわせる場ではなく、観光客のニーズに合わせて人工的に修景されてきた。誤った海岸防護事業とともに、不適切なやり方のすべてが、グローバリゼーションの名の下に輸出されてきた（図9－1・図9－2）。

第2章でも述べたように、建設資材が乏しい小さな島では、建設目的のために浜から砂を採掘する歴史があった。多くの場合、とくにカリブ海、アフリカ沿岸、熱帯地域全域では、浜の砂が地元の貝殻やサンゴ片で構成されているので、以前は自給が可能だった。そのためそれらの地方では、貝やサンゴは誕生から死ぬまでの一生を通して、砂として安定的に再供給されてきた。しかし、国際的に観光産業が発展するにともない、建設資材としての熱帯の島の砂の需要が急速に高まり、自然の砂の生産速度を上まわるようになった。その結果、プエルトリコ、セント・クロイ島、バルバドスなど島国の多くの浜が狭くなり、あるいは完全に消失してしまった。砂採掘による浜へのダメージが表れるのに何年もかかる場所もあるが、たちまち表れる場所もある。

私たちは、エクアドルの豪華なリゾートのすぐ前面で、ダンプカーによって砂が運ばれていく様子を目撃したことがある。ケニアでは、浜の砂が採掘され、隣接するホテル前の護岸のコンクリートをつくるのに使われているのを見たことがある。それらの行為は浜を狭くするだけであり、護岸（それにホテル）は以前に比べよりいっそう波の影響を受けやすくなる。観光用のインフラを守ろうとしてホテル前の浜から砂を採掘する「借金をして借金を返す」式の誤った努力は、観光客がなぜそこに来たがっているのか、また嵐に対する浜の自然の回復力を弱めてしまうという事実を見失わせてしまう。

図 9-1　スペインのベニドルム
40 年前までここはひなびた漁村だった。しかし、温暖な気候に憧れるドイツ人や英国人観光客の来訪とともにその姿は大きく変わってきた。今ではフロリダの高層ビルが立ち並ぶ海岸と同じになり、海面上昇の進行にともなう問題の対応に迫られている。移転させるのか、解体するのか、それとも放置しておくのか？（写真：アーノルド・ブラウン）

図 9-2　スペインのラ・マンガ・デル・マール・メノールの航空写真
建物が立ち並ぶこの場所は、20 ～ 30 年前までは未開発だった。スペインの多くのバリア島や砂嘴（さし）は大いに開発され、冷涼気候帯のヨーロッパ人観光客目当ての観光産業が盛んになっている。スペインの地中海沿岸で行われている開発の多くは、海面上昇の影響を強く受けやすい（写真：グリーンピース・スペイン）

二〇〇八年にBBCは、自然の浜の後退に対してザンジバルの地元民と別荘所有者がとった反応に特徴的な違いが見られたことを報じた。村民は海の近くの家を放棄し、陸側に新たな家を建てた。これは伝統的なやり方で、まったく持続可能なものである。一方、熱帯の素晴らしさに惹かれた何人かのヨーロッパ人が、村の隣にいくつかの別荘を建てた。侵食による脅威が避けがたいものとなったとき、村人が陸側に移転したのに対して、別荘所有者は資産を守ろうとして護岸を建設した。その結果、彼ら自身にとっても村人にとっても侵食問題を悪化させたうえ、最終的には浜を破壊に導いてしまった。

これは、どんなに小さな観光用インフラでも保護しようとする、数多くの事例のほんの一例にすぎない。世界の多くの浜の観光は、裕福で強大な国が、そうでない国を開発することで成り立っている。開発規模が大きくなれば、影響も甚大になる。本書では、護岸や養浜の負の面を強調してきたが、ここでは、世界規模の観光について根本的に考えてみたい。地球規模での主要な影響の一つは、国際企業が外国の浜に観光客用の施設の建設を行っていることである。浜の観光は重要な国際ビジネスの一つだ――世界の浜に広がる巨大ホテルチェーン（例えば、ヒルトン、ホリデイ・イン、ラマダ、シェラトン、ル メリディアン、イベロスター、ウィンダム、ウェスティン）を思い浮かべてほしい。昔の浜の観光はこれといったコンセプトもなく発展することがよくあったが、現在ではより機械的で専門的なアプローチで開発が行われる。そのアプローチは全市域（例えば、ドバイ）、あるいは島全体（例えば、モルディブ）を巻きこむこともあるが、通常は浜の観光開発を海岸のごく一部あるいは特定の浜だけに限定する。このような方法なら、てんでばらばらな発展にまかせた過去のビーチリゾート開発の失敗を回避できると思うかもしれないが、そんなことはけっしてない。

主要なビーチリゾートをデザインした建築家が世界中で活動している。彼らは、それらの浜がどのよ

図9-3　ドバイの都市近郊の人工海浜
導流堤や護岸に縁どられている（写真：オーリン・ピルキー他著『The World's Beaches』より）

うに形成され、またどのように維持されてきたかにはおかまいなく、自分のアイデアがビーチリゾートでどう機能するかということだけに関心がある。思うようなホテルの部屋、プール、その他の施設のために努力するが、自然の浜には無関心だ。その代わり、最大限の魅力が発せられるように、浜も庭園のような心地よい曲線で取り扱われるべきものだと考えている。そして、普通はそれに行政も環境保護団体も反対しない。

建築家も政治家も、浜は人工化されるべきものだと信じているようだ。だから、突堤、護岸、防波堤などすべての種類の構造物を浜につけ加え、建築家や開発業者が夢見る美しいビーチリゾートをつくり上げている（図9－3）。トラクターを使って行うような日々の海浜清掃も、浜の生態系を完全に破壊してしまうにちがいない（図9－4）。

つまり、のどかで美しいと思われている多

図9-4　スペインのアリカンテ近郊のサンタ・ポーラ・ビーチ
浜の美観を考えて掻き均（なら）しが行われている。しかし、このような海浜清掃の方法は生態系にとっては災難である（写真：ノーマ・ロンゴ）

くの島の浜が、じつは実際の自然のお粗末な模倣にすぎないのである。例えば、観光用に開発されたモルディブの浜で、開発効果を最大化するためにつくられた、石積み式護岸、水路、突堤、埋立地が存在しないところはない。

裕福な開発業者が、開発推進に対して権限や影響力をもつ、発展途上国の地元の政治家や役人と結託しているので、国際的な浜の観光産業は腐りきっている。このようなシナリオでは、浜を破壊から守ることができるチャンスはない。浜の観光開発は、貧しい沿岸域の住民を食い物にしてきた。とりあえずは仕事が確保され収入が得られるようになるので、地元民も浜へのダメージという面から目をそらし、事態の深刻さに気がついたときには手遅れになっている。

浜の観光による別のダメージは、土産物の需要である。これは、地元産の貝、サンゴ、その他の物品の開発に結びつく。それらが底をついたり規制がかかったりすると、サンゴや貝殻は保護されていないか規制が甘い国から輸入されるようになる。長さ三〇センチメートルもあるバハマコンク（クイーンコンクとも呼ばれる）という巻貝は、米国やヨーロッパのどの貝殻店でも売られている。フィリピンのセブ島は、観光業向けの貝殻採取や輸出の中心地になっており、何十もの土産物店や輸出業者が軒を並べ、なかには米国に拠点を置く貝殻ディーラーも含まれている。二〇一一年初頭に行われた一連の捜査により、当局はセブ島の違法な貝殻輸出業者を摘発し、九袋のシャコガイの仲間のトリダクナ属（ジャイアントクラム）、三箱のアクキガイ属（ホネガイ）のムレックス、三袋のカイメン、一箱のサンゴ、四個体の稚サメを押収した。シャコガイはワシントン条約のもとに保護されている生物である。米国では何トンもの貝殻を違法に輸入した業者について、耳目を集める起訴がいくつか行われた。

浜の観光が必ずしもいつもダメージを与えるとは限らず、ほとんど影響を与えない場合もあるが、例外的だ。しかし、海外からの来訪者がダメージを防ぐのに重要な役割を担っている場所もある。また、サーフライダーファウンデーションのような国際的なサーフィン団体やさまざまな環境保護団体が、お粗末な開発計画から浜を守るために効果的なキャンペーンを展開している。

浜の砂の国際的な取引

トルコ南西部沖のセディール島のクレオパトラ・ビーチの名で知られる小さな浜には、近隣の他のすべての浜とは異なる砂が含まれている。その砂とは、クレオパトラへの贈り物としてマルクス・アントニウスがエジプトから運ばせたものだと言い伝えられている。これは、浜をつくるために他の国から砂を運んだ最初のケースだろう。真偽のほどはわからないが、この物語はたしかに浜に観光客を惹きつけている——実際、トルコ政府は入浜者数を制限するほど来訪する観光客に、浜を去るときには足を洗うようにさせ、この貴重な砂が浜の外に持ち出されないようにしている。

おそらく古代エジプト人が貿易というものを興したが、彼らがやったかどうかにかかわらず、浜の砂の国際的な取引は今では巨大なビジネスになっている。例えば、過去には、ハワイのワイキキ・ビーチの砂は、ロサンゼルス、オーストラリア、近隣のハワイの島々から運ばれてきた。世界中で広く養浜が行われていることは、砂の需要が今では増大し、単に建設資材として使われていた時代に比べてはるかに高価値になっていることを意味する。したがって、第4章でも述べたように、国際的な砂の取引が最近二〇～三〇年の間で大幅に増えてきた。この増加分には、養浜の材料として、貧困国から近隣の裕福な国へ輸出される量が含まれている。往々にして、貧困国では自国の浜を守るための環境規制が緩い。シンガポールの巨大な砂の需要は、ベトナム、マレーシア、インドネシア、ミャンマー、フィリピン、バングラデシュ、カンボジアなどに対する不法な取引の要求や、砂を獲得するための汚職につながっている（第2章参照）。高まる砂の需要によって、すでにこれらの国のいくつかでは環境破壊が生じている。カンボジアでは、自然保護区（ピーム・クラサオップ・ワイルドライフ自然保護区とコーカピック・ラムサールサイト）内で行われている浚渫工事と、マングローブ、海草藻場、サンゴ礁への悪い影響のすべてが報告されている。カンボジアにおける魚類資源の減少は、輸出のための砂採掘と結びついている。

カリブ海の小さな島嶼国バーブーダでは、浜の砂という家宝を、他のカリブ海の島嶼国に切り売りしてきた（第2章参照）。その後バーブーダは砂の輸出に関する法律を厳しくしたので、今ではギアナが第二の砂の供給源になりつつある。ある企業（ギアナ・サンド社）は、「非常に白く美しい砂を売り出し中」と宣伝している。

ヨーロッパ有数のビーチリゾートであるスペインのカナリア諸島には、毎年一二〇〇万人もの観光客が訪れる。今ではすっかりカナリア諸島全域で標準的なモデルとなった感がある、前面に養浜された浜が広がるビーチリゾートが、グラン・カナリア島南岸のアマドレス、アンフィ・デル・マール、プエルトリコに建設されてきた。いずれの場合も、岩石海岸の一部にマリーナや人工海浜が建設され、リゾートに変えられてきた。浜にはカリブ海かモロッコから輸入された砂が使われ、ビーチの海側に設置された二基の頑丈な突堤で、砂が外に流れ出ないようになっている。これらは国際的な企業によって開発されたもので、同様の方法が世界中でとられている。

時には、国際的な砂の取引の裏に、思わぬ自然の働きが関わっていることがある。ドイツのフリースラント諸島のジルト島の養浜された浜と、隣接するデンマークのレム島の間では、予期せぬ二方向の国際取引が行われてきた（第4章参照）。ドイツに養浜された砂が、沿岸漂砂によって北方のデンマークに運ばれていたのである。皮肉なことに、デンマークの浜はもともとヨーロッパで一番広い浜だとされていた。

より脆弱な状況にある例だが、イスラエルの大部分の浜は、エジプトのナイル・デルタから輸送された砂で形成されている。ナイル川の開発によるダメージがデルタへの砂供給の減少をもたらし、エジプト国内にとどまらず、国境を越えて影響を及ぼしている。ポルトガルでは、河川上流部のスペイン国内でダムが建設されたため、浜への土砂の供給がとだえている。メコン川に中国でダムが建設され、ラオスでも計画されているので、ベトナムではメコン・デルタの浜が急速に侵食すると予想されている。

発展途上国で、国際企業が重鉱物を採取するために行う砂採掘は、現地国に浜の環境保護を行う余裕がないのをいいことに進められる場合がある。しかし、すべての採掘が浜にとって長期的な環境問題を残すわけではなく、例えば、アラスカのノームの金採掘やナミビアのダイヤモンド採掘は、けっして多量の砂を取っていない。砂に含まれる金やダイヤモンドの量がわずかなので、採掘が行われても数年以内には自然の作用によって浜は回復する。

世界に輸出される海岸工学

ヨーロッパでの海岸工学と海岸防護施設の建設に関する多くの経験を考えると（ローマ時代に始まる）、大陸の浜に多くのダメージを与えてきたそれらの技術が輸出されても驚くにはあたらない。エンジニアたちは、海岸侵食に対して工学的な解決方法を世界中に売りこもうとやっきになっている。海岸に関わる問題を解決しようとする工学的なアプローチは、ほぼ例外なく現状を維持させようとするものだ——つまり、海面上昇の到来など無視して、海岸線を現状にとどめようとする。さらに工学的なアプローチは、浜よりも海岸沿いのビルを優先する。

オーストラリアのゴールドコーストでは、一九七二年の巨大嵐がビーチフロントの資産を大々的に破壊した。誰が地方議会に、オランダのデルタレスに海岸防護の知恵を求めるようにアドバイスしたのかわからないが、当然その復興案の柱は、海岸の資産を守るための護岸建設と、浜を維持するための養浜だった。デルタレスの報告書は、今でもゴールドコーストの浜管理の基本となっている。しかし、世界で最も経験豊富な海岸工学エンジニア集団であっても、オランダの方法がすべての海岸侵食問題にとって最善の解決方法ではないのだという。そんなことがあるのだろうか？　オランダでは、海岸防護は国家の存続に関わる問題で、現在の状況は数世紀にもわたる海とのせめぎあいのなかで築き上げられてきたものである。豊かなオランダ社会にとってはよく機能する護岸や養浜であっても、異なる政治的、経済的な条件のもとでも同じ機能を果たすとは限らないのである。

ルイジアナ州に大惨事をもたらしたハリケーン・カトリーナの後、いつものようにオランダのエンジニアにアドバイスが求められた。同じことが、二〇一二年のニュージャージー州やニューヨーク州を襲ったスーパーストーム・サンディのときにも起こった。ヨーロッパ中の巨大な技術企業が世界をまたにかけてビジネスを競いあい、ほとんどの企業が世界の各地に支社を展開している。デルタレスのエンジニアは、発展途上国にとって彼らの代替案は最適だと説明している。競争相手であるデンマーク水理環境研究所（ＤＨＩ）は、ブラジル、バハマ、インド、オマーン、アラブ首長国連邦で実施した海岸事業について、自信をもって報告している。

二〇一二年五月、ヨーロッパの別のコンサルタント、ユーロコンサルト・モット・マクドナルド社は、海岸線三〇〇キロメートルの約半分が後退しているインドのカルナタカ州での、事業費四五〇〇万ドル〔四九億円〕の海岸防護事業のプロジェクトマネージャーとしての役割を宣伝した。プレスリリースでは、長期にわたる持続可能な方法を実施すると謳っていたが、蓋を開けてみれば、結局は、硬構造物による海岸防護、養浜、離岸堤など、従来の方法にすぎなかった。

二〇〇八年、世界銀行はモザンビークのビランクーロの海岸侵食を抑えるため、五〇〇万ドル〔五億五〇〇〇万円〕のプロジェクトに融資したが、それにより海岸線から撤退するという持続可能な選択肢が排除され、美しい砂浜が最終的には破壊されるきっかけをつくってった。モザンビークの首都マプトでは、アフリカ経済開発アラブ銀行より二二〇〇万ドル〔二三億円〕が同プロジェクトに融資され、さらに、サウジ開発基金より八基の防波堤と一〇キロメートルの護岸の建設と、浜の周囲の既存の護岸の修繕が行われる計画である。それらはいかにもこう言っているようだ。「もしあなたの国の浜をめちゃくちゃにする財源がないなら、そうする財源と方法を提供しましょう」、また、「海面上昇のことなど心配する必要はありません。後で考えましょう」と。

おそらく、技術の輸出の例として最大のものは、ドバイのパーム・アイランドとザ・ワールド〔両方ともドバイ沿岸沖合に建設された人工島からなるリゾート地〕の開発だろう。海底から莫大な量の砂を採掘して人工島が建設され、石積み式の重厚な護岸で保護されている。それらの人工の島や半島には多数の高級マンション、別荘、ホテルが立ち並んでいる。ピーク時には、世界の砂採掘の四〇パーセントほどがドバイの開発に使われていた。人工の島や半島、ドバイ本土の沿岸につくられた多くの突堤、防波堤、護岸は、海底や以前はそこに棲んでいた生物だけではなく、ペルシャ湾のドバイ沿岸の自然の浜をすべて破壊してしまった。さらに、仮に技術的にはうまくいきそうでも、将来の海面上昇からこれらすべての施設を保護するコストは、天文学的な数字になる。同じ時期に海面上昇に直面したモルディブ政府は首都を別の場所に移転させることを真剣に検討しており、海面上昇からベネチアを守る努力が困難に直面しているのに、皮肉なことにドバイでは新たな問題がつくり出されている。

外来種の影響

一般的にはあまり認識されていないが、浜における世界的な影響や問題の一つは、在来種を駆逐し、そこにはびこる外来種が拡散することだ。米国西部、南アフリカ、オーストラリアやニュージーランドにヨーロッパから移住した人々は、海岸砂丘のむき出しの砂地に悩まされてきた。そこで、砂丘を安定させるため、彼らはヨーロピアン・ビーチグラス（マーラムグラス *Ammophila arenaria*）を本国からもちこんだところ、それらは在来種よりはるかによく成長した。移植はうまくいき砂丘は安定したが、一方で、砂丘の形状が変わり、以前よりかなり高くなってしまった。そうしてできた新たな前砂丘は高すぎるため背後への砂の供給がとだえ、その結果、背後の砂丘も移植によって安定化せざるを得なくなり、土砂供給システムが完全に変わってしまった。加えて、風や塩分飛沫の条件も変わったため、在来植物の多様性が著しく低下した。

ヨーロピアン・ビーチグラスは、サンフランシスコのゴールデンゲートパークの砂丘を安定させるため、一八六九年頃に北部ヨーロッパからもちこまれた。一世紀以上もの間、本種の旺盛な拡散力を頼りに広範囲にわたって行われた移植によって、米国の太平洋岸のほとんどの砂丘にこのビーチグラスが定着した。マーラムグラスは在来種のハマニンニク（*Leymus mollis*）より効率よく砂を捕捉するので、たちまち高さ一〇メートルにも達する高くて急傾斜の前砂丘が沿岸を縁どるようになった。オーストラリアやニュージーランドでも同様で、巨大な前砂丘が、内陸部の活動的な砂丘への砂の供給を滞らせるようになった。マーラムグラスが急速に分布を拡大したため、植生に覆われていない開放的な砂面が海岸砂丘から減少していった。

南アフリカとカリブ海では、インド洋・西太平洋地域に広く分布するモクマオウ属の木（トクサバモクマオウ *Casuarina*）をもちこむことで、砂丘の裸地の安定化と植林が行われてきた。トクサバモクマオウは新しい土地ですぐに繁茂したが、厚みのある針のむしろのような植生が下にある砂を覆って在来植生を破壊するという、予期せぬ事態となった。さらにそれだけではなく、樹林が浜を横ぎり、高潮線付近まで進出したため、ドライビーチの幅が狭くなり、レクリエーションや、ウミガメや海鳥が営巣するための空間が減ってしまった。また、ウミガメの性比は温度に依存するので、樹木の陰影部が増加したことによって、巣から出てくる子ガメの性比が変わるかもしれないと推測されている。ハリケーンのときは、トクサバモクマオウはすぐに倒れてしまい、避難経路を遮断する場合もあり、とくにフロリダ州では、この木は侵略的だと考えられている。

気候変動と開発援助

地球的規模の気候変動の現実性（少なくともそう信じること）と、発展途上国におけるそれらの潜在的な影響を理解できるのであれば、発展途上国への支援であっても、考慮すべき点が多くあることがわかるのではないだろうか。たびたび議論されるのが、発展途上国は何も問題を生み出していないのに、彼らはそれらの問題とともに暮らしていかなければならないということだ（図9－5）。やっかいなこ

図9-5　ブラジルのタマンダレーの教会
もともとは海から離れた場所に立っていたが、今では海際になり、大きな問題を抱えている。ブラジル沿岸域の古い町では当たり前の光景になっている（写真：アンドリュー・クーパー）

とに、開発援助資金によって発展途上国にますます多くの海岸防護施設がつくられていくという悲しい現実がある。「海岸防護」は、発展途上国が生計のために依存している自然の資源をしばしば破壊する。

小規模な例だが、英領バージン諸島にあるほとんど手つかずのアネガダ島では、ビーチフロント開発で不適切な場所に建設された六棟の貸しバンガローが原因となり、海岸線が後退して浜が部分的に破壊されてしまった。そこで、気候変動への対応という名目で、砂を詰めた袋（ジオチューブ）を使って建物を守るというむだな努力に対して、英国政府が資金を提供した。

悲しいことに、国際的な援助を探し求める政府と、資金供与しようとする政府の両方に、このような欠点だらけの考え方が数えきれないほど見られる。ＥＵは二〇〇八〜二〇一三年にガイアナ共和国の海岸防護のために五五四〇万ユーロ〔六七億円〕を拠出、英国は二〇〇九年にバングラデシュの海岸防護と農地防護に六〇〇〇万ポンド〔八五億円〕を拠出、スイス政府はモザンビークのベイラ市の海岸防護に三二五万ドル〔三億五〇〇〇万円〕の拠出を計画、国連は沿岸の回復力を高めるという名目でキリバス共和国に二九〇万ドル〔三億二〇〇〇万円〕を拠出した。こうして見るかぎり、気候変動への対応とは、浜への影響や持続可能な方法かどうかを考慮することなく、単に資産を保護するために海岸防護施設を建設するという考え方のようだ。当然のことながら、誰かが資金を出してくれるというのであれば、長期にわたる経済的な負担などは無視され、その結果、初期の頃の開発援助でよく見られたように、修繕費の不足から、故障して放置されたままになったトラクターの行列の二の舞になりかねない。

浜の未来

世界の浜の未来は、開発のタイプと直接的に関わる。例えば、観光客に人気のある温暖域の浜の多くは発展途上国にある。モルディブやカリブ海の海岸線は、将来的な海面上昇などほとんど考慮されず、すでに硬構造物で安定化されている。それらの国では、将来にわたって浜を保全しようと努力しても、資金不足と仕事を求める国民に束縛される。

浜で採掘した砂を国境を越えて販売することは、国によっては大きな打撃となる。このような砂採掘は浜を破壊するだけでなく、地元政府を腐敗へ導くきっかけをつくる。

図9-6　未来の浜の姿だろうか？
イタリアのモノポリの石積み式護岸でひとりぼっちで日光浴を楽しんでいる（写真：ノーマ・ロンゴ）

おそらく、最も根本的な地球規模の問題は、建物は浜よりはるかに大切だという圧倒的な声だろう。世界中で、裕福で影響力のある人々が、海岸沿いの地域に群がっている。建物を守るために、創造的で優秀な海岸工学エンジニアが、とくにオランダやデンマークから招かれる。ことわざに、「外科医を呼べば手術される」というものがあるが、同じことが浜にもあてはまる。エンジニアを招けば工学的な解決法を強いられ、海岸線を固定しようとするだろう。海岸線を現位置にとどめるということは、浜をあきらめることを意味するのだ（図9－6）。

最も大事なのは、発展途上国の支援に関わる国際援助機関が、気候変動に順応することだ。国際機関と援助資金提供国、それに援助を受ける国の政府は、海面が上昇しているときに海岸線を現位置にとどめようとするのは、最悪なのだということを理解すべきだ。最もよい助けとなるのは、海面上昇に適する代わりの方法を探すことだ。そうすれば、発展途上国は先進国の過ちを繰り返さずにすむだろう。すでにいくつかの発展途上国（例えば、ナイジェリア、コロンビアの太平洋岸）では、ビーチフロントの住宅は浜の後退に備えて簡単に内陸方向に移動できるようにデザインされている。これはエンジニアが考え出したものではなく、地元の智恵であり、開発と浜の共存が可能な唯一の解決手段である。

第10章　終わりが来た

世界の浜の未来には二つのシナリオが考えられる。一つは、建物は浜より重要だという、ある意味冷めた見方にもとづくもので、過去一世紀にわたり世界のほとんどの浜の管理の根拠となってきた。本書で見てきたように、世界の浜が直面している多くの問題——海岸侵食、硬構造物による安定化、養浜、質の低下、汚染——のほとんどが沿岸開発に関係している。

もう一つは、浜は建物より重要であり、建物は浜に道を譲らなければならないというものだ。ビーチフロントが開発されていないということは、問題がより少なく、美しい浜が私たちの子孫に残されることを意味する。しかし、私たちの浜は長年にわたって林立する巨大なビル群、形状の改変、砂採掘、硬構造物による海岸防護、浚渫した砂による埋立など、高度に人の手が加えられてきたため、熱帯雨林やサンゴ礁のような素晴らしい複雑な自然環境がそこに存在していたという事実を忘れてしまう。

資産の保護に偏った現状の見通しでは、開発の手が加わった世界中の浜は必然的に消失に導かれると、私たちは確信している。過去二〇～三〇年ほどはこの見通しのようにはならなかったかもしれないが、海洋の温暖化と氷河や氷床の融解が状況を一変させている。海面が上昇を続け、ビーチフロントの建物が脅かされている。今や建物か浜かを選択すべき時が来たのである（図10－1・図10－2・図10－3）。

図 10-1　マサチューセッツ州チャパキディックにある邸宅の移転作業(2013 年)
2007 年に建設された崖の端から、約 60m 内陸に移転された。住居は移転されたが（移転費用はもともとの建設費より高額であった）、海岸線はサンドバッグ護岸で固定されたままである（写真：ビル・マクゴナル〈ケープコッド航空写真社〉）

浜のクオリティの未来

浜の質は、浜の管理とは直接結びつかない部分もあるが、結局のところ、開発に関わる要因に左右される。それらの要因には、これまでの章で述べてきたすべての問題が含まれる。浜のごみ、タンカーや油田施設からの油流出、砂や海水の汚染、浜での走行などだ。ごみは人口に比例して増えやすい。二〇〇四年のインド洋津波や二〇一一年の日本の津波のような自然災害は、浜に大量のごみをもたらす。過去最悪なのは日本の津波によるもので、日本からのがれきがいまだに漂いながら北太平洋を横断している。その間にも、大洋の中央部に漂うプラスチックの「巨大な海」は増え続け、今後も浜にごみをまき散らすだろう。

図 10-2　ノースカロライナ州のロダンスにある、海岸侵食に脅かされたセレブリティの家の移転

この家は映画「最後の初恋（Nights in Rodanthe）」の撮影に使われた。撮影当時、嵐に見舞われ、俳優たちはこの家にとどまったが、嵐のときにビーチフロントの家にとどまるなどばかげたことだ（写真：ジム・トリブル）

図10-3　ワシントン州ノース・コーブの通称「ウォッシュアウェイ・ビーチ」（なんと的確な名前だろう）

この写真をよく見ると、海から4本のパイプが突き出ているのがわかる。それぞれが、もともとはそこに家があったことを示しており、いずれも海に呑まれ破壊されてしまった。この地区の少なくとも2ブロック分の住宅が海に流されてしまった（写真：ノーマ・ロンゴ）

ごみは見苦しさだけが問題なのではない。日本からアラスカの浜に漂着したごみには、小さな発泡スチロールの粒子が多量に含まれていた。それらを魚類や海産哺乳類が餌と間違って食べてしまう。さらに、長期間腐った中身が入ったままの食品容器類も見つかった。ごみは発生現場では処理できなくても、後で拾って捨てることができるが、観光用の浜では掻き均し（なら）という清掃方法で、打ち上げられた海藻もろともはぎ取られ、時にはトラクターで牽引するような大型の機械を使って集められることもある。これは砂の上や中に棲む生物にとっては致命的であり、外浜（そとはま）における食物連鎖の土台部分を切り取ることになる。

海浜清掃（たばこの吸い殻も含む）は昔ながらの方法で行うのが最もよい――ごみだけを一つひとつ手で拾えば、打ち上げられて波打ち際に並ぶ海藻も浜の生態系への影響力を残すことができる。日本の津波によってごみが流れ着いたアラスカの浜、あるいは、南太平洋から周期的に漂着物が流れ着くハワイ州のモロカイ島のビーチのように、特定の出来事によって影響を受けた遠隔地の浜を時々清掃することも重要である。

浜のごみは増加し続ける一方だが、タールボールとして浜に流れ着く油は、過去五〇年間に、航海や油田掘削に関する規制によってあきらかに減少してきた。それにもかかわらず、二〇一〇年にメキシコ湾で起こったＢＰ（旧ブリティッシュ・ペトロリウム）社の油流出事故のような大きな出来事が続いている。また、無法な貨物船やタンカーがいまだ日常的に油をたれ流している。そういうことでタールボールは常に浜に見られるが、今後数十年でこれ以上増えないだろう。

将来的には、沿岸部の人口増加にともなって、浜の汚染が海の中、砂の中ともに増加するだろう。ごみ、油、それに砂採掘は、清掃したり規制したりできるが、海水や浜砂の汚染はそうはいかない。しかも、この問題の広がりは一般市民には知られていない。

急成長する沿岸地域では嵐による洪水の影響が高まり、それは浜にも影響を及ぼす。さらに、巨大化すると予想される嵐は、これまで経験したことがないような洪水や汚染を引き起こすだろう。すでに多くの浜が海水浴に不適かあるいはそうなりつつある。米国の気候研究機関クライメート・セントラルによれば、ハリケーン・サンディの際に、一〇〇億ガロン〔三八〇〇万立方メートル〕の未処理の生下水が、ニューヨーク州やニュージャージー州周辺の海域に流れこんだという。

二〇一四年、私たちがこの本を書き上げた頃、英国海洋保全協会が浜の汚染に関する驚くべき発表を行った。検査を行った英国の七五四カ所の浜のうち、海水浴に適していたのは四一三カ所だけだった。協会は、水質悪化（海水浴に適した浜は、前年に比べて一一三カ所減少した）の原因は、夏に非常に雨

図 10-4　インドのムンバイの護岸の落書き
「Nothing is permanent（永久に不変のものなどない）」。なんとも言い得て妙だ（写真：アンドリュー・クーパー）

が多かったからだとしている。その結果生じた洪水が、農地や都市の浸水、あふれ出した雨水、配管の接続不良、単独処理浄化槽、犬の糞など、多様な起源からの汚染物質を増やしたのである。

私たちは、汚染の問題があきらかになり、その問題を扱った多くの文献が一般市民の目にふれるようになれば、海岸を訪れる人に対する汚染の危険性がよりいっそう認識されるだろうと期待している。そうなれば、浜の砂やサーフゾーンの海水の監視が強化されるにちがいない。最近、海水（砂はまだ）については糞便汚染指標細菌（ＦＩＢ）が定期的に監視されるようになったが、他の潜在的に有害な生物やウイルスについては海水でさえ行われていない。

最終的に、何十年かのうちには、世界の外海に面した観光用の浜の汚染はさらに増加するだろう。そして、汚染問題に対する公共の意識が高まるにつれ、浜での行動も変化するだろう。繰り返しになるが基本的なルールは次の通りである。

①素足で浜を歩かない。
②浜に寝転ばない。寝転ぶなら厚いタオルか敷物の上に。
③砂の中に埋まらない。

別の難問である浜での車の走行は、ウミガメや鳥の営巣に問題を引き起こし、浜の砂の動物相や人の利用にもダメージを与える。徒歩で浜を利用する人の数は、車で走行する人よりもはるかに多い。浜の走行自体が、この固有の自然環境では目障りだと感じる人もいる。浜での走行はこれからも人気のある娯楽として残るだろうが、沿岸部の人口が増え、これまで以上に浜の人気が高まるとともに、浜の走行は小さな区域に限定されるようになるだろう。

浜の質の変化について肝心な点は、浜が失われるときは、人々にもたらしてきたすべての便益とともに、重要な生態系も失われるときだということである（図10－4）。

浜自身の未来

海面上昇が続く時代にあって、未来の世代に浜を残すためにとるべき四つの重要なルールがある。

①護岸をつくるな

浜が完全に消え去った最も重大な原因は護岸であり、今後も同じだ。侵食しつつある浜に護岸を建設すれば浜を破壊する。

②ビーチフロントに高層ビルを建てるな

バリア島や地域的に設定されたセットバック空間に建てられた高層ビルは、海面上昇に対応する際の柔軟性を完全に低下させる。現実的な経済目的のための高層ビルは、移動が不可能で、また移転する場所もない。結局、高層ビルは護岸建設へとつながる。

③砂を採掘するな

砂採掘を妨げることは将来的により困難になるだろう。安価で簡単に採取できる砂は、建設業にとっては利益の多い材料だが、その採掘は浜を破壊する。

④浜の生態系を尊重しなくてはならない

護岸やとくに養浜による浜の生態系への影響はほとんど考慮されていない。養浜は生態系の構成員すべてを殺すだけではなく、もし異なる大きさの砂が用いられれば、異なる生態系に変わってしまう。

二〇〜三〇年前までは、外海に面した海岸に建てられたビルを侵食の脅威から守るための標準的な解決方法は、護岸や突堤のような硬構造物をつくることだった。ヨーロッパやニュージャージー州の経験から学んだように、護岸は常に砂浜を破壊し、長期的に見れば突堤はさらに悪い。しかし悲しいことに、両方とも侵食対策の最も基本的な解決策として、世界中の多くの場所で取り入れられている。

例えば、フランス領ポリネシアの環礁では、外海に面してヤシの丸太が護岸として積み重ねられている。コロンビアの太平洋岸に面したバリア島では、木製の厚い板で大潮や小型の嵐による洪水から、貧困に苦しむ村を守っている。マーシャル諸島のマジュロの浜では、浜に放棄された車やトラックで海岸線を維持しようとしており、北極海に面した村では、台所の流しや犬ぞりなど不用になった家財道具が浜に並べられている場所もある。

海面上昇が進み、多数のビルが脅威にさらされるにつれ、開発が進んだ国では必然的に護岸が広がりを見せるだろう。私たちは、今から三〇〜四〇年後には、護岸の建設と修繕が世界的に主要な産業の一つになるだろうと考えている。五〇〜七〇年後には、何マイルも続いていた長い砂浜が、外浜の生態系とともに消えてしまうだろう。おそらく、公園や自然保護区をのぞいて、鳥は餌を、ウミガメは営巣場所を求めて、わずかな砂浜を探しまわることになる。

あきらかに浜の劣化につながる場合でも、護岸建設は背後の地域の富裕層の存在によって推進される。その例が、ニューヨーク州のロング・アイランドの南岸に位置するサウサンプトンだ。地元コミュニティは長年にわたって護岸に反対してきたが、スーパーストーム・サンディの後、規制の抜け穴に目をつけ、二〇一三年に少なくとも五人のサウサンプトンの住宅所有者が、自分の家を守るために二五〇〇万〜六五〇〇万ドル〔二七億〜七一億円〕もかかる頑丈な護岸を建設した。そのうちの一人、ヘッジファンド設立者で億万長者であるクリス・シャムウェイは、一個あたり二〇〜二五トンもの重さがある岩を用い、おそらく米国東岸とメキシコ湾沿岸で最強の護岸を建設した——たった一軒の家を守るためにである（図10−5）。

必然的に、一つ護岸ができれば多数の護岸がそれに続き、サウサンプトンは護岸が連なる浜になりつつある。いったん動きだせば流れは止められない。サウサンプトンの評議会メンバーのフレッド・ヘイ

図 10-5　スーパーストーム・サンディ後につくられたニューヨーク州サウサンプトンの護岸に用いられた 1 個あたり 20 ～ 25 トンの石
無法な護岸を試みようとするコミュニティ。たった1軒の家を守るために建設された石積み式護岸が完成したとき、この護岸は米国東岸で最も強大な海岸工学構造物となった。これは、いかに裕福な資産家が、地元政府を動かしているかという例である（写真：ロバート・ヤング〈ウエスタン・カロライナ大学の開発された海岸線研究プログラム〉）

ブマイヤーの発言がニューヨーク・タイムズ紙に掲載された。「浜を利用できなくなれば、サウサンプトンを失うことになる。ここの住民はすべてがきわめて裕福で、〝私が第一〟と吹聴している」

カリフォルニア州のソラナ・ビーチは、地元の将来に護岸が及ぼす脅威を認識してきた地域の一つだ。町は、新たな護岸建設、あるいは崖上の資産を守っている既存の護岸の修復について、時限つきの認可を求める条例を可決した。それらの構造物は二〇年間だけ認可され、その後は新たに許可が必要となる。言い換えれば、護岸が恒久的な施設とはみなされなくなったのである。これは当然のことながら不動産業界に不安を巻き起こした。護岸が浜へダメージを与えるのであれば（わかりきっていることだが）、撤去を求められるからである。資産所有者は町を訴え、新しい規制は、ビーチフロントの資産価値を著しく低下させると主張した。

浜の管理を推進するうえで富裕層が影響を及ぼす別の事例が、ノースカロライナ州のフィギュア・エイト島で見られた。この島は州の中で最も富裕層が多く、住民による影響力や、地元政治家のキャンペーンを通して、同州の反硬構造物ルールが変更させられ、フィギュア・エイト島と別の島の端部に導流堤（最終突堤）の建設が認可された。導流堤は、構造物に近いわずか一〇軒ほどの家を守る機能しかもたず、それより下流側では侵食が加速するにもかかわらずである。

ハリケーン・サンディがニュージャージー州やニューヨーク州をはじめ米国東岸の沿岸域を襲った後、海面上昇による長期的な影響を認識することや、二度と同じ轍を踏まないことの大切さについて、相当数の議論が行われた。実際、その議論は、米国を襲ったどのハリケーンの後に行われたものより徹底していた。このような嵐による災害への一般的な対応は、地域をもとの状態と同じように復興するというものである。残念ながら、そのプロセスの中にすでに護岸が重要な要素として組みこまれていたため、個々の住宅の前面を守るだけの小規模なものから、長さ二一キロメートルにわたる大規模なものまで、陸軍工兵隊によって護岸が建設された。建設された護岸の多くは見た目の影響を考えて建設後に砂で覆われたが、経験から言えば、その砂は次の嵐ではぎ取られてしまう。砂で覆おうがどうしようが、護岸は護岸である。

スーパーストーム・サンディの後、コネチカット州のある新聞は、自然を守るためには護岸がぜひとも必要だと考えられていたが、そこには事実に対するあきらかな誤解があり、護岸は家は守るが自然は守らないことがわかった、とコメントした。選択肢の一つとして護岸を選ぶのは、嵐に対する悲しく後

表 10-1　オーストラリアのゴールドコーストにおける、将来の養浜砂量の予測

海面上昇	1m	2m
初期の砂量（m^3）	1,800 万	3,600 万
追加の砂量（m^3）	18 万	36 万
年間経費	1,080 万ドル〔12 億円〕	2,160 万ドル〔24 億円〕

ゴールドコーストの 29km の浜における経費と砂量の概算予測値。追加の砂量とは、現在の砂量を維持するのに必要な砂の量のこと。経費の原単位は 1m^3 あたり 60 ドル〔6,500 円〕

ろ向きの対応であり、海面上昇の時代にまったく不適切である。自然を守ることからはほど遠く、自然を混乱させるだけである。

浜の消失に対する別の対策は、ソフトな解決法、すなわち養浜である――これは、新しい砂を運んで浜を広げることである。このような人工の浜は、通常、自然の浜の少なくとも二倍の速さで侵食を受ける。場所によっても異なるが、ある間隔をおいて（たいてい一〇年より短く、往々にして三年程度）、再び養浜しなければならなくなる。時間が経過し海面が上昇するにつれ、浜はより不安定になり、さらに、沖合の砂供給源を探すのが難しくなるとともに供給が減るので、再養浜の間隔はますます短くなる。不適切な大きさの砂で間に合わせたりすれば、浜はそれに合わせた道を探し出す。これはすでにノースカロライナ州で起こっており、泥や貝殻が多すぎる砂が使われてきた。海面上昇は、高価な砂を確保できるごく限られたコミュニティをのぞき、養浜の終焉が間近に来ていることを示している。オランダでは、海岸線を現位置にとどめようとするため、年間の養浜量と経費が確実に増加している。オーストラリアのゴールドコーストにおける、将来の養浜に対して想定される事業費の試算を**表10－1**に示した。

未来へのスケジュール

それぞれのタイプの浜の未来について、予想されるスケジュールを紹介しよう。海面が二一〇〇年までに一メートルほど上昇すると仮定して、今から三〇年後、六〇年後、九〇年後の、開発が進んだ国の浜、高層ビルが並ぶ浜、発展途上国の浜、遠隔地にある手つかずの浜という四つのタイプの浜で、今と同じ方法で浜を使い続けるとした場合のシナリオを考えてみる。その後に、海岸線の後退に合わせてまったく新しい取り組み方をした場合のシナリオを示そう。

●今まで通りのやり方——開発が進んだ国の浜

もし今までと同じようなやり方で、ビルや他の構造物を守ろうとするなら、浜は次のような道をたどるだろう。

《三〇年後》

以前は護岸が禁止されていた場所も含め、海岸線のほとんどが護岸で覆われるようになる。養浜が行われている限られたコミュニティの浜をのぞいて、大部分は高潮時には浜がなくなるが、それらの浜は現在でも海面上昇によって不安定な状態にある。養浜が頻繁に行われるということは、浜の生態系がもはや回復できないところにあることを意味し、魚介類資源が大幅に減少する。町を救うことが海浜観光コミュニティを救うことより優先され、後者への予算は削減される。

《六〇年後》

護岸が強固な要塞となり、その背後でビーチフロントの資産が守られるようになる。海の眺めは高い防壁に遮られる。護岸はバリア島のまわりを完全に囲むようになる。一九六〇年代のニュージャージー州の浜のように、浜には崩れた護岸の破片が散らばる。ごくわずかな浜では養浜が続けられている――しかし、砂は高価で供給は少ない。自然保護区の浜でさえ護岸で覆われる。浜での主要なレクリエーションは、護岸の上のプロムナードでの散策となり、そこで潮風を楽しむことになる。ウミガメや鳥の個体群は危機的な状況になる。浜に依存する魚介類（例えば、ニューイングランドのスティーマー〈貝〉やササウシノシタ科のドーバーソール）が絶滅する。都市や農地での洪水が増加し、有機物に富む水が沿岸水域に流れこむようになるが、すでに浜の濾過機能が失われているため、汚染がよりひどくなる。

《九〇年後》

浜は、崩れた護岸の破片に覆われた場所になる。海水浴は危険である。老人たちが、子どもの頃の様子を孫たちに語っても信じてもらえない。護岸を維持するために莫大な予算が投入され、ビーチフロントの地域は財政破綻に直面する。浜の観光が楽しめるのはナミビア、チリ、シベリアなど、遠隔地に限定される。中央政府からの海岸防護の予算は、都市中心部をのぞいて削減される。

●今まで通りのやり方――高層ビルが並ぶ浜

高層ビルの存在による制約があるため、管理の選択肢はきわめて限られる。海面上昇に直面するとはいえ、高層ビル開発では資産が集中し、資産価値が莫大であることから、保護に関しては非常に大きな経済的な議論を呼ぶ。

《三〇年後》

すでにスペインやフロリダの海岸がそうであり、米国のメキシコ湾岸の州でも増加しているように、未来の世代のために浜を保存する際に考えられる最悪の状況が現れる。それらの地域の海岸線は、経済が許す間は現位置にとどめられるが、費用の高騰や環境の劣化によって、最終的には破壊へと導かれる。大規模な護岸は外海に面した浜に建設され、小規模なものは町の周辺に建設される。残りの浜はすべて養浜される——自然の浜はなくなり、浜の生態系は崩壊する。浜の維持業務や養浜が増加し、環境が劣化するにつれ、地域住民たちは財政問題と格闘しなければならなくなる。高層ビルの低層階からは海が見えなくなる。

《六〇年後》

重厚な護岸がビーチフロントの地域のすべてを囲むようになる。海面の上昇と護岸の増大にともない護岸の内側の水はけが悪くなり、ポンプによる排水が余儀なくされ、周辺の浜への汚染が拡大する。浜はほとんど残らなくなり、浜からは生命が消える。環境の劣化にともない資産価値が低下し、維持経費だけが増加する。オーシャンフロントの生活は魅力的なものではなくなる。

《九〇年後》

浜はなくなる。護岸の破片が海岸線に散らばる。護岸に囲まれた地域は刑務所のようだ。海を眺めるためには護岸の上によじ登らなければならない。垂直な護岸は子どもやペットにとってきわめて危険な存在となる。波が護岸に直接当たり、がれきが散らばる護岸の前面では泳ぐことが不可能になる。海水は非常に汚染される。高層ビルは崩れかかり、放置される。

◉今まで通りのやり方――発展途上国の浜

発展途上国の浜が直面する問題は開発が進んだ国と同じだが、それらの国の浜の未来に関する重大な決定は、開発援助資金、とくに気候変動に関連した資金の行く末に左右される。言い換えれば、政治に強く左右される。

二つのシナリオがある――一つは、国際援助がむだに行われ、海岸線を現位置にとどめようと間違った方向に進められる場合に起こり、もう一つは援助が海岸線の後退を容認する方向に行われる場合に起こる。

《三〇年後・六〇年後・九〇年後》

大量の国際援助は、発展途上国の浜の終焉を招くだろう。今のところは資金不足のため護岸が建設されず、海面が上昇しても町が陸側に移転すればすんでいる。しかしもしできるなら、資産所有者は自分の家を守ろうとするし、とくに誰かが支払ってくれるのであればなおさらそうだろう。これは、ビジネスの機会をうかがう建設会社によってさらに拍車がかかる。そうなれば、浜の一部は残っても、効果が小さい護岸をつくることによってごみだらけになる。建設のための砂が不足すれば、砂採掘はますます盛んになる。発展途上国では、砂の一部が養浜用に販売され、砂が枯渇する。さまざまな廃棄物の集積場所が洪水に見舞われることで、地下水、浜、海水が汚染される。

一方、開発援助資金が海岸線後退に順応するために使われるなら、得られる利益ははかりしれない。ビルが撤去されるか内陸に移転することで浜は生き残るうえに、従来のビーチリゾートがすでに浜を失っているので、残存する浜を活用すればそれが新たな世界規模の観光市場の基盤となるだろう。漁業が回復し、地域経済も活発になる。

●今まで通りのやり方――遠隔地にある手つかずの浜

《三〇年後・六〇年後・九〇年後》

浜は海面上昇に合わせて自己調整し、それぞれの状況に合わせた自然の姿を残していくだろう――建設材料や養浜材料としての砂を探し求める採掘業者の立ち入りが禁止される。

●後退を前提とした選択肢

ビルを守ることが浜に害をなし、結局は、ビルは浜に道を譲らなければならなくなることを理解できるならば、すべてのタイプの浜にとって、また、浜を利用し、浜から利益を得ようという人にとっての結果は、劇的に変わるだろう。

《三〇年後》

海岸線の後退に合わせた対応として、ビーチフロントのビルは移転されるか撤去される。地元コミュニティはほぼ常に、ビルの消失よりは浜の消失を選ぶので、後退に合わせた選択肢は地元まかせではなく、政府の高いレベルで管理され実施されなければならない。最初のうちは政治的に難しいプロセスだろう。ハリケーンや嵐で破壊されたビーチフロントのビル再建の禁止は、侵食の脅威にさらされているいかなる新築ビルも硬構造物によって防護することを禁止するのと同じく、一つの方法である。ビルや道路は脅かされる。成功のカギは、護岸や浜をブルドーザーで整地するのをどれだけうまく規制できるかにかかっているが、部分的にでも高層ビルが存在する場所では、この選択肢をはねつけようとするだろう（少なくとも防護コストが非常に高くなるまでは）。崩壊したビルを素早く撤去するのは誰なのかという、責任の所在もあきらかにしなければならない。脅威にさらされるインフラをどれだけ効果的に撤去できるかによって、浜はどのような状況でも生き延びていくだろう。

海岸侵食が沿岸部のごみ処分場を脅かすので、適切に撤去しなければ、汚染問題を引き起こす。

《六〇年後》

ビルの移転先がより限定されるため、移転よりも解体や撤去が普通になる。解体による汚染、有毒廃棄物場からの排水、洪水はすべて管理されなければならない。しかし、海岸防護を続けるよりはコストが低くすみ、浜はそのまま残る。

《九〇年後》

沿岸部の主要都市が深刻な危機に瀕しているため、観光用の浜にある建物を移転させるための資金を得ることが困難になる。砂質海岸の浜は九〇年前に比べてだいぶ内陸に移動しているが、勾配が急な岩石海岸では浜の後退はそれほど大きくない。いずれも、生態系は十分生き残り、浜も生き残る。海水浴や他のレクリエーションも維持される。

適切なやり方がある

未来の世代のために浜を残す取り組みに関して、英国のナショナル・トラスト（米国の環境ＮＧＯのザ・ネイチャー・コンサーバンシーと国立公園局を合わせたような非政府機関）は先導的な役割を担っている機関の一つだ。しかし、確実に効果をあげるためには、場合によっては沿岸住民の納得が得られないような犠牲や困難も求めなければならない。ナショナル・トラストは海面上昇に順応しようとしている。陸地が削り取られていくので、歴史的な建造物であっても、構造物は犠牲を強いられる。地元市民はそれに合わせて歩むことになるが、それ自体が大きな成功である。ナショナル・トラストは、沿岸部の順応の仕方について、方向性を示している。『Shifting Shores（シフティング・ショアーズ）』という出版物の中で彼らはこう述べている。「硬構造物が長続きする保証はない。それらは一時的な解決にすぎない。海面が上昇し、大きな嵐が増えるにつれ、強固な防護物をつくることがこれまでにないほど難しくなり、構造物を維持する費用も高騰する。さらに、それらは海岸を醜くし、問題を他の場所に広げる原因にもなる。したがって、硬構造物による防護は最後の手段とすべきだ」

二〇〇八年、タブロイド紙デイリー・メールは、ナショナル・トラストがヌーディストビーチを海の中に見捨てたと報じた。海岸侵食のため、海の家が三回にわたって後退を余儀なくされ、ヌーディストたちはドーセットのスタッドランド・ビーチの狭い浜以外に行くところがなくなってしまったのである。これまで長年にわたって試みられてきたさまざまなタイプの海岸防護がむだに終わったばかりでなく、海岸にダメージを与えてきたにもかかわらず、海岸を訪れる人からたびたび同じような反論（例えば、「ナショナル・トラストが、浜が海に呑みこまれるのをただそのままにしておくことが、私には理解できない」）が出されるのを見ると、浜と海との結びつきに関して、一般の人々の理解がいかに不足しているのかということを考えざるを得ない。

沿岸部の急速な開発と劣化に危機感を覚えたナショナル・トラストは、英国の浜を保護し未来の世代に残すために英国の海岸を購入する「ネプチューン計画」というキャンペーンを一九六五年に始めた。

その結果、ナショナル・トラストは現在では英国内に一一九四キロメートルの海岸線を保有するようになった（イングランド、ウェールズ、北アイルランドの海岸線の約一〇パーセント）。気候変動や海面上昇にともなう洪水や侵食という複合的な問題に直面し、ナショナル・トラストはそれぞれの場所でどのように対応すれば最もよいのかを検討してきた。しかし、二〇〇六年の指針では一転して、自然のプロセスへの不干渉を謳い、沿岸部の変化を必然的なものとして受け止めることにした。それ以来、浜を保存するというのは、浜と波の相互関係を認めることを意味するようになり、必要に応じて地形変化を許容する空間と場所を浜に残すことにつながった。

このような指針の変更は、海岸線の管理行動に関する長期的な視野を考慮し、環境へのダメージを最小化し、コストを低減するための重要な指針を可能なかぎり早く決定できるようになると主張している。「なぜ、新しい指針をできるだけ早く適用させることが望ましいのかについては多くの理由があるが、長期的視点に立てばそれが最も現実的で費用もかからないからである。人々に自分たちが直面するリスクを理解させ、自分たちのコミュニティに、調整と順応するための時間的な余裕を与え、そうすることで、壊滅的な洪水や侵食に見舞われるリスクを低減させることができる」

英国でとられたこの方法は、過去のやり方から決別することになったが、それを実行するには地元コミュニティや地元政府との異なるレベルの多くの協働が必要だ。ナショナル・トラストが所有する土地での自然のプロセスを維持するだけではなく、ナショナル・トラストのアプローチが、他の人たちに対して、何をどのようになしとげようとしているのかを示すことになる。そのアプローチには次のようなことが含まれる。重要なビルやインフラのデザインを変更すること、自然に逆らおうとする不適切な管理方法を中止すること、ビルを犠牲にして海岸線の後退を許容すること、そして、なかでも強烈なのが護岸と突堤を撤去すること。ナショナル・トラストがいかに自然環境を維持しようとしているのかを以下に要約して紹介しよう。

●状況にビルを合わせる

ナショナル・トラストが所有する多くの浜や海岸には、海岸線の後退に照らして、将来の必要性について再考されるべきビルやインフラ（例えば、住宅、駐車場、海の家、灯台、道路、公衆トイレ）が含まれている。

ノーフォーク州のブランカスターでは、ナショナル・トラストが所有する活動拠点が、高潮時には周期的に浸水に見舞われている。浸水の頻度は海面上昇とともに高くなっている。これに対応するため、ナショナル・トラストはできるかぎり自然とともに生きていく道を選択した。電線が天井の中を這うように構造物を改修し、すべての電源ソケットが床から一メートルほど上につけ替えられた。また、床を水洗可能な素材で覆い、そのビルが最終的に解体されるまでの寿命を延ばしている。

北アイルランドのポーツチュワート・ストランドでは、新しいビジターセンターが浜の入り口に建てられた。これは組み立て式なので、必要に応じて、容易に解体し移動させることができる。

●危機的な状況にあるインフラを移転させる

ドーセットのスタッドランド半島の浜には、毎年一〇〇万人以上もの観光客が訪れている。背後にカフェ、トイレ、売店、海の家、駐車場などがあるこの浜は、毎年二～三メートルずつ後退している。そこで、海の家が何度かにわたって陸側に移転され、他の建物も、浜が移動し生き残ることができるよう

図 10-6　ノースカロライナ州ナグス・ヘッドの国定歴史地区にあるアウトロー家の住宅

この住宅はこれまで5回にわたり海岸から内陸に向かって移転した。その距離は合計180mになるという。初期の移動は、並べた丸太の上を、ラバが引っ張った〔アウトロー家の住宅は歴史的建造物の一つで、南北戦争時の軍人E・R・アウトロー（E. R. Outlaw）が1885年に建てた〕（写真：オーリン・ピルキー）

再配置された（**図10－6**）。

ランカシャー州のホーンビーでは、砂丘が年に三～四メートル侵食されているが、時には嵐によって一〇メートル以上侵食されることもある。砂丘が自然のまま陸側に移動でき、しかも誰でも立ち入れるように、歩道と駐車場が陸側に再配置された。

◉海岸の後退を許容する

白亜の崖で有名な英国のバーリング・ギャップでは、自然の作用によって崖が侵食されることで、崖に含まれるフリントの塊が安定的に付近の浜に供給されている。歴史的なコーストガード・コテージ*が侵食によって脅かされるようになり、崖の侵食を防ぐために護岸を建設すべきだという圧力がかかったが、護岸は浜を破壊し、崖も劣化させる。そこで何度かの法廷闘争の後、長い交渉を経て、コテージの一部が犠牲になっても、崖の後退を容認することになった。二〇〇二年、ナショナル・トラストは、崖の縁にあったコテージを撤去した。一軒の小さなホテルと他に三つの小屋が崖のそばにまだ残っているが、崖の後退にともないいずれは移転させられるだろう。

●自然のプロセスを再生し、過去の過ちを繰り返さない

英国のサマセットのポーロックにある礫で覆われた浜では、浜の背後にある淡水湿地を保護するために、人工的に礫を浜の後方に押し上げることで、浜の高さが保たれてきた。その結果、高さのある人工的なバーム（汀段(ていだん)）がつくられ、それに波が直接ぶつかり、障壁を破壊しようとする自然の作用が働くようになった。人工的に介入しないという新しい指針に従った結果、バーム全域で生じるようになった砕波により、海と湿地の間に新たにインレットが形成され、淡水湿地が汽水湿地に変わっていった。自然のプロセスに抗おうとした別の取り組みが、ブリックハム近郊〔英国デボン州〕のマン・サンズの大きな浜で行われ、一九八五年、侵食を防ぐために蛇籠(じゃかご)を置くというむなしい努力が払われた。しかし、二〇〇四年には蛇籠は撤去され、自然のプロセスによって浜の形状が再びもとに戻るようになった。砂の地下に埋められていた排水管も同時に撤去され、浜の背後に湿地が再び形成されるようになった。

アバーイーディはウェールズ沿岸のペンブルックシャーにある砂礫浜である。一九六〇年代以降、後(あと)浜(はま)の駐車場が護岸で保護されてきたが、二〇〇〇年には護岸の補修が行き届かなくなってしまった。そこで、地元住民や近隣の土地所有者（浸水のリスクと侵食を憂う）との協議の結果、自然のプロセスによって浜が再生されるよう、護岸が撤去された。

コンウォールのマリオン・コーブでは、一八九〇年代に建設された石積み式の頑丈な港が、度重なる

嵐で被害を受けてきた。さまざまな代案（離岸堤建設も含む）を携え、地元住民との協議を経て、将来的には、嵐によってダメージを受けても補修をしないで徐々に移転させることが決まった。最終的に港は移転され、浜は港がなかったときの状態に回復するだろう。

プール湾（大規模なエスチュアリ）にあるブラウンシー島では、一九七〇年代には、鋼製、木製のさまざまな構造物や蛇籠を使って侵食を防ごうと試みられた。ナショナル・トラストは、これらを交換せずに撤去することで、自然の海岸線の作用を回復させることを二〇〇八年までに決定した。

デボン州のサウス・ミルトン・サンズでは、浜と砂丘の間の自然のつながりを回復させるため、浜の背後にあった、一九九〇年に建設された木製の防護壁を撤去した。その後、劣化していた砂丘にはマーラムグラス（ヨーロピアン・ビーチグラス）が生えるようになった。

●生態系を保存する

自然のプロセスが持続することを受け入れる方針が、浜の生態系の維持にも拡張され、二〇〇七年、スタッドランド・ビーチに打ち上げられた海藻の除去作業が中止された。その結果、小潮時と大潮時の間の区域に植物（例えば、オニハマダイコン類）が再び生えるようになり、浜や砂丘の安定化に寄与するようになった。海藻は見た目が悪いとか悪臭がするという反対意見があり、それに対応するため、地域に根ざしたプログラムを開発し、浜の生態系にとっていかに海藻が重要であるかを説明する活動が始

＊――英国の沿岸監視や警備のために建てられた事務所。現在では歴史的建造物になっており、宿泊施設として利用されているものもある。

められた。

侵食が加速しているサフォーク州沿岸のダニッチでは、ナショナル・トラストが、背後地を守るバリアの役割を担っている、侵食が続く狭い浜を所有している。そこは、背後の淡水湿地に設けられた鳥類の保護地をかろうじて守っている。その浜はいずれ消失する可能性があり、そうなれば保護地としての湿地の機能が失われ、環境特性が変化するかもしれないにもかかわらず、ナショナル・トラストは自然のプロセスを受け入れる決定を下した。

これらすべての変革の推進力となっているのは、自然は自分自身で進む道を見つけるものだということを理解し、自然のプロセスとともに歩むことを望む声である。これを実現するために必要な、関係者間の調整は、現在ではごくわずかですむようになったが、開始早々はひどい抵抗にあった。それでも、沿岸住民と関わりをもち、長期にわたる恩恵を説明することで、ナショナル・トラストは自らの管理下にある浜を保存する方法を根本的に変えることができた。

おそらく英国のナショナル・トラストは、長い歴史の中で、海岸線の変化との関わりに対する直感を身につけてきたので、そのような方向に導くことができるようになったのだろう。一九一二年の驚くべき本、『The Lost Towns of the Yorkshire Coast（ヨークシャー沿岸の失われた町）』の中で歴史家のトーマス・シェパードは、二〇〇〇年前のローマ侵略まで遡れば、二八の小さな町の跡が大陸棚に残されていることを記述した。そのうちいくつかは、現在の海岸線から約五キロメートル沖の波の下に横たわっている。二〇〇〇年にわたる開発の歴史を通して、英国人は、海岸線で最後に勝ち残るのは誰なのかを知っているのだろう。

いちるの望み

残念なことに、ナショナル・トラストのやり方が世界で取り入れられているわけではない。世界の浜の未来は、開発のタイプと直接的に関係する。例えば、温暖地域の観光客に人気の高い浜の多くは発展途上国にある。モルディブやカリブ海では、将来の海面上昇に気を配ることもなく海岸線の安定化が図られている。予算不足、無節操な開発業者、公務員の腐敗、仕事を求める国民によって、浜の保全が無理強いされている（図10－7）。

採掘された砂を国境をまたいで売買することは、発展途上国によってはその国の浜に大きな打撃を与える（例えば、バーブーダやモロッコ）。このような砂採掘は浜を破壊するだけでなく、地元政府を腐敗へとつなげる動機にもなる。

おそらく、世界規模で最も根本的な問題は、浜よりビルの方が重要だという声が優勢だということだろう。世界中で、裕福で「重要な」人々が、浜のそばに居住し、自分の資産を守るために工学技術によって海岸線の位置を現状にとどめようとする。浜が失われ、人々の浜での楽しみが奪われようと、ビーチフロントの資産所有者の眼中にはない。

もし、発展途上国の浜を残そうとするなら、国際援助の責任は重大である。援助国はこれまで自分たちの浜を台無しにしてきたのと同じ誤った方法を輸出すべきではないと、発展途上国は強く発信していかなければならない。

しかし、希望がもてるわずかな光も見える。多くの国では、一部の浜が国立公園として保護されたり、慈善団体によって保護されている。英国では、最大の海岸線の所有者はナショナル・トラストであり、同団体は自然のプロセスに抗わないことを旨としている。米国では、国立公園局の国立海岸システムが一つの方向性を示している。一九七二年、国立公園局は、海岸にはどのような工学技術も認めないと宣言した。素晴らしい発表だったが、最初は多くの不満が寄せられた。その後、米国（例えば、ノースカロライナ州やメイン州）では硬構造物が禁止され、ビルより浜に優先権が与えられているが、資産が脅かされるときには、その法律を存続させるかどうかで常に論争が行われてきた。いくつかの論争は解消している。

オーストラリア連邦政府の政策では、沿岸部における意思決定を行う際は、浜が人々に与える心地よさをビルより重視することを要求している。同じように、ワールド・サーフィン・リザーブ〔Save the Waves Coalition というＮＧＯのプログラム〕は、ユネスコの世界遺産プログラムのモデルに倣って、世界中に多くのサーフィン保護区を設けており、それは他の浜の保護にもつながると期待されている。これらすべての取り組みは正しい方向に向かっているが、特定の場所だけに適用されるのではなく、どこでも必要とされるべきである。さらに、ナショナル・トラストや米国国立公園局の努力は、一般的に、未開発の場所かあるいは開発の少ない浜だけに限定される傾向がある。

ダメージが何をもたらすかを理解したうえで、いくつかの国では浜や川からの砂採取が禁止されたが、発展途上国ではそれらの法律の強制力が弱い。砂採掘に対してより厳格な規制を行いながら、一方では、例えば、切石から砂を生産する機械のように、代替となる技術の開発を図る必要があるだろう。浜をきれいにしようという多くの試みも行われている——地元レベルの海浜清掃から、国あるいは国際レベルでの汚染規制まで――しかし、浜は劣化し続けている。

ここまで述べてきたようにいちるの望みはあるものの、うわべをなでただけにすぎない。大事なことは社会全体として浜の価値を評価しなければならないことだが、「浜vsビル」の戦いでは、ビルが勝ち続けている。私たちは、本書が浜の苦境を知ることにつながればと期待している。浜は絶滅の危機に瀕する段階に達している。浜が歴史のごみ箱に放りこまれないようにするためには、大きな変革が必要である。

図 10-7　これが新しい時代の波だろうか？

エジプトのエル・グウナのゼイトナ・ビーチでは、紅海の浜は消失し、人を惹きつける階段式護岸に置き換えられてしまった。しかし、階段の下に転がる岩に遊泳は妨げられている

浜に対する新しい見方

もし、浜に対してこれまで通りの扱いを続けるなら、最後の浜の訪れに直面するのに、そう長い時間はかからないだろう――その郡で、州で、国で、それどころか地球上で。浜の背後に建てられた、短命な構造物を守ろうとする努力によって、すべてが消えてきた。一般的な住宅の寿命はせいぜい一〇〇年、道路はもう少し長いが、高層ビルは五〇年かそこらで解体されるのが普通である。それに対して、自然の浜の寿命は何千年にもなる。そして、これまで見てきたように、自然の浜は、私たちに無料でさまざまなサービスを提供してくれる。護岸であれ養浜であれ、どんなに浜を現位置にとどめようとしても、浜をそのままにするよりも、効果が少ない割に費用はかかる（図10－8）。

私たちはまさに今、まったく新しい方法で浜を見るべきときが来たと心の底から信じている。浜に対する私たちの新しい見方では、社会にとって第一の目標は、浜がもつ機能やプロセスすべてとともに無傷な形で浜を保存することである。浜の質を犠牲にしてまで、人間がつくった装具を保存するために工学技術によるプロジェクトを行う必要はない。私たちの新しい見方では、ビルより浜に価値を置いている。個人の資産よりも公共の浜に価値を置いている。そして、資産の所有者よりも楽しみや憩いを求めて浜を訪れる人（現在そして未来の）を優先させる。硬構造物による防御は、深刻な状態にあるインフラを守る最後の手段としてのみ使うべきで、それも、インフラが移転されるまでの間だけにとどめる。もし硬構造物が使われるようになっても、それは緊急的な一時措置だと思うべきだ。いずれは、養浜

図 10-8　サウスカロライナ州チャールストン近郊のモリス島の灯台
この灯台は、もともとは島の上に立っていたが、現在では島から 400m も沖合の海中に取り残されている。このバリア島は、チャールストン港の入り口に建設された導流堤に遮られて砂が供給されなくなって以来、後退し続けている（写真：マリー・エドナ・フレーザー）

やインレットの安定化が、誇れることではないと思えるようになるだろう。人々の理解が深まれば、少しでも護岸について話題にのぼれば、浜や生態系が破壊されるかもしれないと思い、たちまち抗議運動につながる議論が湧き上がるようになるかもしれない。

私たちは浜を、いかなる代償を払っても守るべき、神聖で、回復力はあるがきわめて脆弱な自然環境だと知るべきである。

用語解説

後浜（あとはま）back beach　高潮時の汀線から砂丘や崖までの領域。暴浪時以外は波が到達しない。「backshore」ともいう。

石積み式護岸（いしづみしきごがん）revetment　前面が石やブロックなどで覆われた護岸。

逸散的（いっさんてき）dissipative　遠浅の浜で、沖から来た波が繰り返し砕けることで波のエネルギーを失っていくこと。砂の粒径は細かい。「反射的」に対比される語。

インレット　inlet　河口部の入江、バリア島間の水路や海跡湖（例えば、サロマ湖、浜名湖）の砂州部分を貫く水路（潮流口ともいう）、あるいは河口部の入江。

エスチュアリ　estuary　淡水と海水の混合が起こる、地形的にはある程度、閉鎖的な水域。河口域、内湾、バリア島と本土との間の水域など。東京湾、伊勢・三河湾、瀬戸内海、有明海などの内湾も該当する。

沿岸砂州（えんがんさす）coastal bar　海岸の沖合に形成され、常に海中に存在し、干潮時でも海面上には露出しない砂州状の海底の高まり。形状は、その場の波浪、流れ、砂との相互作用によって、海岸線と平行な直線状のもの、波状のものなどさまざまである。海岸線に沿って複数列が形成されることもある。

沿岸漂砂（えんがんひょうさ）longshore sand transport　海岸沿いの流れに乗って砂が運ばれること。

塩性湿地（えんせいしっち）salt marsh　海岸や河口域など海水の影響を受ける水辺に広がる植生域。

塩分飛沫（えんぶんひまつ）salt spray　波が砕けたり、強風で吹き上げられて発生し、空中を浮遊する海水の微粒子。塩分を含むため、海浜植生の分布に影響を与える。

OILPOL条約　International Convention for the Prevention of the Sea by Oil, 1954　一九五四年の油による海水の汚濁の防止に関する国際条約。

オーバーウォッシュ　overwash　嵐時の大波が後浜や砂丘を乗り越えること。バリア島では、それによって砂が島の裏側や背後の内海部まで輸送される。

階段式護岸 stepped wall　護岸の前面が階段状になっており、人が浜に降りられるようになっているもの。

合衆国陸軍工兵隊 U.S. Army Corps of Engineers　米国の陸軍の一機関で、独立戦争時の一七七五年に起源をもつ。軍事施設の設計・施工管理の他に、海岸、河川、湿地などの土木事業、環境保全・整備などを担う。

環境脆弱性指標（かんきょうぜいじゃくせいしひょう）environmental sensivity index　油汚染が海岸環境に与えるダメージの程度を指標化したもの。「一九九〇年の油による汚染に係る準備、対応及び協力に関する国際条約（通称、ＯＰＲＣ条約）」による。

裾礁（きょしょう）fringing reef　陸地や島のまわりを縁どるように発達したサンゴ礁。サンゴ礁と陸地の間にはラグーンのような水域は形成されない。

骨材（こつざい）aggregate　コンクリートやアスファルトを製造する際、材料としてまぜる砂や砂利のこと。セメントに砂や砂利をまぜるのは、セメントと水が化学反応を起こす際の発熱を抑えたり、セメントの収縮を抑えるなど、コンクリートの品質劣化を抑える効果があることと、砂をまぜることでコスト面での効果もあることから。

サーフゾーン surf zone　海岸域に進入した波が、砕けながら岸に到達するまでの領域。

下げ潮デルタ（さげしおでるた）ebb tidal delta　下げ潮時の潮流に乗って運ばれた砂がインレットの海側に堆積した場所。

砂嘴（さし）sand spit　岸沿いの流れによって運ばれた砂が、流れの下流方向に岸から飛び出るように堆積した砂の地形。日本では、北海道の野付半島、静岡県の三保半島が代表的。

潜堤（せんてい）submerged breakwater　海岸の沖の水中に、海岸線と平行に設置した防波堤。離岸堤と似るが、潜堤の上部は常に海中に没している。

遡上波（そじょうは）swash　浜に打ち寄せた波が、最後に浜の面を駆け上がるもの。

外浜（そとはま）nearshore　岸から、砕波が生じ始める最も沖側までの領域。水深は最大でも一〇メートルほど。他に外浜を表す語として inshore がある。

潮間帯（ちょうかんたい）intertidal zone　潮の干満の周期に合わせて、大気への露出と冠水を繰り返す場所。

潮差（ちょうさ）tidal range　満潮時と干潮時の海面の垂直距離。

潮流（ちょうりゅう）tidal current　潮の干満によって発生する流れ。

泥炭（でいたん）peat　植物の枯死体が、湿地状の環境の中で十分に分解されず堆積した泥状の石炭。一般的な石炭に比べると炭化の程度が低い。

導流堤（どうりゅうてい）jetty　河川や潮流を制御するため、河口やインレットの入り口などに設置する、沖側に突出した突堤のような構造物。

土砂の粒子の区分　土砂の粒子はウェントワースの粒径区分により、礫（粒径 2 ~ 256 mm 以上）、砂（0.0625 ~ 2 mm）、泥（0.0625 mm 以下）の三つのカテゴリーに大別される。さらに礫は、巨礫（256 mm 以上）、大礫（64 ~ 256 mm）、中礫（4 ~ 64 mm）、小礫（2 ~ 4 mm）に、砂は、極粗砂（1 ~ 2 mm）、粗砂（0.5 ~ 1 mm）、中砂（0.25 ~ 0.5 mm）、細砂（0.125 ~ 0.25 mm）、極細砂（0.0625 ~ 0.125 mm）に、泥は、シルト（0.0039 ~ 0.0625 mm）、粘土（0.0039 mm 以下）に細分される。

突堤（とってい）groin　岸沿いの砂の流れを抑えることで上流側に砂を堆積させる効果をもつ、沖側に突出した構造物。

突堤群（とっていぐん）groin field　複数基の突堤を設置することで、広域にわたる砂の堆積効果を図る構造物。

ドライビーチ dry beach　浜を乾燥部分、非乾燥部分に区切った場合、浜の高潮線から砂丘基部までの乾燥した砂の部分。高潮線より下方はウェットビーチという。

トンボロ tombolo　陸地の直前にある島と陸地の間に砂が堆積して陸続きになった地形。北海道の函館山、神奈川県の江の島、鹿児島県の知林ヶ島など。離岸堤を設置すると、岸との間にトンボロ状に砂が堆積する。

バーム berm　波で運ばれた砂礫が波打ち際に海岸線と平行に堆積した段差状の地形。汀段。

白亜（はくあ）white chalk　白色から灰白色の石灰泥岩。英国のドーバー海峡の崖が有名。

浜崖（はまがけ）scarp　侵食によって浜に形成された段差状・崖状の地形。後浜に形成されるものを「beach scarp」、砂丘の基部に形成されるものを「dune scarp」と使い分けることがある。

バリア島 barrier island　陸の沖に砂が堆積してできた細長い島。バリア島の外側は外海に面し、内側は静穏な内海に面しており、島の両側で環境条件が大きく異なる。バリア島の間はインレットで区切られ、外海と内海はインレットを通じてつながっている。日本ではなじみが薄い地形だが、世界的に見れば、米国の大西洋岸からメキシコ湾岸、デンマークからオランダにかけての北海沿岸（フリースラント諸島）など、大規模なバリア島が各地に存在する。堤島、沿岸州島、防波島とも呼ばれる。

反射的 reflective　岸まで水深が深く汀線付近で急に浅くなるような地形の浜では、沖から来た波は、水深が深いため岸まで砕けることがなく、波のエネルギーを保ったまま汀線部の斜面にぶつかり反射する。一部は強い遡上波となって、浜面を勢いよく駆け上がる。このような状態の浜は砂の粒径が粗い。「逸散的」に対比される語。

フリント flint　微細な石英からなる緻密で硬い岩石（チャート）のこと。燧石（ひうちいし）ともいわれる。

プロムナード promenade　護岸の内側に整備された遊歩道。

ポケットビーチ pocket beach　出入りに富む岩石海岸の湾奥などに形成される小規模な浜。両端は岬や岩場で区切られている。

前砂丘（まえさきゅう）foredune　海岸の最も海側に位置する砂丘。海岸線に沿って隆起線状の地形となっていることが多い。

まゆつば工法 snake-oil divice　特定の工法を指すのではなく、科学的には効果が実証されたとはいえない工法、効果はあっても従来の工法に代わるだけのメリット（金額、施工、撤去、管理、環境への影響など）がない工法、そもそも効果自体があやしい工法を皮肉った俗語。

MARPOL条約 International Convention for the Prevention of Pollution from Ships, 1973, as modified by the Protocol of 1978 relating thereto　一九七三年の船舶による汚染の防止のための国際条約に関する一九七八年の議定書。

養浜（ようひん）beach replenishment, beach nourishment, beach fill　海岸侵食によってやせた浜に、他所から持ってきた砂を撒き、浜を回復させせようという工法。

ラグーン lagoon　海跡湖やサンゴ礁などに見られる静穏な浅水域。

乱積み（らんづみ）riprap　石やブロックなどを積み上げて堤防や防潮堤としたもの。

離岸堤（りがんてい）offshore breakwater　防波堤の一種で、岸の沖側に岸と平行に設置する構造物。潜堤とは異なり、常に海面上に露出している。離岸堤と岸の間には、トンボロ状に砂が堆積する。

離岸流（りがんりゅう）rip current　岸から沖に向かう流れ。

濾過摂食（ろかせっしょく）filter feeding　濾過装置のような機能を有する器官をもつ動物。例えば、イワシは密生した鰓耙（鰓の一部）、アサリは水管にある繊毛を使って水中の餌物質をこし取る。

ワシントン条約「絶滅のおそれのある野生動植物の種の国際取引に関する条約（Convention on International Trade in Endangered Species of Wild Fauna and Flora）」の通称。絶滅のおそれの程度により、野生生物種を三つのカテゴリー（附属書I、II、III）に分けている。附属書Iにあげられた種は、原則として商業目的の国際取引が禁止されている。

米国（カリフォルニア州）	マザーズ・ビーチ（マリーナ・デル・レイ）	腸球菌	閉鎖的なポケットビーチ状の浜
	カブリヨ・ビーチ（サン・ペドロ）	腸球菌	閉鎖的なポケットビーチ状の浜
	サンタモニカ・ビーチ	腸球菌（外海に面した浜に比べて約 1,000 倍高い）	閉鎖的なポケットビーチ状の浜
	トパンガ・ビーチ（マリブ）	腸球菌（外海に面した浜に比べて約 1,000 倍高い）	閉鎖的なポケットビーチ状の浜
	アヴァロン、ドエニー、サーフライダー・ビーチ（マリブ）	腸球菌、メチシリン耐性黄色ブドウ球菌	未特定
米国（フロリダ州）	ハリウッド・ビーチ	糞便汚染指標細菌（大腸菌、腸球菌）	下水、動物の糞
	フォート・ローダデール、ハリウッド・ビーチ、ホビー・ビーチ	糞便汚染指標細菌（大腸菌、腸球菌）、大腸菌ファージ、F+ 大腸菌ファージ、各種真菌類（最も多いのがカンジダ・トロピカリス、ロドトルラ・ムシラギノーサ）	ウミネコの糞、その他
	ホビー・キャット・ビーチ、キー・ビスケー、マイアミ	カンジダ・トロピカリス、クリプトスポリジウム、エンテロウイルス、メチシリン耐性黄色ブドウ球菌、鉤虫の幼生	ノンポイント汚染
米国（イリノイ州）	シカゴ（ミシガン湖岸）	大腸菌、ネズミチフス菌	ウミネコの糞
米国（ミシガン州）	グランド・トラバース湾	腸球菌	未特定
	ミシガン湖南部の浜	シオグサ類、大腸菌、腸球菌	ノンポイント汚染、付近からの流入
米国（ワシントン州）	10 カ所の公共海水浴場	メチシリン耐性黄色ブドウ球菌	おそらく海水浴客の体表からの汚染
米国（ウィスコンシン州）	ノースビーチ（ラシーン）	大腸菌、腸球菌、サルモネラ菌、カンピロバクター	ウミネコの糞
米国（マサチューセッツ州）	アティタッシュ湖	シアノバクテリア	未特定
米国（ハワイ州）	ハナウマ湾	糞便汚染指標細菌	ハトの糞
米国（ロードアイランド州）	ゴダール記念州立海岸	糞便汚染指標細菌、腸球菌、クロストリジウム、F+ 大腸菌ファージ	下水処理水
米国（アラバマ州）	フェアホープ・シティー・パーク	糞便汚染指標細菌、腸球菌、クロストリジウム、F+ 大腸菌ファージ	下水処理水

付録 1

世界各地から報告されている浜の汚染原因と想定される物質

国	地区	汚染物質	原因
ガザ地区	ガザ海岸	糞便性大腸菌、糞便性レンサ球菌、サルモネラ菌、ビブリオ、シュードモナス	ポイント汚染源またはノンポイント汚染源からの下水
イスラエル	ガリム・ビーチ(ハイファ)、ゴードン・ビーチ（テルアビブ）	未特定の微生物：カンピロバクター・ジェジュニ	生下水
ポルトガル	33カ所：うち4カ所は北部、4カ所は中部、9カ所はリスボンとタグス近郊、1カ所はアレンテホ、15カ所はアルガルヴェ	腸球菌、大腸菌、病原糸状菌（カンジダ、アスペルギルス）、真菌類、皮膚糸状菌	未特定
ブラジル	オリンダ、バイロ・ノヴォ、カサ・カイアダ	腸寄生虫(線虫)、カンジダ、ロドトルラ、ブレタノマイセス、トリコスポロン	雨水や家庭下水
フランス	ブルターニュ	有毒緑藻	農業、肥料
	マルセイユ	Btc（PAHs：多環芳香族炭化水素、ジ〈4-オクチルフェニル〉アミン）	自動車やトラックからの排気ガス、産業（製鉄）
	ラ・マラナ（コルシカ）	Btc（PAHs：多環芳香族炭化水素、ジ〈4-オクチルフェニル〉アミン）	自動車やトラックからの排気ガス、産業（製鉄）
ニュージーランド	ナロー・ネック・ビーチ（オークランド）	有毒藻類	農業の過剰施肥
イタリア	ジェノヴァ、ラ・スペツィア	オストレオプシス・オバータ	地球温暖化、肥料
カリブ海	グアドループ、セントクリストファー・ネイビス	鉤虫の幼生、トキソカラの卵	動物の糞
英国	イングランド	カンピロバクター・ジェジュニ、サルモネラ菌	未特定
米国(西海岸)	メキシコからオレゴン州にかけての55海浜	腸球菌、大腸菌	人からの排泄物
米国（カリフォルニア州）	ラバーズ・ポイント（モントレー）	糞便汚染指標細菌	人からの排泄物

他の生物	
オストレオプシス・オバータ（海産渦鞭毛藻）	呼吸器疾患、結膜炎、皮膚疾患、食中毒
シアノバクテリア	肝臓や中枢神経に影響を及ぼす：胃腸炎、腎臓疾患
赤潮プランクトンとサキシトキシン	神経毒、眼の炎症、喉の痛み
有毒化学物質	
PAHs（多環芳香族炭化水素）	肺線維症、腎不全、胃腸炎、皮膚疾患、がん
ジ（4-オクチルフェニル）アミン	眼の炎症、皮膚疾患、鼻・喉・呼吸器官の炎症

付録 2

浜の汚染物質と関連する健康被害の例

原因物質	症状
糞便汚染指標細菌	
大腸菌	胃腸炎
腸球菌	尿路・傷口・軟組織感染：菌血症
レンサ球菌	レンサ球菌感染症
バクテロイデス	胃腸性疾患
ウイルス	
大腸菌ファージ	胃腸炎
表面吸着大腸菌ファージ、F+ 大腸菌ファージ	胃腸炎、肝炎、ポリオ、呼吸器疾患
病原細菌	
シュードモナス･エルギノーサ（緑膿菌）	急性呼吸窮迫症候群、肺炎球菌感染症、肺炎、敗血症、尿路感染症、胃腸感染症、外耳炎
サルモネラ菌、ネズミチフス菌	胃腸炎、腸チフス、食中毒、敗血症
黄色ブドウ球菌：メチシリン耐性黄色ブドウ球菌（MRSA）、メチシリン耐性コアグラーゼ陰性黄色ブドウ球菌（MRCoNS）	黄色ブドウ球菌感染症、毒素性ショック症候群、とびひ、食中毒、心内膜炎、心不全、外耳炎、蜂窩織炎、熱傷様皮膚症候群、菌血症、敗血症、肺炎、骨髄炎、循環虚脱、死亡
カンピロバクター・ジェジュニ	胃腸炎
クロストリジウム	食中毒、壊死性腸炎
ビブリオ	コレラ、皮膚・組織感染症、死亡、胃腸性疾患（下痢）、敗血症
真菌（糸状菌・酵母）	
カンジダ・トロピカリス、カンジダ・アルビカンス、その他のカンジダ類	性器カンジダ症、血流感染症、真菌症
トルロプシス	敗血症、性器カンジダ症、髄膜炎、肺炎、膀胱痛、肺感染症、尿路感染症
ロドトルラ・ムシラギノーサ	真菌血症、敗血症、眼内炎、腹膜炎、髄膜炎
トリコスポロン	トリコスポロン症、心内膜炎、真菌血症
黒酵母	傷口からの感染、真菌症、中枢神経感染症
寄生虫	
線虫	線虫の寄生（腸管、筋肉、他の器官）
鉤虫の幼生	貧血、肺疾患、下痢、血便、腹痛、体重の減少、食欲不振
クリプトスポリジウム	胃腸炎、水様便、発熱、胃けいれん、吐き気、嘔吐

謝辞

何よりもまず、私たちに惜しみない支援を提供し、励まし続けてくれた、私たちの友人オーラフとエヴァ・ゲラン＝エルメス夫妻と彼らのサンタ・アギラ財団に心から感謝する。オーラフとエヴァは浜の友であるとともに、浜を守るために力をつくす、頼りになる誠実な支援者であり、ウェブサイトcoastalcare.orgを通して浜への人々の関心を高め、本書のような出版物の発行を通して広く人々を啓発している。

私たちの見解を裏づけ、支持をしてくれた次の機関や個人に深く感謝する。英国ナショナル・トラスト。コースタル・コンサベーション・リーグの常任理事ダナ・ビーチ。フレンズ・オブ・ジ・アース名誉会長ブレント・ブラックウェルダー。ノースカロライナ州の議員で浜への強力な支援者であるプライシー・ハリソン。環境を憂える実業家のダイアン・ブリッツ・ロッティ。ワン・ワールド・ファウンデーション会長のスコット・マーカスと妻のナンシー。

私たちは、長年にわたる仲間との議論から多くの恩恵を受けた。トニア・クレイトン、デビッド・フッチーロ、アレックス・グラス、マイルス・ヘイズ、デレク・ジャクソン、ジョセフ・ケリー、ジョン・マッケナ、ビル・ニール、そしてアンディー・ショートらとの何時間にもわたる議論は、実りの多いものであった。ビル・ニールとアレックス・グラスは、本書の編集に際して非常に有益なコメントを提供してくれた。ウエスタン・カロライナ大学の開発された海岸線研究プログラムのロバート・ヤングとアンディー・コバーンは、多くのアイデアとデータ、とくに世界の養浜事業に関する情報を提供してくれた。ウェブサイトcoastalcare.orgと、ウェブサイト管理者であり浜での砂採掘に対する断固たる反対者であるクレア・ル・ゲラン・リトルからは、数々の有益な情報や問題解決の手がかりを手に入れることができた。有能なアシスタントであり、研究者、編集者、校正者でもあるノーマ・ロンゴに深く感謝する。彼女の組織力は、私たち二人の共働力をはるかにしのぐものであった。ノーマの、ものごとをうまく整理し、材料を発掘し、的確に私たちに提供してくれるスキルには脱帽せざるを得ない。

　デューク大学出版局との出版プロセスはたいへん順調に進み、やりがいがあった。この出版プロジェクトに関わった出版社のスタッフ全員、とくに編集者のギセラ・フォサードと彼女の前任者ヴァレリー・ミルホランドと、編集長補佐のダニエル・シュルツスキー、そして、編集局員のロリアン・オリーブは、出版過程のすべてにおいて私たちを励まし続けてくれた。私たちが浜を訪れ、調査をし、世界の浜の行く末を思案することに辛抱強く取り組んでいる間、妻のシャーリーンとマンディー、そして家族は、何カ月、何年もの留守を預かってくれた。深く感謝する。

訳者あとがき

『The Last Beach』を訳すきっかけは、世界の砂需要の凄まじさを描いたデニス・デレストラック監督のドキュメンタリー映画「Sand Wars」を観たことだ。私自身、砂浜の魚類や小動物の研究にずっと携わってきたが、知人に教えられるまでこの映画のことは知らなかった。早速「Sand Wars」のＤＶＤを手に入れて観たところ、本書の著者の一人ピルキーがインタビューに答えているではないか。じつは映画を紹介される一～二年前にピルキーの本を二冊読んでおり、砂浜の素晴らしさを一生懸命伝えようという一途な姿勢に魅了され、同氏の他の著作が気になっていたところだった。俄然ピルキー・メーターが上がり出合ったのが『The Last Beach』だ。

読み出すやぐいぐい引きこまれた。夢中になったもう一つの理由は、ノースカロライナ州のアウター・バンクスと呼ばれるバリア島地域の話題が本書に多く登場することだ。バリア島は日本ではなじみがないが、世界的には多くの場所に見られ、米国では東海岸からメキシコ湾岸にかけての多くがバリア島で縁どられており、砂浜の環境保全を考えるうえで欠かせない地形である。細長い砂の島をはさんで、海側は荒々しい外海、大陸側は静穏なエスチュアリに面したユニークな地形である。建設会社に勤めていた一九九〇年に、業界団体が主催する米国ウォーターフロント視察団の一員としてアウター・バンクスを訪ねる機会があった。雄大な砂浜の自然にすっかり魅了され、帰国後、茨城県の波崎海岸をフィールドに、共同研究者とともに、日本ではまだほとんど例がなかった開放的な砂浜での魚類研究に取り組んだ。アウターバンクスを訪ねたことが私の現在の専門のルーツとなっており、本書には不思議な縁を感じている。

◉理想と現実の狭間で――海岸構造物をどう考えるか

本書は、著名な海岸地質学者であるオーリン・H・ピルキーとJ・アンドリュー・G・クーパーが、世界の砂浜に見られるさまざまな環境問題――砂採掘に始まり、海岸防護構造物、養浜、漂着ごみ、流出油の漂着、車の走行、細菌汚染、有機汚染、観光や国際援助による影響など――を、背景や原因を含めたいへんわかりやすく説明している。これらの問題については断片的には理解しているつもりだったが、砂浜の乾燥した砂は海水に比べより細菌汚染が進んでいることや、国際的な観光産業による環境負荷などは、本書を読んで初めて知った。どの問題も想像以上に深刻であることを知らされ、愕然とした。

本書では、東日本大震災時の津波による釜石湾の防波堤の決壊、流れ出した家財や漁具・漁船などの漂流・漂着、福島第一原子力発電所の浸水をはじめ日本の事例もいくつか取り上げられているが、大部分は海外のものだ。そのため、遠い外国の出来事だと思うかもしれないが、程度の差はあれ多くは日本の砂浜にも共通するので、本書を一冊読めば、日本の砂浜が抱える環境問題を一通り学ぶことができるだろう。

しかし、本書は環境問題の単なる列記に終わっていない。より重要なのは、全編を通して、気候変動にともなう海面上昇が進行するなか、海岸線が後退するだけではなく、砂浜に関わるあらゆる環境問題の深刻さがいっそう増すことに警鐘を鳴らしている点である。長い地質学的な歴史の中で、幾度も海面上昇の影響を受けながらも砂浜が生き残ってきたのは、嵐が来れば浜が削られ、過ぎれば再び戻るように、自然の砂浜がもつ柔軟性があったからだ。柔軟性こそが砂浜の命なのに、現代社会は護岸や突堤などの人工物で砂浜を固め、柔軟性を失わせている。そうなれば硬直化した砂浜は砂を保持することができなくなり、ソフトな安定化という言葉に惑わされるがけっして環境にやさしくはない養浜によって、人工的に砂を補給することでしか砂浜を維持できなくなっている。しかも、サンドマフィアが暗躍するほど高まる世界的な砂需要によって、良質な養浜用の砂の入手もままならない。したがって近い将来、自然の緩衝地として機能してきた砂浜が失われ、護岸で囲むことでしか沿岸部の社会は存続できなくなる。見直すのは今だ、今なら「最後の浜」を回避できる、と説いている。

とくに海岸防護構造物と養浜を扱った第3章と第4章では、米国の海岸工学エンジニアに対する痛烈な批判が展開されている。これまで行われてきた数々の海岸防護事業や開発事業が結果として問題をさらに深刻にし、多くの砂浜が失われてきたからである。

日本の巨大海岸防災構造物にも同様の指摘があてはまるのだが、我々も、海岸・海の恵みをていねいに引き出して暮らしてきた人間社会と自然との関係性にあまりにも無頓着であった。

『消えゆく砂浜を守る』(地人書館、二〇一九年)にも、ピルキーによる数々の批判が紹介されている。当然のことながら、それらの批判に対してエンジニアや事業者側からは、ピルキーの主張はでたらめであるとか、根拠にしている研究には基本的な資料が明記されていないなど厳しい反論がされ、両者の間でたびたび論争となってきた。ピルキーはその急先鋒として若い頃から勇名を馳せていたようである。

海岸工学の専門家ではない私は、これらの論争の詳細については知る由もないが、砂浜に対する考え方が両者の根本的な違いとなっているのではないだろうか。ピルキーの長年の研究仲間であるマイルス・ヘイズによれば、ピルキーは「なるがままにしておく（"let it be" philosophy）」ことを好む人物だという。ピルキーのその嗜好は、バリア島をガイア的な存在に見立てていることに表れている。地球と生物があたかも一つの生命体のように自己調整しているとするガイア理論（あるいはガイア仮説）をバリア島にあてはめ、「そうすれば、バリア島とともに生きていくにはどうすればよいのかについての考えも浮かぶだろう。バリア島の生と死を考えることで、よい開発行為と悪い開発行為を見きわめられるにちがいない」と述べている（Pilkey O. H. 2003. A Celebration of the World's Barrier Islands.（世界のバリア島賛歌）Columbia University Press より）。本書の第1章でも、「ガイア」を「生命体」という言葉に置き換え、同様の記述が行われている。

一方、目の前の問題に対する現実的な対応を求められるエンジニアは、ガイアや生命体のような理想を語ってすませるわけにはいかない。住民の生命・財産のことを考えたら、砂浜がなくなったとしても、重厚な構造物で固めることはやむを得ない判断といえるだろう。日本でも、東日本大震災時の巨大津波の被害を防ぐことができなかったことを教訓として、よりいっそう重厚な防潮堤に減災・防災の期待をかけた地域が多い。両者ともその主張がまったくの誤りというわけではないので、私たちにはたいへん難しい選択が求められる。

これとは別に、批判の矛先は米国の海岸工学エンジニアの不誠実さにも向けられている。例えば、都合が悪くなると、「想定外の嵐」だとか、神様のせい（不可抗力）にしたりとかする（福島第一原子力発電所の事故でもさんざん聞かされたような気がする）。また、事業の目的にかなうように数理モデルの値を操作したとか、政治家や有力者に忖度した事業が行われているとか。これはもうエンジニアリングとは無関係な話で、倫理や不正に関わる問題である。しかし、このようなことは米国の海岸工学エンジニアに限った話ではなく、日本のエンジニアリングの世界でも繰り返されてきたことである。世界に通用する立派な技術者を育成しようと、日本のエンジニアリング系大学の多くがＪＡＢＥＥ（日本技術者教育認定機構）認定プログラムを採用し、その一環として学生たちは技術者倫理を学んでいる。本書は、技術者倫理に悖る行為の事例紹介として、その授業科目の副読本にも利用できそうである。悲しいことではあるが。

◉見直される砂浜の価値

このように、世界の砂浜は不適切な管理、技術、開発によってさいなまれる一方、世界では、砂浜の価値を積極的に見直そうという動きが出始めている。一つは、近年の頻発する異常気象や東日本大震災のような巨大地震・巨大津波による自然災害を経験し、従来のように人工構造物に頼りきった対策ではなく、自然環境そのものがもつ防災・減災効果を積極的に活かそうとするEco-DRR（Ecosystem-based Disaster Risk Reduction：生態系を活用した防災・減災）の考え方の広がりである。

例えば、広い砂浜は波のエネルギーを減衰させ、背後の海岸砂丘や海浜植生は高潮や津波の進行を抑える効果をもつと期待される。これは、自然環境そのものを重要なインフラとみなす考え方であり、グリーン・インフラとも呼ばれる。日本の海岸では、植生による津波の減災効果を期待した、植生を構造物に組みこんだ「緑の防潮堤」が建設されるようになった。ただ、「グリーン／緑」という言葉には、実態を見誤らせる働きがあることにも注意すべきだろう。実際、緑の防潮堤には、「緑＝人・環境にやさしい」というイメージとは裏腹に、導入する樹種による遺伝的撹乱や生態系撹乱をはじめ、解決すべきさまざまな問題があることも指摘されている。

日本では一九九九（平成一一）年の海岸法の改正以降、砂浜を、国土保全、環境および利用の観点からインフラとみなしてきた歴史があり、海岸法にもとづく海岸保全施設の一つとして位置づけられている。しかし、これまで海岸保全施設として指定された実績はなく、二〇年経った二〇一九年に入り、ようやく石川県の石川海岸が全国で初めて指定された。従来は海岸侵食が深刻化してから後追い的に対策がとられていたが、これからは最新技術を活用した予測を重視し、しかも順応的な対応がとられるようになることは、砂浜の管理において大きな前進である。しかし、もう一つの柱である環境面、つまり砂浜の生物や生態系に対しては従来と変わらない言及がなされており、「環境に配慮しつつ」程度の言葉ですまされ、具体性を欠いている。どう配慮するのかということが伝わってこない。

しかし考えてみれば、「環境に配慮しつつ」以上の言葉が出せないのは、法制度上の制限もあるだろうが、砂浜の生物や生態系に関する科学的な知見が決定的に不足していることも、大きな理由になっているのではないだろうか。つまり、配慮しようにも、依るべき科学的知見があまりにも少ないのである。事実、砂浜の生物や生態系に関する研究は、内湾の干潟、アマモ場、河口域、サンゴ礁など他の沿岸環境に比べると著しく少なく、当然のことながら研究者もわずかしかいない。「砂浜は不毛な場所」というのがいまだに多くの人々の共通認識であり、砂浜は生息環境としての価値が低いと言いきる生物専門家さえいる。厳しい波浪環境と乾いた砂という、見かけにとらわれた先入観による誤解にすぎないのだが、専門家ですらこのような状況なので、海岸行政やエンジニアが「配慮しつつ」以上の策を打ち出せなくても無理はない。これは、生物研究者や水産研究者の責任でもある。私はこのような状況を少しでも変えたいと、思いを同じくする砂浜の仲間とともに『砂浜海岸の自然と保全』（生物研究社、二〇一七）を上梓した。

もう一つ、観光面でも砂浜が見直されようとしている。多くの訪日外国人に日本のよさを知ってもらい、かつ、経済的な成長を図ろうと、国をあげて、観光を地方再生の切り札、成長戦略の柱と考え、真の観光立国となるための勝負をかけているという（観光ビジョン実現プログラム二〇一九、観光立国推進閣僚会議）。砂浜については、単なる海水浴場ではなく、地域に根ざし、グローバルに拓けた、体験型コンテンツを充実させた総合的なビーチリゾートを創出させようとしている。しかし、砂浜に限らず、利用客の急増による種々の悪影響、つまり観光公害（オーバーツーリズム）がすでに表れていることは注意すべきである。ほとんど耳にしないが、日本の海水浴場の砂の汚染は大丈夫なのだろうか（第8章）。さらに、蓋を開けてみれば、結局は、「すべての種類の構造物を浜につけ加え、建築家や開発業者が夢見る美しいビーチリゾート（第9章）」がつくられただけであった、ということにならないだろうか。

本書はけっして生物をテーマにした本ではないが、随所で砂浜の生物や生態系についてふれられており、手つかずの動植物相とともに後世に浜を残したいという両著者の強い思いが、いたるところに表れている。両著者の考えには、私もまったく同感である。環境へ配慮した適切な海岸保全が行われたかどうかは必ず動植物相に表れるので、そのことを正しく評価するためにも、砂浜の生物や生態系を知ることは不可欠である。残念ながら現状では、ウミガメや野鳥の営巣をのぞけば、砂浜の生物や生態系に対する人々の関心は低いが、講演会などで砂浜の魚の話をすれば、砂浜にそんなに魚がいるとは思わなかったという声を聞き、たいへん興味をもってくれる人がいる。各地の環境ＮＰＯが砂浜の生物観察会などを頻繁に開き、また少数ではあるが、砂浜の生態系に強い関心を示す環境コンサルタント会社の若いエンジニアがいることは、砂浜生態系の未来に向けて非常に心強い。少しずつではあっても、砂浜の生態系や動植物への関心が高まることを期待したい。『最後の浜』が現実とならないようにするためにも、まず身近な砂浜の自然を知ることが大切だろう。

翻訳版を出版するにあたっては、直接的、間接的に多くの人たちの力添えがあった。なかでも、映画「Sand Wars」をご紹介くださり、『The Last Beach』と出合うきっかけをつくってくださった志村智子さん（日本自然保護協会）と訳書の出版に導いてくださった翻訳家の林裕美子さん。お二人からのアドバイスと後押しがなければ、ここに至ることはなかった。心からお礼を申し上げる。

以下の方々との交流は、砂浜と関わり続けようという気持ちに対する、常に強い推進力となってきた。日本では数少ない砂浜生態系のフィールド研究や調査にともに取り組んだ、五明美智男さん（千葉工業大学）、日向野純也さん・足立久美子さん・梶原直人さん（水産研究・教育機構）、早川康博さん（元水産大学校）、南條楠土さん・村瀬昇さん・阿部真比古さん（水産大学校）、大富潤さん・西隆一郎さん（鹿児島大学）、佐野光彦さん（東京大学）、永田隆一さん（東京大学生産技術研究所）、樋渡武彦さん（元国立環境研究所）、足利由紀子さん・山守巧さん（水辺に遊ぶ会）、田中雄二さん・田中美奈子さん（表浜ネットワーク）、故和田年史さん（兵庫県立大学）、橋本新さん・八木裕子さん・堀口敬洋さん（東京建設コンサルタント）、堀田剛広さん・酒井奈美さん・椿賢太さん・石松将武さん（西日本技術開発）、『砂浜海岸の自然と保全』の編集者の竹中毅さん（生物研究社）。

会議、委員会、シンポジウム、地域貢献活動などを通して、砂浜の生物、環境保全や海岸工学に関して多くのことを教えていただいた、清野聡子さん（九州大学）、加藤史訓さん・渡邊国広さん（国土技術政策総合研究所）、青木伸一さん（大阪大学）、池畑義人さん（日本文理大学）、都甲由紀子さん（大分大学）、山本倫也さん・惠本佑さん（山口県環境生活部環境政策課）、船崎美智子さん・大田奈美子さん（ライフスタイル協同組合）、向井宏さん（海の生き物を守る会）、安部真理子さん（日本自然保護協会）、宮崎海岸侵食対策検討委員会、国土交通省宮崎河川国道事務所、海辺の生物国勢調査に関する研究会のみなさん。

砂浜研究の教え子で、卒業後は研究者やエンジニアとして活躍する、内田肇さん（三洋テクノマリン）、井上隆さん（自然環境研究センター）、中村正典さん、中根幸則さん（電力中央研究所）、野々村卓美さん（鳥取県水産試験場）、荒巻陽介さん（いであ）、國森拓也さん（山口県水産研究センター）、加茂崇さん（アルファ水工コンサルタンツ）、冨岡森理さん（利尻町立博物館）、近藤めい子さん（エコニクス）、淺井貴恵さん（東亜建設工業）、小竹宙未さん（海洋建設）。ここに名前はあげなかったが、ともにフィールド調査に取り組んだ多くの学生たち、長期にわたるフィールド調査を豊かで快適なものにしてくれた南さつま市金峰町大野の京田自治会のみなさん。

海外の赤潮被害について最新の情報を提供してくれた山崎康裕さん（水産大学校）、映画用語の表現をお聞きした島内哲朗さん・ローズマリーさん（ディーン・島内翻訳事務所）、みなさんから拝借したお知恵がとても役立った。

すべての人たちに心から感謝する。

最後に、築地書館の編集部のみなさんには、出版に至るすべての過程でたいへんお世話になった。とくに、橋本ひとみさんからの具体的で有益な多数のアドバイスやコメントは、本書への理解をいっそう深めることにつながった。深くお礼を申し上げる。

二〇二〇年一月

須田有輔

索　引

【サ行】

【タ行】

【ナ行】

【ハ行】

【マ行】

【ヤ行】

【ラ行】

【ワ行】

【英略語】

参考文献

第1章

Al Hendon. 2008. Great resort but disappearing beaches. Review of Iberostar Varadero, Cuba. TripAdvisor.com, June 28, 2008. http://www.tripadvisor.com/ShowUserReviews-g147275-d535717-r17302079-Iberostar_Varadero-Varadero_Matanzas_Province_Cuba.html.

Aquino, A. 2011. Lanikai Beach is disappearing. YouTube, June 14, 2011. http://www.youtube.com/watch?v=6_4mRGya2XA.

Aurofilio. 2002. The disappearing beach dilemma. *Auroville Today*, November 2002. http://www.auroville.org/journals&media/avtoday/archive/2000-2003/Nov_2002/beach.htm.

Barcelona Field Studies Centre. 2013. Coastal management: Sitges case study. http://geographyfieldwork.com/CoastalManagementSitges.htm.

Bosker, G. and L. Lenceck. 2000. *Beaches*. San Francisco: Chronicle Books.

Coastalcare.org. http://coastalcare.org/.

Cooper, J. A. G., J. McKenna, D. W. T. Jackson and M. O'Connor. 2007. Mesoscale coastal behavior related to morphological self-adjustment. *Geology* 35: 187-190.

Defeo, O., A. McLachlan, D. S. Schoeman, T. A. Schlacher, J. Dugan, A. Jones, M. Lastra and F. Scapini. 2009. Threats to sandy beach ecosystems: A review. *Estuarine Coastal and Shelf Science* 81: 1-12.

Delestrac, D., dir. 2013. *Sand Wars*. Paris: Rappi Productions and La compagnie des Taxi-Brousse.

European Environment Agency. 2013. The squeeze on Europe's coastline continues. Press release, November 28, 2013. http://www.eea.europa.eu/media/newsrelease/the-squeeze-on-europe2019s-coastline-continues/.

Gayes, P. T. 1991. Post-Hurricane Hugo side-scan sonar survey: Impacts to nearshore morphology. In O. H. Pilkey and C. Fincle, eds., *The Impacts of Hurricane Hugo-September 10-22, 1989. Journal of Coastal Research Special Issue 8*: 95-113.

Gornitz, V. 2013. *Rising Seas: Past, Present, Future*. New York: Columbia University Press.

Green, A. N., J. A. G. Cooper, R. Leuci and Z. Thackeray. 2013. Formation and preservation of an overstepped segmented lagoon complex on the South African continental shelf. *Sedimentology* 60: 1755-1768.

Grimsby Telegraph. 2011. Our beach needs netter protection. September 16, 2011. http://www.grimsbytelegraph.co.uk/beach-needs-better-protection-story-13343327-detail/story.html.

Harkinson, J. 2010. EPA scientist says East Coast beaches threatened by sea level, but nobody's listening. *Wired*, in collaboration with *Mother Jones*, April 27, 2010. http://www.wired.com/2010/04/climate-desk-sea-level

Hayden, B. P. and N. R. Hayden. 2003. Decadal and century-long changes in storminess at long-term ecological research sites, 262-285. In D. Greenland, D. G. Goodin, R. C.

Smith, eds. *Climate Variability and Ecosystem Response at Lont-Term Ecological Research Sites*. New York: Oxford University Press.

Hine, A. C., R. B. Halley, S. D. Locker, B. D. Jarrett, W. C. Jaap, D. J. Mallinson, T. T. Ciembronowicz, N. B. Ogden, B. T. Donahue and D. F. Naar. 2008. Coral reefs, present and past, on the West Florida shelf and platform margin, 127-173. In B. M. Riegl and R. E. Dodge, eds. *Coral Reefs of the USA*. New York: Springer.

Hobbs, C. 2012. *The Beach Book: Science of the Shore*. New York: Columbia University Press.

Hughes, H. and J. Duchaine. 2011. *Frommer's 500 Places to See before They Disappear*. New York: Wiley.

Japan Update. 2004. Okinawa's natural beaches disappearing at rapid rate. October 11, 2004. http://www.japanupdate.com/?id=997.

Jarrett, D., A. C. Hine, R. B. Halley, D. E. Naar, S. D. Locker, A. C. Neumann, D. Twichell, C. Hu, B. T. Donahue, W. C. Jaap, D. Palandro and K. Ciembronowicz. 2005. Strange bedfellows-a deep-water hermatypic coral reef superimposed on a drowned barrier island; Southern Pulley Ridge, SW Florida platform margin. *Marine Geology* 214: 295-307.

Kalina, B., producer and director. 2013. *Shored Up*. Philadelphia: Mangrove Media LLC.

Kaufman, W. and O. H. Pilkey. 1983. *The Beaches Are Moving: The Drowing of America's Shoreline*. Durham, NC: Duke University Press.

Kelley, J. T., D. F. Belknap and S. Claesson. 2010. Drowned coastal deposits with associated archaeological remains from a sea-level 'slowstand': Northwestern Gulf of Maine, USA. *Geology* 38, no. 8: 695-698.

Kelley, J. T., D. F. Belknap, A. R. Kelley and S. H. Claesson. 2013. A model for drowned terrestrial habitats with associated archaelogical remains in the Northwestern Gulf of Maine, USA. *Marine Geology* 338: 1-16.

Kimball, S. 1990. *Where's the Beach? The How and Whys of Our Disappearing Beaches-Severe Storm, Changing of the Sea Level, and Shifting Sand*. Video, Jefferson Lab Science Series, October 25, 1990. http://education.jlab.org/scienceseries/beach.html.

Kington, T. 2011. Italy's elite are dismayed by vanishing beaches. *Guardian*, July 9, 2011. http://www.guardian.co.uk/world/2011/jul/10/italy-beaches-erosion-climate-change.

Kyle, R., W. D. Robertson and S. L. Birnie. 1997. Subsistence shellfish harvesting in the Maputaland Marine Reserve in Northern KwaAulu-Natal, South Africa: Sandy neach organisms. *Biological Conservation* 82: 173-182.

Lajovic, V. 2010. Erosion threatening to destroy one of the nicest beaches in Budva. Visit-Montenegro.com, April 4, 2010. Accessed July 8, 2013. http://www.visit-montenegro.com/article-mne-22318.htm.

Lenceck, L. and G. Bosker. 1998. *The Beach: The History of Paradise on Earth*. New York: Viking.

Liew, S. C., A. Gupta, P. P. Wong and L. K. Kwoh. 2010. Recovery from a large tsunami mapped over time: The Aceh coast, Sumatra. *Geomorphology* 114: 520-529.

Lighty, R. G., I. G. MacIntyre and R. Stuckenrath. 1978. Submerged early Holocene barrier reef South-east Florida shelf. *Nature* 275: 59-60.

Living Heritage. 2013. Mapua School: Mapua—The good, the bad, and the ugly;

disappearing beaches of Mapua. Living Heritage, Tikanga Tuku Iho. http://www.livingheritage.org.nz/schools/primary/mapua/good-bad-ugly/beaches.php.

Loureiro, C., Ó. Ferreira and J. A. G. Cooper. 2011. Extreme erosion on high-energy embayed beaches: Influence of megarips and storm grouping. *Geomorphology* 139-140: 155-171.

Makpol, M. 2011. Government mulls 600 million baht plan to prevent Pattaya beach disappearing in 5 years. *Pattaya Mail*, January 27, 2011. http://www.pattayamail.com/k2/government-mulls-600-million-baht-plan-to-prevent-pattaya-beach-dissapearing-in-5-years-1200.

Mamu, M. 2010. Our disappearing beaches. *Solomon Star News* (Honiara), March 29, 2010. http://solomonstarnews.com/viewpoint/private-view/4328-our-disappearing-beaches.

Mapes, L. W. 2011. Elwha: The grand experiment to tear down two dams and return and Olympic wilderness to its former glory. *Seattle Times*, September 17, 2011.

McLachlan, A. 1996. Physical factors in benthic ecology: Effects of changing sand particle size on beach fauna. *Marine Ecology Progress Series* 131: 205-217.

Mihaescu, D. 2010. Officials: Romanian Black Sea beaches disappearing. Associated Press, May 17, 2010. http://www.boston.com/news/world/europe/articles/2010/05/17/officials_romanian_blacck_sea_beaches_disappearing/.

Morris, L. 2009. Disappearing beaches in Gambia. *Grist*, October 30, 2009. http://grist.org/climate-energy/disappearing-beaches-in-gambia/.

Morton, R. A. 1977. Historical Shoreline Changes and Their Causes, Texas Gulf Coast. *Bureau of Economic Geology Geological Circular* 77, no. 6 : 352–64.

Morton, R. A. and M. J. Pieper. 1977. Shoreline changes on Mustang Island and North Padre Island (Aransas Pass to Yarborough Pass). *Bureau of Economic Geology Geological Ciucular* 77, no. 1.

Morton, R. A. and M. J. Pieper. 1977. Shoreline changes on central Padre Island (Yarborough Pass to Mansfield Channel). *Bureau of Economic Geology Geological Circular* 77, no. 2.

Munisamy, R. L. 2013. Disappearing beaches. We Love Mauritius (WeLuvMu). Accessed May 28, 2013. http://welovemauritius.org/node/5.

NDTV. 2012. Save the beach campaign: Save India's beaches. Video, NDTV Convergence, 2012. http://www.ndtv.com/convergence/ndtv/new/Ndtv-Show-Special.aspx?ID=169.

Noriega, R., T. A. Schlacher and B. Smeuninx. 2012. Reductions in ghost crab populations reflect urbanization of beaches and dunes. *Journal of Coastal Research* 28, no. 1: 123-131.

Panorama (Gibraltar). 2011. Gibraltar's fast disappearing beaches. February 15, 2011. http://www.panorama.gi/localnews/headlines.php?action=view_article&article=7065&offset=0.

Pearce, V. 2008. Sand disappearing from Armier beaches. TimesofMalta.com, August 5, 2008. http://www.timesofmalta.com/articles/view/20080805/letters/sand-disappearing-from-armier-beach.219510.

Peterson, C. H., M. J. Bishop, G. A. Honson, L. M. D'Anna and L. M. Manning. 2006. Expoiting beach filling as an unaffordable experiment: Benthic intertidal impacts propagating upwards to shorebirds. *Journal of Experimental Marine Biology and Ecology* 338:

205-221.
Peterson, C. H., H. C. Summerson, E. Thomson, H. S. Lenihan, J. Grabowski, L. Manning, F. Michell and G. Johnson. 2000. Synthesis of linkages between benthic and fish communities as a key to protecting essential fish habitat. *Bulletine of Marine Science* 66, no. 3: 759-774.
Pilkey, O. H. and K. C. Pilkey. 2011. *Global Climate Change: A Primer*. Durham, NC: Duke University Press.
Pilkey, O. H. and R. Young. 2009. *The Rising Sea*. Washington, DC: Island Press.
Price, F. and A. Spiess. 2007. A new submerged prehistoric site and other fishermen's reports near Mount Desert Island. *Marine Archaeological Society Bulletin* 47, no. 2: 21-35.
Schlacher, T. A., J. Dugan, D. S. Schoeman, M. Lastra, A. Jones, F. Scapini, A. McLachlan and O. Defeo. 2007. Sandy beaches at the brink. *Diversity and Distributions* 13: 556-560.
Schrader, T. 2011. Mui ne, Vietnam's disappearing beach. *Leave Your Daily Hell*, January 25, 2011. http://leaveyourdailyhell.com/2011/01/25/mui-ne-vietnams-disappearing-beach/.
Seabrook, J. 2013. The beach builders: Can the Jersey shore be saved? *New Yorker*, July 22, 2013. http://archives.newyorker.com/?i=2013-07-22#folio=042.
Shareef, N. M. 2007. Disappearing beaches of Kerala. *Current Science* 92, no. 2: 157-158. http://www.iisc.ernet.in/currsci/jan252007/157a.pdf.
Shepard, F. P. 1963. *Submarine Geology*, 2nd ed, New York: Harper & Row.
Short, A. and B. Farmer. 2012. *101 Best Australian Beaches*. Sydney: NewSouth Publishing.
Siripong, A. 2008. The beaches are disappearing in Thailand. Paper presented at the International Symposia on Geoscience Resources and Environments of Asian Terranes (GREAT 2008), 4th IGCP, 5th APSEG, Bangkok, Thailand, November 24-26.
Smith, A., A. Mather, L. Guastella, J. A. G. Cooper, P. J. Ramsay and A. Theron. 2010. Contrasting styles of swell-driven coastal erosion: Examples from KwaZulu-Natal, South Africa. *Gelological Magazine* 147: 940-953.
Springer, A. 2009. Climate change eroding France's tourism hubs: Government study. *Die Welt*, June 5, 2009. http://www.welt.de/english-news-article3685705/Climate-change-eroding-Frances-tourism-hubs.html.
Stevenson, M. 2010. UN Climate Change Conference in Mexico highlights Cancun's disappearing beaches. *Huffington Post*, November 30, 2010. http://www.huffingtonpost.com/2010/11/30/un-climate-change-confere_n_790129.html.
Woodruff, G., et al. 1979. The problem of dissapearing beaches. *Ecos*, no. 19: 26-31.
Wright, L. D. and A. D. Short. 1984. Morphodynamic variability of surf zones and beaches: A synthesis. *Marine Geology* 56: 93-118.

第2章

All African Global Media. 2013. Liberia: Illicit sand mining at night. *Inquirer* (Morovia), January 3, 2013. http://allafrica.com/stories/201301030759.html.
Asian Beat. 2012. 'Lazy' Malaysian sand 'better off in Singapore'. January 10, 2012. Accessed February 7, 2014. http://asiabeat.wordpress.com/2012/01/10/lazy-malasian-sand-better-off-in-Singapore/.

Billings, M. 2011. San Francisco Bay sand mining raises questions about beach erosion. *Examiner* (San Francisco), January 12, 2011. http://www.sfexaminer.com/sanfrancisco/san-francisco-bay-sand-mining-raises-questions-about-beach-erosion/Content?oid=2318082.

Brown, D. 2013. Facing tough times, Barbuda continues sand mining despite warnings. Inter Press Service News Agency, June 22, 2013. Accessed March 11, 2014. http://www.ipsnews.net/2013/06/facing-tough-times-barbuda-continues-sand-mining-despite-warnings/.

Butler, R. 2013. 'Massive Room for Fraud' in Barbuda sand mining. *Antigua Observer*, June 20, 2013.

Byrnes, M. R., M. R. Hammer, T. D. Thibaut and D. B. Snyder. 2004. Effects of sand mining on physical processes and biological communites offshore New Jersey. *Journal of Coastal Research* 20, no. 1: 25-43.

Cambers, G. 1999. A viable solution to beach sand mining? Montserrat. Wise Coastal Practices for Sustainable Human Development Forum, UNESCO, September 15, 1999. http://www.csiwisepractice.org/?read=88.

CDE Global. 2013. Manufactured sands—A viable alternative. http://www.cdeglobal.com/newsletters/205/manufactured-sands-a-viable-alternative?gclid=CMDGq_v3_LkCFZPItAodRnoALA.

Dean, C. 2006. Next victim of warming: The beaches. *New York Times*, June 20, 2006. http://select.nytimes.com/gst/abstract.html?res=F10717FD35550C738EDDAF0894DE404482&fta=y&incamp=archive:article_related.

Dredging News Online. 2010. Singapore accused of launching 'Sand War'. February 15, 2010. http://www.sandandgravel.com/news/article.asp?v1=12585.

Goa News. 2012. No control on illegal sand mining. *Navhind Times* (Panaji, Goa). November 17, 2012. http://www.navhindtimes.in/goa-news/no-control-illegal-sand-mining.

Gornitz, V. 2013. *Rising Seas: Past, Present, Future*. New York: Columbia University Press.

Government Information Service. 2013. Sand mining areas identified. St. George's, Grenada, July 12, 2013. http://www.gov.gd/egov/news/2013/jul13/12_07_13/item_1/sand_mining_areas_identified.html.

Gray, D. D. 2011. *Sand mines boom in Asia*—at a cost to nature. NBC News, August 22, 2011. http://www.nbcnews.com/id/44230562/#.UVCpgRkxt_k.

Gray, D. D. 2011. Sand mining puts nations' environments at risk. *San Francisco Chronicle*, September 4, 2011.

Henderson, B. 2010. Singapore accused of launching 'Sand Wars.' *Telegraph*, February 12, 2010. http://www.telegraph.co.uk/news/wordlnews/asia/singapore/7221987/Singapore-accused-of-launching-Sand-Wars.html.

Hilton, M. J. 1994. Applying the principle of sustainability to coastal sand mining: The case of Pakiri-Mangawhai Beach, New Zealand. *Environmental Management* 18, no. 6: 815-829.

IRIN. 2013. Sand-mining threatens homes and livelihoods in Sierra Leone. IRIN, UN Office for the Coordination of Humanitarian Affairs, Nairobi, Kenya, February 4, 2013. http://reliefweb.int/report/sierra-leone-sand-mining-threatens-homes-and-livelihoods-sierra-leone.

Isaac, C. 1996. Sand mining in Grenada: Issues, challenges and decisions relating to coastal management. Presentation at the Integrated Framework for the Management of Beach Resources within the Smaller Caribbean Islands workshop, Mayaguez, Puerto Rico, October 21-25, 1996. UNESCO, CSI papers 1. http://www.unesco.org/csi/pub/papers/abstra10.htm.

Jones, B. 2011. Beach mining study bodes well for prospectors: Washington State director optimistic about pilot program. Gold Prospectors Association of America, January 3, 2011. http://www.goldprospectors.org/Communication/ArticlesandInformation/tabid/153/EntryId/246/Beach-mining-study-bodes-well-for-prospectors.aspx.

Kanu, R. 2013. How illegal sand mining in Sierra Leone is destroying the local beaches. Ecologists, April 3, 2013. http://www.theecologist.org/News/news_analysis/1872134/how_illegal_sand_mining_in_sierra_leone_is/destroyin_the_local_beaches.html.

Lacey, M. 2009. A battle as the tide takes away Cancun sand. *New York Times*, August 18, 2009. http://www.nytimes.com/2009/08/18/world/americas/18cancun.html.

Levitt, T. 2010. The damage caused by Singapore's insatiable thirst for land. *Ecologist*, May 11, 2010. http://www.theecologist.org/News/news_analysis/481729/the_damage_caused_by_singapores_insatiable_thirst_for_land.html.

Mahima Groups. 2013. Sand mining mafia adops new tactics: Kozhikode, Kerala-River sand mining and export. *Times of India*, February 2, 2013. http://timesofindia.indiatimes.com/city/kozhikode/Sand-mining-mafia-adopts-new-tactics/articleshow/18265414.cms?referal=PM.

McLeod, M. 2013. Pushing Grenada backwards with beach sand mining. *Grenada Broadcast*, May 25, 2013. http://grenadaactionforum.co,/2013/05/24/pushing-grenada-backwards-with-beach-sand-mining/#more-789.

Minister of Works. 2012. Sand mining. *Grenada Broadcast*, June 6, 2012. http://www.grenadaboroadcast.com/news/other/13707-public-announcement.

New Today (Grenada). 2013. Sand mining returning to Grenada. April 28, 2013. http://thenewtoday.gd/local-news/2013/04/28/sand-mining-returning-grenada/.

Pereira, K. 2012. Sand mining: The high volume—low value paradox. *Coastal Care*, October 20, 2012. http://coastalcare.org/2012/10/sand-mining-the-high-vokume-low-value-paradox/.

Pereina, K. 2012. Sand mining—The unexamined threat to water security. *India Water Portal*, December 17, 2012. http://www.indiawaterportal.org/sites/indiawaterportal.org/files/article_for_india_water_portal_-_sand_mining_17th_dec_2012_.pdf.

Pilkey, O. H. and R. Young. 2009. *The Rising Sea*. Washington, DC: Island Press.

Pilkey, O. H., R. S. Young, J. Kelley and A. D. Griffith. 2009. Mining of coastal sand: A critical environmental and economic problem for Morocco. White pater, Program for the Study of Developed Shoreliens, Western Carolina University.

Seafriends. 1998. Mining the Sea Sand. http://www.seafriends.org/oceano/seasand.htm.

Seltenrich, N. 2012. SF Bay sand mining alarms conservationists. *Examiner* (San Francisco), December 15, 2012. http://www.sfgate.com/science/article/SF-Bay-sand-mining-alarms-conservationists-4121440.php.

Sengbeh, D. K. 2013. Liberia: 'illegal' sand mining, sales. *Informer* (Monrovia), February 27,

2013. http://allafrica.com/stories/201302271107.html.
Thornton, E. 2012. Beach erosion caused by CEMEX sand mining in Marina: Monterey County; Conservation issues of the Ventana Chapter. Sierra Club, January 2012. http://ventana.sierraclub.org/conservation/marina/sandMiningErosion.shtml.
Tupufia, L. 2012. Anger over sandmining. *Samoa Observer*, December 27, 2012. http://www.samoaobserver.ws/home/headlines/2625-anger-over-sandmining.
United Nations. 2013, Application for inclusion of sand mining in the agenda of the convention of biodiversity, a new and emerging issue relating to the conservation and sutainable use of biodiversity. AwaazFoundation and Bombay Natural History Society.
Young, R. and A Griffith. 2009. Documenting the global impacts of beach sand mining. *Geophysical Research Abstracts* 11: 11593.

第3章

Anfuso, G. and J. Á. M. del Pozo. 2009. Assessment of coastal vulnerability through the use of GIS tools in South Sicily (Italy). *Environmental Management* 43, no. 3: 533.
Clayton, K. M. 1993. *Coastal Processes and Coastal Management, Technical Report*. Cheltenham, Countryside Commission.
Crammond, R. H. 1992. A consulting engineer's perspective. In M. L. Myers, R. F. Herrick, S. A. Olenchock, et al., eds. *Papers and Proceedings of the Surgeon General's Conference on Agricultural Safety and Health: Public Law 101-517, April 30-May 3, 1991, Des Moines, Iowa*, ed. U. S. Department of Health and Human Services publication number 92-105: 365-371.
del Pozo, J. Á. M. and G. Anfuso. 2008. Spatial approach to medium-term coastal evolution in South Sicily (Italy): Implications for coastal erosion management. *Journal of Coastal Research* 24, no. 1: 33-42.
Dredging News Online. 2003. British beaches 'Could be gone within 100 years.' August 8, 2003. http://www.sandandgravel.com/news/article.asp?1=5337.
Gornitz, V. 2013. *Rising Seas: Past, Present, Future*. New York: Columbia University Press.
Hoover, H. 1951. *The Memoirs of Herbert Hoover*. 3 vols. New York: Macmillan.
Jackson, C. W., D. M. Bush and W. J. Neal. 2012. Documenting beach loss in front of seawalls in Puerto Rico: Pitfalls of engineering a small island nation shore, 53-71. In J. A. G. Cooper and O. H. Pilkey eds. *Pitfalls of Shoreline Stabilization: Selected Case Studies*. Dordrecht: Springer.
Kalina, B., producer and director. 2013. *Shored Up*. Philadelphia: Mangrove Media LLC.
Kelley, J. T., O. H. Pilkey and J. A. G. Cooper, eds. 2009. *America's Most Vulnerable Coastal Communities*. Geological Society of America, special paper 460.
Kinver, M. 2013. UK floods: Learning lessons from past storm surges. BBC News, December 5, 2013. http://www.bbc.co.uk/news/science-environment-25247134.
Kraus, N. D. and O. H. Pilkey, eds. 1988. The effects of seawalls on the beach. *Journal of Coastal Research Special Issue No. 4*.
Love, B. and M. Gabbett. 2012. Recife: One of the world's top 10 shark infested beaches. Green Global Travel, August 16, 2012. http://greenglobaltravel.com/2012/08/16/shark-week-recife-brazil/.

Mapes, L. W. 2011. Dam's removal promises unique change to start over on a grand scale. *Seattle Times*, September 7, 2011.
Mapes, L. W. 2011. Elwha: The grand experiment to tear down two dams and return an Olympic wilderness to its former glory. *Seattle Times*, September 17, 2011.
Matthews, E. R. 2007. *Coast Erosion and Protection*, 2nd ed. London: C. Griffin and Company.
Pilkey, O. H. 2012. Presque Isle breakwaters: Successful failures ? 131-139. In J. A. G. Cooper and O. H. Pilkey, eds. *Pitfalls of Shoreline Stabilization: Selected Case Studies*. Dordrecht: Springer.
Pilkey, O. H., and J. A. G. Cooper. 2012. 'Alternative' Shoreline Erosion Control Devices: A Review. In *Pitfalls of Shoreline Stabilization: Selected Case Studies*, ed. J. A. G. Cooper and O. H. Pilkey, 187-214. Dordrecht: Springer.
Pilkey, O. H. and K. L. Dixon. 1996. *The Corps and the Shore*. Washington, DC: Island Press.
Pilkey, O. H., W. J. Neal, J. T. Kelley and J. A. G. Cooper. 2011. *The World's Beaches: A Global Guide to the Science of the Shoreline*. Berkeley: University of California Press.
Pilkey, O. H. and L. Pilkey-Jarvis. 2007. *Useless Arithmetic: Why Environmental Scientists Can't Predict the Future*. New York: Columbia University Press.
Pilkey, O. H. and R. Young. 2009. *The Rising Sea*. Washington, DC: Island Press.
Rennie, Sir John. 1845. Presidential address to the annual general meeting, Institution of Civil Engineers. Minutes of the proceedings, Institution of Civil Engineers, vol. 4, 23-25.
Shaler, N. S. 1895. *Sea and Land: Features of Coasts and Oceans with Special Reference to the Life of Man*. London: Smith, Elder and Co.
Ward, E. M. 1922. *English Coastal Evolution*. London: Methuen and Co.

第4章

Alvarez, L. 2013. Where sand is gold, the reserves are running dry. *New York Times*, August 24, 2013.
Americaln Shore and Beach Preservation Association. 2013. Coastal *Voice* 80, no. 1.
Coburn, A. S. 2012. Beach nourishment in the United States, 105-119. In J. A. G. Cooper and O. H. Pilkey, eds. *Pitfalls of Shoreline Stabilization: Selected Case Studies*. Dordrecht: Springer.
Coburn, A. S. 2013. *Beach Nourishment Database*. Program for the Study of Developed Shorelines, Western Carolina University. http://www.psds-wcu.org/beach-nourishment.html.
Crain, D. A., A. B. Bolten and K. Bjoundal. 1995. Effect of beach nourishment on sea turtles: A review and research initiatives. *Restoration Ecology* 3: 95-104.
Dean, R. C. 2003. Beach nourishment: Theory and practice. *World Scientific*: 420 pp.
Defeo, O., A. McLachlan, D. S. Schoeman, T. A. Schlacher, J. Dugan, A. Jones, M. Lastra and F. Scapini. 2009. Threats to sandy beach ecosystems: A review. *Estuarine Coastal and Shelf Science* 81: 1-12.
Dixon, K. L. and O. H. Pilkey Jr. 1991. Summary of beach replenishment experience on the U.S. Gulf of Mexicco shoreline. *Journal of Coastal Research* 7: 249-256.
Gornitz, V. 2013. *Rising Seas: Past, Present, Future*. New York: Columbia University Press.

Haddad, T. C. and O. H. Pilkey. Summary of the New England Beach Nourishment Experience (1935-1996). *Journal of Coastal Research* 14, no. 4 (1998): 1395-1404.

Hamm, L., M. Capobianco, H. H. Dette, A. Lechuga, R. Spanhoff and M. J. F. Stive. 2002. A summary of European experience with shore nourishment. *Coastal Engineering* 47: 237-264.

Kalina, B., producer and director. 2013. *Shored Up*. Philadelphia: Mangrove Media LLC.

Leonard, L. A., T. D. Clayton and O. H. Pilkey Jr. 1990. An analysis of replenished beach design parameters on U.S. East Coast barrier islands. *Journal of Coastal Research* 6: 15-36.

Leonard, L. A., K. L. Dixon and O. H. Pilkey Jr. 1990. A comparison of beach replenishment on the U.S. Atlantic, Pacific, and Gulf coasts. Artificial Beaches, *Journal of Coastal Research Special Issue No. 6*: 127-140.

Mulder, J. P. M. and P. K. Tonnon. 2011. 'Sand Engine': Background and design of a mega-nourishment pilot in the Netherlands. *Proceedings of 32nd Conference on Coastal Engineering, Shanghai, China, 2010. Coastal Engineering Proceedings* 1, no. 32. http://journals.tdl.org/icce/index.php/icce/article/viewFile/1454/pdf_357. doi:10.9753/icce.v32.management.35.

Parr, T., D. Diener and S. Lacy. 1978. Effects of beach replenishment on the nearshore sand fauna at Imperial Beach, California. Fort Belvoir, VA: U.S. Army Corps of Engineers, Coastal Engineering Research Center, National Technical Information Service, Operations Division. http://dx.doi.org/10.5962/bhl.title.47745.

Peterson, C. H., D. H. M. Hickerson and C. G. Johnson. 2000. Short-term consequences of nourishment and bulldozing on the dominant large invertebrates of a sandy beach. *Journal of Coastal Research* 16: 368-378.

Pilkey, O. H. 1992. Another view of beachfill performance. *Shore and Beach* 60, no. 2: 20-25.

Pilkey, O. H. 2007. Beach nourishment: Not the answer. *Business and Economic Review* 53, no. 2: 7-8.

Pilkey, O. H. 1990. A Time to Look Back at Beach Replenishment: Editorial. *Journal of Coastal Research* 6: iii-vii.

Pilkey, O. H. 2006. What I did on my summer vacation. Conclusion to the beach nourishment: Is it worth the cost ? dialog, NOAA Coastal Services Center. http://www.csc.noaa.gov/archived/beachnourishment/html/human/dialog/series1d.htm.

Pilkey, O. H. and A. Coburn. 2006. Beach nourishment: Is it worth the cost ? — Perspective. Dialog, NOAA Coastal Services Center. http://www.csc.noaa.gov/archived/beachnourishment/html/human/dialog/series1a.htm.

Pilkey, O. H. and A. Coburn. 2006. Beach nourishment: Is it worth the cost ? — Perspéctive. Dialog, NOAA Coastal Services Center. http://www.csc.noaa.gov/archived/beachnourishment/html/human/dialog/series1b.htm.

Pilkey, O. H. and A. Coburn. 2000. What You Know Can Hurt You: Predicting the Behavior of Nourished Beaches, 159-184. In E. Sarewitz, R. A. Pielke Jr. and R. Byerly Jr., eds. *Prediction: Science, Decision Making, and the Fufure of Nature*. Washington, DC: Island Press.

Pilkey, O. H. and J. A. G. Cooper. 2012. 'Alternative' Shoreline Erosion Control Devices: A Review, 187-214. In J. A. G. Cooper and O. H. Pilkey, eds. *Pitfalls of Shoreline Stabilization: Selected Case Studies*. Dordrecht: Springer.

Pilkey, O. H. and K. L. Dixon. 1996. *The Corps and the Shore.* Washington, DC: Island Press.
Pilkey, O. H. and K. C. Pilkey. 2011. *Global Climate Change: A Primer.* Durham, NC: Duke University Press.
Pilkey, O. H. and L. Pilkey-Jarvis. 2007. *Useless Arthmetic: Why Environmental Scientist Can't Predict the Future.* New York: Columbia University Press.
Pilkey, O. H., and R. Young. 2009. *The Rising Sea.* Washington, DC: Island Press.
Rijkswaterstaat and Provincie Zuid-Holland. 2013. The Sand Engine. The Netherlands. http://www.dezandmotor.nl/en-GB/.
Sistermans, P. and O. Nieuwenhuis. 2002. *EUROSION Case Study, Isle of Sylt: Isles Scheslwig-Holstein* (Germany). DHV Group. http://www.eurosion.org/shoreline/17sylt.html; ec.europa.eu/ourcoast/index.cfm?menuID=&articleID=195.
Speybroeck, J., D. Bonte, W. Courtens, T. Gheskiere, P. Grootaert, J-P. Maelfait, M. Mathys, S. Provoost, K. Sabbe, E. W. M. Stienen, V. Van Lancker, M. Vincx and S. Degraer. 2006. Beach nourishment: An ecologically sound coastal defence alternative ? A review. *Aquatic Conservation — Marine and Freshwater Ecosystems* 16: 419-435.
Trembanis, A. C., O. H. Pilkey and H. R. Velverde. 1999. Comparison of beach nourishment along the U.S. Atlantic, Great Lakes, Gulf of Mexido, and New England shorelines. *Coastal Management* 27: 329-340.
Trembanis, A. C., H. R. Valverde and O. H. Pilkey. 1998. Comparison of beach nourishment along the U.S. Atlantic, Great Lakes, Gulf of Mexico and New England shorelines. *Journal of Coastal Research Special Issue No. 26*: 246-251.
U.S. Army Corps of Engineers. 1994. *Shoreline Protection and Beach Erosion Control Study: Phase I: Cost Comparison of Shoreline Protection Projects of the US Army Corps of Engineers.* IWR report 94 PS 1 ("The Purple Report").
Valverde, H. R., A. C. Trembanis and O. H. Pilkey. 1999. Summary of beach nourishment episodes on the U.S. East Coast barrier islands. *Journal of Coastal Research* 15, no. 4: 1100-1118.
Witherington, B., S. Hirama and A. Mosier. 2011. Barriers to sea turtle nesting on Florida beaches: Linear extent and changes following storms. *Just Cerfing* 2, no. 6: 17-20.

第5章

Aguiar, E. 2007. Beach trash a relentless tide. *Honolulu Advertiser*, January 18, 2007. http://the.honoluluadvertiser.com/article/2007/Jan/18/In/FP701180353.html.
Amos, A. F. 2011. Pollution of the ocean by plastic and trash. *Water Encyclopedia: Science and Issues.* http://www.waterencyclopedia.com/Po-Re/Pollution-of-the-Ocean-by-Plastic-and-Trash.html.
Amos, A. F. 1993. *Solid Waste Pollution on Texas Beaches: A Post-*MARPOL *Annex V Study.* Vol. 1. OCS Study MMS 93-0013. New Orleans: U.S. Department of the Interior, Minerals Management Service, Gulf of Mexico OCS Region.
Associated Press. 2008. One day's haul of beach trash: 6 million pounds. NBC News.com, April 15, 2008. http://www.nbcnews.com/id/24141483/ns/world_news-world_environment/t/pne-days-haul-beach-trashu-million-pounds/#.Ua9X7uuXJ_k.
Avery-Gomm, S., P. D. O'Hara, L. Kleine, V. Bowes, L. K. Wilson and K. L. Barry. 2012.

Northern Fulmars as biological monitors of trends of plastic pollution in the Eastern North Pacific. *Marine Pollution Bulletin* 64, no. 9: 1776-1781.

Browne, M. A., P. Crump, S. J. Niven, E. L. Teuten, A. Tonkin, T. Galloway and R. C. Thompson. 2011. Accumulation of microplastic on shorelines worldwide: Sources and sinks. *Environmental Science and Technology* 45, no. 21: 9175-9179.

Depledge, M. H., F. Galgani, C. Panti, I. Caliani, S. Casini and M. C. Fossi. 2013. Plastic litter in the sea. *Marine Environmental Research* 92: 279-281.

Ebbesmeyer, C. and E. Scigliano. 2009. *Flotsametrics and the Floating World: How One Man's Observation with Runaway Sneakers and Rubber Ducks Revolutionized Ocean Science*. New York: Smithsonian Books/HarperCollins.

Environment News Service. 2009. FENA gives $18.1 million for Texas beach cleanup after Ike: Austin, Texas. May 4, 2009. http://www.ens-newswire.com/ens/may2009/2009-05-04-095.html.

Frazier, I. 2013. Form and fungus. *The New Yorker*, May 20, 2013, 50-62.

Hohn, D. 2008. Sea of trash. *New York Times*, June 22, 2008. http://www.nytimes.com/2008/06/22/magazine/22Plastics-t.html?pagewanted=all&_r=0.

Kiessling, I. and C. Hamilton. 2001. *Marine Debris at Cape Arnhem Northern Territory, Australia:* WWF *Report Northeast Arnhem Land Marine Debris Survey 2000*. Sydney: WWF Australia.

Leitch, K. 1999. *Entanglement of Marine Turtles in Netting: Northeast Arnhem Land, Northern Territory Australia; Report to WWF (Australia)*. Sydney: WWF Australia.

Natural Resources Defense Council. 2013. *Testing the Waters*. Annual Report.

Nurhayati, D. 2013. Kuta trash disrupts surfing. *Jakarta Post*, January 26, 2013. http://www.thebakudaily.com/2013-01-26/kuta-trash-disrupts-surfing.html.

Ocean Conservancy. 2011. *Trucking Trash: 25 Years of Action for the Ocean, 2011 Report*. http://act.oceanconservancy.org/pdf/Marine_Debris_2011_Report_OC.pdf.

Oigman-Pszczol, S. S. and J. C. Creed. 2007. Quantification and classification of marine litter on beaches along Armação dos Búzios, Rio de Janeiro, Brazil. *Journal of Coastal Research* 23, no. 2: 421-428.

Sahagun, L. 2013. An ecosystem of our own making could pose a threat. *Los Angeles Times*, December 26, 2013. http://www.latimes.com/science/la-sci-plastisphere-20131228,0,811701.story#axzz2rbbfHCmH.

Santos, I. R., A. C. Friedrich and F. P. Barretto. 2005. Overseas garbage pollution on beaches of Northeast Brazil. *Marine Pollution Bulletin* 50: 778-786.

Winarti, A. 2012. Flood of trash remains a headache. *Jakarta Post*, March 5, 2012. http://www.thejakartapost.com/news/2012/03/05/flood-trash-remains-a-headache.html.

Zettler, E. R., T. J. Mincer and L. A. Amaral-Zettler. 2013. Life in the plastisphere: Microbial communities on plastic marine debris. *Environmental Science and Technology* 47, no. 13: 7137-7146.

第6章

Barker, J. M. 2004. $3.5 million pollution fine for ship operator. *Seattle Post-Intelligencer*, June 29, 2004. Accessed December 30, 2012. http://www.seattlepi.com/local/article/3-5-million-pollution-fine-for-ship-operator-1148302.php.

Bik, H. M., K. M. Halanych, J. Sharma and W. K. Thomas. 2012. Dramatic shifts in benthic microbial eukyryote communities following the Deepwater Horizon oil spill. PLOS ONE 7, no. 6: e385550. http://www.plosone.org/article/info%3Adoi%F10.1371%2Fjournal.pone.0038550.

Bishop, J. Disaster in the Gulf: Go below the surface of the Gulf Oil disaster. Natural Resources Defense Council. Accessed December 12, 2012. http://www.nrdc.org/energy/gulfspill/belowsurface.asp.

CBS/AP. 2012. Isaac churned up old oil from BP spill in La., tests confirm. CBS News.com, September 6, 2012. Accessed December 10, 2012. http://www.cbsnews.com/8301-201_162-57507123/isaac-churned-up-old-oil-from-bp-spill-in-la-tests-confirm/.

del Nogal Sánchez, M., J. L. Pérez Pavón, M. E, Fernáandez Laespada, C. Garcia Pinto and B. Moreno Cordero. 2005. Factors affecting signal intensity in headspace mass spectrometry for the determination of hydrocarbon pollution in beach sand. *Analytical and Bioanalytical Chemistry* 382: 372-380.

Department of Ecology, State of Washington. 2007. *Pre-booming Requirements for Delivering Vessels*. http://www.ecy.wa.gov/programs/spills/prevention/VesselTechAssist/Dvessel_prebooming.html.

Fiolek, A., L. Pikula and B. Voss. 2011. *Resources on Oil Spills, Response and Restoration: A Selected Bibliography*. U.S. Department of Commerce, National Oceanic and Atmospheric Administration, revised.

Georgia Institute of Technology. 2012. Gulf of Mexico clean-up makes 2010 spill 52-times more toxic: Mixing oil with dispersant increased toxiccity to ecosystems. *Science Daily*, November 30, 2012. Accessed December 30, 2012. http://www.sciencedaily.com/releases/2012/11/121130110518.htm.

Goa News. 2013. Beach tar balls due to tanker oil spills: Study. June 20, 2013. http://www.goacom.com/goa-news-highlights/10282-beach-tar-balls-due-to-tanker-oil-spills-study.

Hayes, M. 1999. *Black Tides*. Austine: University of Texas Press.

Hayes, M. et al. 2006. The Gulf War oil spill twelve years later: Long-term impacts to coastal and marine resources. Paper presented at the Offshore Arabia Conference in Dubai. Mid-December Proceedings.

International Maritime Organization, 1973/78. *International Convention for the Prevention of Pollution from Ships* (MARPOL). Adoption: 1973 (Convention), 1978 (1978 Protocol), 1997 (Protocol-Anne VI); Entry into force: 2 October 1983 (Annexes I and II). http://www.imo.org/KnowledgeCentre/ReferencesAndArchives/HistoryofMARPOL/Pages/default.aspx.

Jones, D. A., M. Hayes, F. Krupp, G. Sabatini, I. Watt and L. Weishar. 2008. The impact of the Gulf War (1990-1991) oil release upon the intertidal Gulf coast line of Saudi Arabia and subsequent recovery, 237-254. In A. A. Abuzinada, H-J. Barth, F. Krupp, B. Böer, T. Z. Al Abdessalaam, eds. *Protecting the Gulf's Marine Ecosystems from Pollution*.

Kearsley, K. 2007. Greek Shipping Co. fined for illegal dumping. *News Tribune* (Tacoma), June 28, 2007.

Kiern, L. 2010. Manager of M/V Chem Faros to plead guilty to MARPOL violations. Winston & Strawn, May 12, 2010.

Leftwich, R. 2010. Greek Shipping Company fined millions for dumping oil off US shores. ABC2News.com, September 21, 2010. Accessed July 10, 2013. http://www.abc2news.com/dpp/news/national/greek-shipping-company-fined-millions-for-dumping-oil-off-us-shores.

Michel, J., M. O. Hayes, C. D. Getter and L. Cotsapas. 2005. The Gulf War oil spill twelve years later: Consequences of eco-terrorism. Procddings of the 2005 International Oil Spill Conference, American Petroleum Institure.

Neel, J., C. Hart, D. Lynch, S. Chan and J. Harris. 2007. *Oil Spills in Washington State: A Historical Analysis*. Publication no. 97-252, Washington State Department of Ecology, Spill Management Program, revised. https://fortress.wa.gov/ecy/publications/publications/97252.pdf.

NOAA's National Ocean Service. Tarballs and guide to expected forms of oil: Deepwater Horizon oil spill. Fact sheet, Officc of Response and restoration, Emergency Response Division. http://www.dep.state.fl.us/deepwaterhorizon/files/tar_ball_info.pdf.

Paris, C. B., M. Le Hénaff, Z. M. Aman, A. Subramaniam, J. Helgers, D. P. Wang, V. H. Kourafalou and A. Srinivasan. 2012. Evolution of the Macondo Well Blowout: Simulating the effests of the circulation and synthetic dispersants on the subsea oil transport. *Environmental Science and Technology* 46: 13293-13302.

Pérez-Cadahía, B., B. Laffon, V. Valdiglesias, E. Pásaro and J. Méndez. 2008. Cytogenetic effects induced by Prestige oil on human populations: The role of polymorphisms in genes involved in metabolism and DNA repair. *Mutation Research* 653, no. 1-2: 117-123.

Petrow, R. 1968. *In the Wake of Torrey Canyon*. New York: David McKay.

Plataforma SING. 2011. Hydrocarbon pollution along the Coast of Galicia shot up five years after the Prestige oil spill. *Science Daily*, November 22, 2011. Accessed December 30, 2012. http://www/sciencedaily.com/releases/2011/11/111122112028.htm.

Politicol News. 2010. World's oil spill list. May 30, 2010. Accessed December 30, 2012. http://www.politicolnews.com/worlds-oil-spill-list/.

Robertson, C. and C. Krauss. 2010. Gulf spill is the larges of its kind, scientists say. *New York Times*, August 2, 2010.

Schleifstein, M. 2012. Greek Shipping Company fined $1.2 million: Sentenced to 3 years probation for dumping oil wastes from ship traveling to New Orleans. *Times-Picayune* (New Orleans), July 25, 2012. Accessed July 10, 2013. http://www.nola.com/environment/index.ssf/2012/07/greek_shipping_company_fined_1.html.

Symons, L. C. NOAA's Remediation of Underwater Legacy Environmental Threats (RULET) Database & Wreck Oil Removal Program (WORP). NOAA Office of National Marine Sanctuaries, slid show, forty-one slides, 2012. http://www.nrt.org/production/nrt/RRTHHomeResources.nsf/resources/RRT4Feb2013Meeting_1/$File/RULET/RRTIV.pdf.

Tawfiq, N. F. and D. A. Olsen. 1993. Saudi Arabia's response to the 1991 Gulf oil spill. *Marine Pollution Bulletin* 27: 333-345.

U.S. Attorney's Office, Western District of Washington. 2006. Marine conservation fund awards $1.7 million in grants to restore Puget Sound: Funding comes from settlement with shipping line that used "Magic Pipe" to illegally dump oil. July 5, 2006. Accessed

December 30, 2012. http://www/justice/gov/usao/waw/press/2006/jul/marine.htm.

U.S. Department of Justice. 2010. Ship serial polluter ordered to pay $4 million for covering up the deliberate dishcarge of oil and plastics. Press release, Office of Public Affairs, September 21, 2010. Accessed December 31, 2012. http://www.justice.gov/opa/pr/2010/September/10-enrd-1059.html.

Valdiglesias, V., G. Kilic, C. Costa, O. Amor-Carro, L. Mariñas-Pardo, D. Ramos-Barbón, J. Méndez, E. Pásaro and B. Laffon. 2012. In vivo genotoxicity assessment in rats exposed to Prestige-like oil by inhalation. *Journal of Toxidology and Environmental Health* 75, nos. 13-15: 756-764.

Wang, P. and T. M. Roberts. 2013. Distribution of surficial and buried oil contaminants across sandy beaches along NW Florida and Alabama coasts following the Deepwater Horizon oil spill in 2010. *Journal of Coastal Research* 29, no. 6a: 144-155.

第7章

Anders, F. J. and S. P. Leatherman. 1987. Disturbance of beach sediment by off-road vehicles. *Environmental Geology and Water Science* 9: 183-189.

Anders, F. J. and S. P. Leatherman. 1987. Effects of off-road vehicles on coastal foredunes at Fire Island, New York, USA. *Environmental Management* 11: 45-52.

Basu, J. 2009. On the waterfront: This seaside resort is a short hop from the city and a shorter hop away from disaster. *Telegraph* (Calcutta), December 6, 2009. http://www.telegraphindia.com/1091206/jsp/calcutta/story_11828847.jsp.

Buick, A. M. and D. C. Paton. 1989. Impact of off-road vehicles on the nesting success of hooded plovers *Charadrius rubricollis* in the Coorong Region of South Australia. *Emu* 89: 159-172.

Celliers, L., T. Moffett, N. C. James and B. Q. Mann. 2004. A strategic assessment of recreational use areas for off-road vehicles in the coastal zone of KwaAulu-Natal, South Africa. *Ocean and Coastal Management* 47: 123-140.

Cox, J. H., H. F. Percival and S. V. Colwell. 1994. *Impact of Vehicular Traffic on Beach Habitat and Wildlife at Cape San Blas, Florida.* Technical report 50. Gainesville, Florida Cooperative Fish and Wildlife Research Unit.

Davenport, J. and J. L. Davenport. 2006. The impact of tourism and personal leisure transport on coastal environments: A reviews. *Estuarine Coastal and Shelf Science* 67: 280-291.

Godfrey, P. J. and M. Godfrey. 1981. Ecological effects of off-road vehicles on Cape Cod. *Oceanus* 23: 56-67.

Godfrey, P. J., S. Leatherman and P. Buckley. 1978. Impact of off-road vehicles on coastal ecosystems, 581-600. In *Proceedings of the Symposium on Technicaal, Environmental, Socio-economic and Regulatory Aspects of Coastal Zone Planning and Management*, San Francisco.

Godfrey, P. J., S. Leatherman and P. Buckely. 1980. ORVs and barrier beach degradation. *Parks* no. 2: 5-11.

Goldin, M. R. 1993. Effects of human disturbance and off-road vehicles on piping plover reproductive success and behavior at Breezy Point, Gateway National Recreation Area, New York. MS Thesis, University of Massachusetts, Amherst.

Hosier, P. E. and T. E. Eaton. 1980. The impact of vehicles on dune and grassland vegetation on a southeastern North Carolina barrier beach. *Journal of Applied Ecology* 17: 173-182.

Hosier, P. E., M. Kochhar and V. Thayer. 1981. Off-road vehicle and pedestrian track effects on the sea-approach of hatchling loggerhead turtles. *Environmental Conservation* 8: 158-161.

Kluft, J. M. and H. S. Ginsberg. 2009. *The Effect of Off-Road Vehicles on Barrier Beach Invertebrates at Cape Cod and Fire Island National Seashore.* Technical report, NPS/NER/NRTR — 2009/138, National Park Service, Boston.

Kudo, H., A. Murakami and S. Watanabe. 2003. Effects of sand hardness and human beach use on emergence success of loggerhead sea turtles on Yakushima Island, Japan. *Chelonian Conservation and Biology* 4: 695-696.

Lamont, M., H. F. Percival and S. V. Colewell. 2002. Influence of vehicle tracks on loggerhead hatchling seaward movement along a Northwest Florida beach. *Florida Field Naturalist* 30: 77-109.

Leatherman, S. P. and P. J. Godfrey. 1979. *The Impact of Off-Road Vehicles on Coastal Ecosystems in Cape Cod National Seashore: An Overview.* Environmental Institute, University of Massachusetts, Amherst, National Park Service Cooperative Research Unit, report no. 34.

Lutcavage, M. E., P. Plotkin, B. Witherington and P. L. Lutz. 1997. Human impacts on sea turtle survival, 387-411. In P. L. Lutz and J. A. Musick, eds. *The Biology of Sea Turtles*, vol. 1. Boca Raton, Fl: CRC Press.

Mdletshe, C. 2013. Beach driving fines hiked. *Times LIVE*, March 14, 2013. http://www.timeslive.co.za/thetimes/2013/03/14/beach-driving-fines-hiked.

Melvin, S. M., A. Hecht and C. R. Griffin. 1994. Piping plover mortalities caused by off-road vehicles on Atlantic Coast beachs. *Wildlife Society Bulletin* 22: 409-141.

Moss, D. and D. P. McPhee. 2006. The impacts of recreational four-wheel driving on the abundance of the ghost crab (*Ocypode cordimanus*) on subtropical beaches in SE Queensland. *Coastal Management* 34: 133-140.

Nelson, D. A. and B. Blihovde. 1998. Nesting sea turtle response to beach scarps, 113. In R. Byles and Y. Fernandez, eds. *Proceedings of the 16th Annual Symposium on Sea Turtle Biology and Conservation.* NOAA Technical Memorandum NMFS-SEFSC-412.

Nester, L. R. 2006. Effects of off-road vehicles on the nesting activity of loggerhead sea turtles in North Caroline. MSc Thesis, University of Florida.

Oregon Beach Bill. HB 1601, Chpter 601, An Act. *Oregon Laws and Resolutions: Enacted and Adopted by the Regular Session of the Fifty-fourth Legislative Assembly Beginning January 9 and Ending June 14, 1967.* Salem, Oregon: Oregon Legislative Assembly, 1967. http://www.govoregon.org/beachbilltext.html.

Richard, C. A., A. McLachlan and G. I. H. Kerley. 1994. The effects of vehicular and pedestrian traffic on dune vegetation in South Sfrica. *Ocean and Coastal Management* 23: 225-247.

Schlacher, T. A., J. Dugan, D. S. Schoeman, M. Lastra, A. Jones, F. Scapini, A. McLachlan and O. Defeo. 2007. Sandy beaches at the brink. *Diversity and Distributions* 13: 556-560.

Schlacher, T. A., D. Richardson and I. McLean. 2008. Impacts of off-road vehicles (ORVs) on macrobenthic assemblages on sandy beaches. *Environmental Management* 41: 878-892.
Schlacher, T. A. and L. M. C. Thompson. 2007. Exposure of fuuna to off-road vehicle (ORVs) traffic on sandy beaches. *Coastal Management* 35: 567-583.
Schlacher, T. A. and L. M. C. Thompson. 2008. Physical impacts caused by off-road vehicles to sandy beaches: Spatial quantification of car trackes on an Australian barrier island. *Journal of Coastal Research* 24: 234-242.
Schlacher, T. A., L. M. C. Thompson and S. Price. 2007. Vehicles versus conservation of invertebrates on sandy beaches: Quantifying direct mortalities inflicted by offroad vehicles (ORVs) on ghost crabs. *Marine Ecology — Evolutionary Perspective* 28: 354-367.
Schlacher, T. A., L. M. C. Thompson and S. Walker. 2008. Mortalities caused by off-road vehicles (ORVs) to a key member of the sandy beach assemblages, the surf clam *Donax deltoides*. *Hydrobiologia* 610: 345-350.
Shaw, D. 2007. The beach is the road and the commute is an adveenture. *New York Times*, March 4, 2007. http://www.nytimes.com/2007/03/04/realestate/04Habi.html.
Shepapard, N., K. A. Pitt and T. A. Schlacher. 2009. Sub-lethal effects of off-road vehicles (ORVs) on surf clams on sandy beaches. *Journal of Experimental Marine Biology and Ecology* 380: 113-118.
Steiner, A. J. and S. P. Leatherman. 1979. *An Annotated Bibliography of the Effects of Off-Road Vehicle and Pedestrian Traffic on Coastal Ecosystems*. University of Massachusetts and National Park Service Cooperative research Unit, report no. 45.
Steiner, A. J. and S. P. Leatherman. 1981. Recreational impacts on the distribution of ghost crabs *Ocypode quadrata* Fab. *Biological Conservation* 20, no. 2: 111-122.
Stephenson, G. 1999. *Vehicle Impacts on the Biota of Sandy Beaches and Coastal Dunes: A Review from a New Zealand Perspective*. New Zealand Department of Conservation, Wellington. http://doc.org.nz/Documents/scieence-and-technical-/sfc121.pdf.
Thompson, L. M. C. and T. A. Schlacher. 2008. Physical damage to coastal dunes and ecological impacts caused by vehicle trackes associated with beach camping on sandy shores: A case study from Fraser Island, Australia. *Journal of Coastal Conservation* 12: 67-82.
U.S. Fish and Wildlife Service. 2008. Endangered and threatened wildlife and plants: Revised designation of critical habitat for the wintering population of piping plover (*Charadrius melodus*) in North Carolina; Final rule. *Federal Register* 73, no. 204: 62815-62841.
van der Merwe, D. and D. van der Merwe. 1991. Effects of off-road vehicles on the macrofauna of a sandy beach. *South African Journal of Science* 87: 210-213.
Watson, J. J. 1992. Dune breeding birds and off-road vehicles. *The Naturalist* 36, no. 3: 8-12.
Wheeler, N. R. 1979. *Effects of Off-Road Vehicles on the Infauna of Hatches Harbor, Cape Cod National Seashore, Massachusetts*. University of Massachusetts and National Park Service Cooperative Research Unit, report no. 28.
Wolcott, T. G. and D. Wolcott. 1984. Impact of off-road vehicles on macroinvertebrates of a mid-Atlantic beach. *Biological Conservation* 29: 217-240.
Zaremba, R., P. J. Godfrey and S. P. Leatherman. 1979. *The Ecological Effects of Off-Road Vehicles on the Beach/Backshore Zone in Cape Cod National Seashore, Massachusetts*. University

of Massachusetts and National Park Service Cooperative Research Unit, report no. 28.

第8章

Abdelzaher, A. M., M. E. Wright, C. Ortega, H. M. Solo-Gabriele, G. Miller, S. Elmir, X. Newman, P. Shih, J. A. Bonila, T. D. Bonilla, et al. 2010. Presence of pathogens and indicator microbes at a non-point source subtropical recreational marine beach. *Applied Environmental Microbiology* 76, no.3: 724-732.

American Chemical Society. 2007. Beach sand may harbor disease-causing E. coli bacteria. *Science Daily*, May 29, 2007. Accessed June 27, 2013. http://www.sciencedaily.com/releases/2007/05/070528095321.htm.

American Chemical Society. 2012. New insights into when beach sand may become unsafe for digging and other contact. Phys.org, April 11, 2012. http://phys.org/news/2012-04-insights-beach-sand-unsafe-contact.html.

Ashour, F., B. Ashour, M. Komarzynski, Y. Nassar, M. Kudla, N. Shawa and G. Henderson. 2009. *A Brief Outline of the Sewage Infrastructure and Public Health Risks in the Gaza Strip for the World Health Organisation*. Emergency Water and Sanitation/Hygiene, United Nations Information System on the Question of Palestine.

Associated Press. 2006. After spill, Waikiki sand is clean, health group says. *New York Times*, April 23, 2006. http://www.nytimes.com/2006/04/23/us/23Waikiki.html?_r=0.

BBC News. 2011. France: Wild boars dead amid algae on Brittany coast. July 28, 2011. http://www.bbc.co.uk/news/world-europe-14324094.

Berger, T. 2011. Creeping nematodes. eHow.com, 2011. http://www.ehow.com/about_6457132_creeping-nematodes.html.

Bohan, S. 2007. California 'sand pollution' intrigues researchers. redOrbit, September 12, 2007. http://www.redorbit.com/news/science/1063441/california_sand_pollution.

Bolton, F. J., S. B. Surman, K. Martin, D. R. Wareing and T. J. Humphrey. 1999. Presence of Campylobacter and Salmonella in sand from bathing beaches. *Epidemiology and Infection* 122: 7-13.

Bonilla, T. D., K. Nowosielski, M. Cuvelier, A. Hartz, M. Green, N. Esiobu, D. S. McCorquodale, J. M. Fleisher and A. Rogerson. 2007. Prevalence and distribution of fecal indicator organisms in South Florida beach sand and preliminary assessment of health effects associated with beach sand exposure. *Marine Pollution Bullegin* 54, no. 9: 1472-1482.

Bonin, P. 2013. Gonzales angler survives Vibrio infection: Grand Isle trip ends in two-week hospital stay, ongoing wound care. *Louisiana Sportsman*, July 15, 2013. http://www.louisianasportsman.com/details.php?id=5363.

Carroll, L. 2009. Beachgoers beware: Stomach bugs lurk in sand. NBSNews.com, July 20, 2009. http://www.msnbc.msn.com/id/31928316/ns/health-infectious_diseases.

Centers for Disease Control and prevention. 2013. *Vibrio vulnificus*. Last updated October 21, 2013. http://www.cdc.gov/vibrio/vibriov.html.

Cipro, C. V. Z., P. Bustamante, S. Taniguchi and R. C. Montone. 2012. Persistent organic pollutants and stable isotopes in pinnipeds from King George Island, Antarctica. *Marine Pollution Bulletin* 64, no. 12: 2650-2655.

Cohen, H. 2012. Dangers at the beach. *Natural Health Blog*, Baseline of Health Foundation, July 7, 2012. http://www.jonbarron.org/natural-health/raw-sewage-increases-beach-pollution.

Cole, D., S. C. Long and M. D. Sobsey. 2003. Evaluation of F+ RNA and DNA Coliphages as source specific indicators of fecal contamination in surface waters. *Applied Environmental Microbiology* 68, no. 11: 6507-6514.

Converse, R. R., J. L. Kinzelman, E. A. Sams, E. Hudgens, A. P. Dufour, H. Ryu, J. W. Santo-Domingo, C. A. Kelty, O. C. Shanks, S. D. Siefring, R. A. Haugland and T. J. Wade. 2012. Dramatic improvements in beach water quality following gull removal. *Environmental Science and Technology* 46: 10206-10213.

Durando, P., F. Ansaldi, P. Oreste, P. Moscatelli, L. Marensi, C. Grillo, R. Gasparini and G. Icardi. 2007. *Ostreopsis ovata* and human health: Epidemiological and clinical features of respiratory syndrome outbreaks from a two-year syndromic surveillande, 2005-2006, in north-west Italy. *Eurosurveillance* 12, no.23. http://www.eurosurveillance.org/ViewArticle.aspx?ArticleId=3212.

Efstratiou, M. A. and A. Velegraki. 2010. Recovery of melanized yeasts from eastern Mediterranean beach sand associated with prevailing geochemical and marine flora patterns. *Medical Mycology* 48: 413-415.

Elmanama, A. A., M. I. Fahd, S. Afifi, S. Abdallah and S. Bahr. 2005. Microbiological beach sand quality in Gaza Strip in comparison to seawater quality. *Environmental Research* 99, no. 1: 1-10.

Ernst, E. Ernst: Rats blamed for Venice beach water pollution. *Herald Tribune* (Sarasota), May 8, 2012. http://www.heraldtribune.com/article/20120508/COLUMNIST/120509609.

Esterre, P. and F. Agis. 1985. Beach sand nematodes in Guadeloupe: Associated public health problems. *Bulletin of the Society of Pathology and Exotic Filiales* 78, no. 1: 71-78.

Fellows, J. M., D. No and M. C. Roberts. Vancomycin-resistant Enterococcus sp. (VRE) and Mithicillin-resistant *Staphylococcus aureus* (MRSA) in marine sand and water. Poster, Department of Environmental and Occupational Health Sciences, University of Washington, Seattle, n.d.

Fleisher, J. M., L. E. Fleming, H. M. Solo-Gabriele, J. K. Kish, C. D. Sinigalliano, L. Plano, S. M. Elmir, J. D. Wang, K. Withum, T. Shibata, et al. 2010. The beaches study: Health effects and exposures from non-point source microbial contaminants in subtropical recreational marine waters. *International Journal of Epidemiology* 39: 1291-1298.

Fleming, L. E. 2007. Paralytic shellfish poisoning. Woods Hole Oceanographic Institution. http://www.whoi.edu/science/B/redtide/illness/psp.html.

Food Protection Program. 2012. Red tide fact sheet. Department of Public Health, Executive Office of Health and Human Services, Massachusetts. http://www.mass.gov/eohhs/gov/departments/dph/programs/environmental-health/food-safety/red-tide-fact-sheet.html.

Galgani, F., K. Ellerbrake, E. Fries and C. Goreux. 2011. Marine pollution: Let us not forget beach sand. *Environmental Sciences Europe* 23: 40-46.

Gast, R. J., L. Gorrell, B. Raubenheimer and S. Elgar. 2011. Impact of erosion and accretion on the distribution of enterococci in beach sands. *Continental Shelf Research* 31: 1457-

1461.
Genuardi, S. Warm-water ocean bacteria can be life-threatening. *Sun Sentinel* (Fort Lauderdale), July 23, 2010. http://articles.sun-sentinel.com/keyword/vibrio.
Goodwin, K. D., M. McNay, Y. Cao, D. Ebentier, M. Madison and J. F. Griffith. 2012. A multi-beach study of *Staphylococcus aureus*, MRSA, and enterococci in seawater and beach sand. *Water Research* 46, no. 13: 4195-4207.
Greig, A. Flesh-eating bacteria's kills one on Louisiana; Three others also affected. *Daily Mail*, July 7, 2013. http://www.dailymail.co.uk/news/article-2357948/Flesh-eating-bacteria-kills-Louisiana-affected.html#ixzz2YRmlevMS.
Griesbach, A. M. Grimmer and K. James. 2012. *2011-2012 Annual Beach Report Card*. Heal the Bay, Santa Monica, CA. http://brc.healthebay.org/assets/pdfdocs/brc/annual/2012/HtB_BRC_Annual_2012_Report.pdf.
Groves, M. Septic tanks on their way out in Malibu. Los Angeles Times, November 6, 2009.
Halliday, E. and R. J. Gast. 2011. Bacteria in beach sands: An emerging challenge in protecting coastal water quality and bather health. *Environmental Science and Technology* 45: 370-379.
Hartz, A., M. Cuvelier, K. Nowosielski, T. D. Bonilla, M. Green, N. Esiobu, D. S. McCorquodale and A. Rogerson. 2008. Survival potential of *Escherichia coli* and enterococci in subtropical beach sand: Implications for water quality managers. *Journal of Environmental Quality* 37: 989-905.
Heaney, C. D., E. Sams, A. P. Dufour, K. P. Brenner, R. A. Haugland, E. Chern, S. Wing, S. Marshall, D. C. Love, M. Serre, R. Noble and T. J. Wade. 2012. Fecal indicators in sand, sand contact, and risk of enteric illness among beachgoers. *Epidemiology* 23, no. 1: 95-106.
Heaney, C. D., E. Sams, S. Wing, S. Marshall, K. P. Brenner, A. P. Dufour and T. J. Wade. 2009. Contact with beach sand among beachgoers and risk of illness. *American Journal of Epidemiology* 170, no. 2: 164-172.
Kueh, C. S. W., T.-Y. Tan, T. Lee, S. L. Wong, O. L. Lloyd, I. T. S. Yu, T. W. Wong, J. S. Tam and D. C. J. Bassett. 1995. Epidemiological study of swimming-associated illness relating to bathing-beach water quality. *Water Science and Technology* 31, nos. 5-6: 1-4.
Lafsky, M. Fun in the sand now hindered by fecal bacteria. *Discoblog* (*Discover* magazine blog), May 14, 2008. http://blogs.discovermagazine.com/discoblog/2008/05/14/fun-in-the-sand-now-hindered-by-fecal-bacteria/#.UcxXMeuXJ_k.
Lee, C. M., T. Y. Lin, C-C. Lin, G. A. Kohbodi, A. Bhatt, R. Lee and J. A. Jay. 2006. Persistence of fecal indicator bacteria in Santa Monica Bay beach sediments. *Water Research* 40, no. 14: 2593-2602.
Levin-Edens, E., O. O. Soge, D. No, A. Stiffarm, J. S. Meschke and M. C. Roberts. 2012. Methicillin-resistant *Staphylocoddus aureus* from Northwest marine and freshwater recreational beaches. FEMS *Microbiology Ecology* 79: 412-420.
Loureiro, S. T. A., M. A. de Queiroz Cazalcanti, R. P. Neves and J. Z. de Oliveira Passavante. 2005. Yeasts isolated from sand and sea water in beaches of Olinda, Pernambuco State, Brazil. *Brazilian Journal of Microbiology* 36: 333-337.
Lubick, N. 2012. Dogs keep beaches microbe-free. ScienceNOW, August 31, 2012, *News and*

Observer (Raleigh), September 9, 2012.

Lush, T. 2013. 31 in Florida infected by bacteria in salt water. Associated Press, October 11, 2013.

Mozingo, J. 2000. Water officials link Malibu septic tanks to beach pollution. *Los Angeles Times*, November 13, 2000.

Natural Resources Defense Council. The Impacts of Beach Pollution. In *Testing the Waters*, annual report 2010, 20-31. http://www.nrdc.org/water/oceans/ttw/chap2.pdf.

Natural Resources Defense Council. 2012. US beaches laden with sewage, bacteria: Study. Phys.org, June 27, 2012. http://phys.org/news/2012-06-beaches-laden-sewage-bacteria.html.

Natural Resources Defense Council. *Testing the Waters*, annual report 2012.

Oshiro, R. and R. Fujioka. 1995. Sand, soil and pigeon droppings: Sources of indicator bacteria in the waters of Hanauma Bay, Oahu, Hawaii. *Water Science and Technology* 31, nos. 5-6: 251-254.

Phillips, M. C., H. M. Solo-Gabriele, A. M. Piggot, J. S. Klaus and Y. Zhang. 2011. Relationships between sand and water quality at recreational beaches. *Water Research* 45: 6763-6769.

Plano, L. R., T. Shibata, A. C. Garza, J. Kish, J. M. Fleisher, C. D. Sinigalliano, M. L. Gidley, K. Withum, S. M. Elmir, S. Hower, et al. 2013. Human-associated Methicillin-resistant *Staphylococcus aureus* from a subtropical recreational marine beach. *Microbial Ecology* 65, no. 4: 1039-1051.

Ribeiro, E. N., A. Banhos dos Santos, R. F. Gonçalves and S. T. A. Cassini. 2002. Recreational water and sand sanitary indicators of Camburi beach, Vitoria, Es., Brazil. Paper presented at the XXVIII Congreso Interamericano de Ingenieria Sanitaria y Ambiental, Cancún, Mexido, October 27-31, 2002.

Roach, J. 2005. Beach bacteria warning: That sand may be contaminated. *National Geographic News*, July 26, 2005. http://nes.nationalgeographic.com/news/2005/07/0729_050729_beachsand.html.

Roberts, M. C., O. O. Soge, M. A. Giardino, E. Mazengia, G. Ma and J. S. Meschke. 2009. Vancomycin-resistant *Enterococcus* spp. in marine environments from the West coast of the USA. *Journal of Applied Microbiology* 107: 300-307.

Rock, G. 2009. Is your beach contaminated with MRSA? *Los Angeles Times*, September 12, 2009.

Sabino, R., C. Verissimo, M. A. Cunha, B. Wergikoski, F. C. Ferreira, R. Rodrigues, H. Parada, L. Falcão, L. Rosado, C. Pinheiro, E. Paixão and J. Brandão. 2011. Pathogenic fungi: An unacknowledged risk at coastal resorts? New insights on microbiological sand quality in Portugal. *Marine Pollution Bulletin* 62: 1506-1511.

Schrope, M. 2008. Oceanography: Red tide rising. *Nature* 452: 24-26.

Segall, K. 2007. Study: Sticking to the sand might not be such good, clean fun for beachgoers. Stanford News Service, 2007. http://news.stanford.edu/pr/2007/pr-sand-080807.html.

Seriki, D. 2013. Flesh-eating beach bacteria found in Florida — Death toll rises to 9. *SciCraze*, October 1, 2013. http://scicraze.com/2013/10/01/flesh-eating-beach-bacteria-found-

florida-death-toll-rises-9/.

Shah, A. H., A. M. Abdelzaher, M. Phillips, R. Hernandez, H. M. Solo-Gabriele, J. Kish, G. Scorzetti, J. W. Fell, M. R. Diaz, T. M. Scott, et al. 2011. Indicator microbes correlate with pathogenic bacteria, yeasts and helminthes in sand at a subtropical recreational beach site. *Journal of Applied Microbiology* 110: 1571-1583.

Shibata, T. and H. M. Solo-Gabriele. 2012. Quantitative microbial risk assessment of human illness from exposure to marine beach sand. *Environmental Science and Technology* 46, no. 5: 2799-2805.

Skrzypek, J. 2013. Vibrio vulnificus: Flesh-eating ocean bacteria hospitalizes 32, kills 10 in Florida: State Health Department is monitoring bacteria. WPTV.com, October 14, 2013. http://www.wptv.com/dpp/news/region_c_palm_beach_county/palm_beach/vibria-vulnificus-flesh-eating-ocean-bacteria-hospitalizes-32-kills-10-in-florida.

Soge, O. O., J. S. Meschke, D. B. No and M. C. Roberts. 2009. Characterization of Methicillin-resistant *Staphylococcus aureus* (MRSA) and Methicillin-resistant coagulase-negative *Staphylococcus* spp. (MRCoNS) isolated from West coast public marine beaches. *Journal of Antimicrobial Chemotherapy* 64: 1148-1155.

Steele, C. W. 1967. Fungus populations in marine waters and coastal sands of the Hawaiian, Line and Phoenix Islands. *Pacific Science* 2, no. 3: 317-331. http://hdl.handle.net/10125/7406.

UCLA. 2006. High levels of unhealthy bacteria found in sand at L.A. area beaches. *Scientific Frontline*, May 23, 2006. http://www.sflorg.com/sciencenews/scno52306_02.html.

UCLA. 2006. Study shows unhealth bacteria in southern California beach sand. Phys.org, May 23, 2006. http://phys.org/news67624127.html.

University of North Caroline, Chapel Hill. 2009. Study: Digging in beach sand increases risk of gastrointestinal illness. Phys.org, July 9, 2009. http://phys.org/news166372659.html#nR1v.

U.S. Environmental Protection Agency. 2012. Health and environmental effects research: Digging in beach sand linked to increased risk of gastrointestinal illness. http://www.epa.gov/nheerl/articles/2012/Digging_in_beach_sand.html.

Valdes-Collazo, L., A. J. Schultz and T. C. Hazens. 1987. Survival of *Candida albicans* in tropical marine and fresh waters. *Applied Environmental Microbiology* 53, no. 8: 1762-1767.

Vogel, C., A. Rogerson, S. Schatz, H. Lauback, A. Tallman and J. Fell. 2007. Prevalence of yeasts in beach sand at three bathing beaches in South Florida. *Water Research* 41, no. 9: 1915-1920.

Vorsino, M. 2006. Group testing Waikiki sand for bacteria. *Honolulu Star Bulletin*, April 20, 2006. http://archives.starbulletin.com/2006/04/20/news/story07.html.

Whitman, R. L. 2008. Beach sand often more contaminated than water. USGS Newsroom, September 12, 2008. http://www.usgs.gov/newsroom/article.asp?ID=2022.

Whitman, R. L. and M. B. Nevers. 2003. Foreshore sand as a source of *Escherichia coli* in nearshore water of a Lake Michigan beach. *Applied Environmental Microbiology* 69, no. 9: 5555-5562.

Whitman, R. L., D. A. Shively, H. Pawlik, M. B. Nevers and M. N. Byappanahalli. 2003. Occurrence of *Escherichia coli* and enterococci in *Cladophora* (Chlorophyta) in nearshore

water and beach sand of Lake Michigan. *Applied Environmental Microbiology* 69, no. 8: 4714-4719.

Winner, C. 2011. Shifting sands and bacteria on the beach: Does ever-moving sand transport microbes along with it? *Oceanus*, September 1, 2011. https://www.whoi.edu/oceanus/viewArticle.do?id=110889.

Woods Hole Oceanographic Institution. Beach closures. Accessed September 10, 2012. http://www.whoi/edu/main/topic/beach-closures.

Yamahara, K. M., B. A. Layton, A. E. Santoro and A. B. Boehm. 2007. Beach sands along the California coast are diffuse sources of fecal bacteria to coastal waters. *Environmental Science and Technology* 41, no. 13: 4515-4521.

Yamahara, K. M., S. P. Walters and A. B. Boehm. 2009. Growth of enterococci in unaltered, unseeded beach sands subjected to tidal wetting. *Applied Environmental Microbiology* 75, no. 6: 1517-1524.

Zieger, U., H. Trelease, N. Winkler, V. Mathew and R. N. Sharma. 2009. Bacterial contamination of leatherback turtle (*Dermochelys coriacea*) eggs and sand in nesting chambers at Levera beach, Grenada, Wet Indies — a Preliminary study. *West Indian Veterinary Journal* 9, no. 2: 21-26.

第9章

Adam, D. and J. Vidal. 2009. Britain accused of 'double counting' over climate aid to Bangladesh. *Guardian*, July 13, 2009. http://www.guardian.co.uk/environment/2009/jul/13/climate-change-development.

Esmaquel, P. II. 2011. Cebu launches crackdown on illegal seashell trade. GMA News Online, May 18, 2011. http://www.gmanetwork.com/news/story/220937/news/specialreports/cebu-launches-crackdown-on-illegal-seashell-trade.

European Commission. 2012. Guyana. Development and Cooperation — Europeaid, last updated February 17, 2012. http://ec.europa.eu/europeaid/where/acp/county-cooperation/guyana/guyana_en.htm.

Gornitz, V. 2013. *Rising Seas: Past, Present, Future*. New York: Columbia University Press.

Macauhub News Agency. 2008. Mozambique: World Bank funds building work to stop coastal erosion in town of Vilanculos. April 22, 2008. http://www.macauhub.com.mo/en/2008/04/22/4916/.

Macauhub News Agency. 2011. Saudi Arabia to grant Mozambique loan for coastal protection of city of Maputo. May 26, 2011. http://www.macauhub.com.mo/en/2011/05/26/saudi-arabia-to-grant-mozambique-loan-for-coastal-protection-of-city-of-maputo/.

Pilkey, O. H. and M. E. Fraser. 2003. *A Celebration of the World's Barrier Islands*. New York: Columbia University Press.

Pilkey, O. H., W. J. Neal, J. T. Kelley and J. A. G. Cooper. 2011. *The World's Beaches: A Global Guide to the Science of the Shoreline*. Berkeley: University of California Press.

Pilkey, O. H. and K. C. Pilkey. 2011. *Global Climate Change: A Primer*. Durham, NC: Duke University Press.

Pilkey, O. H. and R. Young. 2009. *The Rising Sea*. Washington DC: Island Press.

Queface, A. 2012. *Climate change impacts and disaster risk reduction in Mozambique*. Instituto Nacional de Gestão de Calamidades, Ministério da Administração Estatal, September 14, 2012. http://www.sarva.org.za/sadc/download/moz2012_10.pdf.

第10章

Boretti, A. A. 2013. Discussion of J. A. G. Cooper, C. Lemckert, Extreme sea-level rise and adaptation options for coastal resort cities: A qualitative assessment from the Gold Coast, Australia. *Ocean and Coastal Management* 78: 132-135.

Cooper, J. A. G. and C. Lemckert. 2012. Response to discussion by A. Boretti of Cooper, J. A. G. and Lemckert, C., Extreme sea-level rise and adaptation options for coastal resort cities: A qualitative assessment from the Gold Coast, Australia, Ocean and Coastal Management 64: 1-14. *Ocean and Coastal Management* 78: 136-137.

Cooper, J. A. G. and C. Lemckert. 2012. Extreme sea-level rise and adaptation options for coastal resort cities: A qualitative assessment from the Gold Coastl, Australia. *Ocean and Coastal Management* 64: 1-14.

Gornitz, V. 2013. *Rising Seas: Past, Present, Future*. New York: Columbia University Press.

Greenwood, A. 2014. Rising sea levels leave National Trust properties in Devon and Cornwall at risk. *Western Morning News*, January 18, 2014. http://www.westernmorningnews.co.uk/Rising-sea-levels-leave-National-Trust-properties-in-Devon-and-Cornwall-at-risk.

National Trust. 2005. *Shifting Shores. Living with a Changing Coastline*. Annual report.

Pilkey, O. H. and M. E. Fraser. 2003. *A Celebration of the World's Barrier Islands*. New York: Columbia University Press.

Pilkey, O. H., W. J. Neal, J. T. Kelley and J. A. G. Cooper. 2011. *The World's Beaches: A Global Guide to the Science of the Shoreline*. Berkeley: University of California Press.

Pilkey, O. H. and K. C. Pilkey. 2011. *Global Climate Change: A Primer. Durham*. NC: Duke University Press.

Pilkey, O. H. and R. Young. 2009. *The Rising Sea*. Washington DC: Island Press.

Sheppard, T. 1912. *The Lost Towns of the Yorkshire Coast*. London: A. Brown and Sons.

University of Ulster. 2013. Iconic beach resorts may not survive sea level rises. *Science Daily*, January 16, 2013. Accessed September 30, 2013. http://www.sciencedaily.com/releases/2013/01/130116090642.htm.

Woodroffe, C. D. 2002. *Coasts: From, Process and Evolution*. Cambridge, UK: Cambridge University Press.

Worrall, S. 2005. The UK LIFE Project on shoreline management: 'Living with the Sea' In Proceedings Dunes and Estuaries 2005 — International Conference on Nature Restoration Practices in European Coastal Habitats, Koksijde, Gelgium, 19-23 September 2005. *VLIZ Special Publication* 19: 451-459.

著者紹介

オーリン・H・ピルキー（Orrin H. Pilkey）

1934 年生まれ。ニューヨーク・タイムズ紙によって、「アメリカ第一の浜の哲学者」と称されている。デューク大学名誉教授。

『Global Climate Change（地球規模の気候変動）』をはじめ多数の著書があり、本書の後も、『Retreat from a Rising Sea（上昇を続ける海面からの後退）』（2016）、『Sea Level Rise：A Slow Tsunami on America's Shores（海面上昇：米国沿岸を襲う緩やかな津波）』（2019）など海面上昇による影響に警鐘を鳴らす書籍を出版している。一方、『Lessons from the Sand（砂から学ぶ）』（2016）、『The Magic Dolphin（マジック・ドルフィン）』（2018）など、子ども向けの啓発書にも力を注いでいる。

2013 年には、ノースカロライナ州のデューク大学海洋研究所に、彼の名前を冠したオーリン・ピルキー海洋科学・保全遺伝学センターが開設された。ノースカロライナ州、ヒルズボロー在住。

J・アンドリュー・G・クーパー（J. Andrew G. Cooper）

英国のアルスター大学地理学・環境科学部の教授。南アフリカのクワズール・ナタール大学の名誉教授。

『The World's Beaches（世界の浜）』（2010）や『Pitfalls of Shoreline Stabilization（海岸線安定化の落とし穴）』（2012）など、ピルキーとの共著がある。

世界各地の浜の研究や、海岸線への人の手の不介入を貫く姿勢でよく知られている。北アイルランド、コールレーン在住。

訳者紹介

須田有輔（すだ・ゆうすけ）

1957 年 2 月 20 日、神奈川県鎌倉市生まれ。

東海大学海洋学部卒業、東京水産大学大学院水産学研究科修士課程修了、東京大学大学院農学系研究科博士課程修了（農学博士）。民間企業勤務を経て、1992 年に水産大学校漁業学科講師に就任。現在、国立研究開発法人水産研究・教育機構水産大学校校長・同生物生産学科教授。

おもな著書・訳書に、『砂浜海岸の生態学』（共訳・東海大学出版会）、『砂浜海岸の自然と保全』（編著・生物研究社）などがある。

東亜建設工業株式会社在職時に訪れた米国のアウター・バンクスの砂浜に魅せられ、それ以来、砂浜の魚類や底生生物を中心に、砂浜の生態系に関する研究を行っている。NPO などとともに啓発活動にも取り組んでいる。宮崎海岸侵食対策検討委員会や海辺の生物国勢調査に関する研究会などに委員として参画している。

海岸と人間の歴史

生態系・護岸・感染症

2020年6月30日　初版発行

著者　オーリン・H・ピルキー＋J・アンドリュー・G・クーパー

訳者　須田有輔

発行者　土井二郎

発行所　築地書館株式会社

〒104-0045 東京都中央区築地7-4-4-201

TEL.03-3542-3731　FAX.03-3541-5799

http://www.tsukiji-shokan.co.jp/

振替 00110-5-19057

印刷・製本　中央精版印刷株式会社

装丁　吉野 愛

ISBN978-4-8067-1602-0